海洋公益性行业科研专项“近海重金属污染新型监测与风险评估技术业务化示范应用”项目

近海重金属污染元素监测与评价方法

主　编　暨卫东

副主编　贺　青　林　彩　刘广远　高生泉　袁东星

　　　　杜建国　孙　霞　王玉红　王继纲

海洋出版社

2015年 · 北京

图书在版编目（CIP）数据

近海重金属污染元素监测与评价方法/暨卫东主编. —北京：海洋出版社，2015. 8
ISBN 978 -7 -5027 -9226 -8

Ⅰ. ①近… Ⅱ. ①暨… Ⅲ. ①近海 - 重金属污染 - 污染测定 - 中国 Ⅳ. ①X55

中国版本图书馆 CIP 数据核字（2015）第 227414 号

责任编辑：钱晓彬
责任印制：赵麟苏
海洋出版社 **出版发行**
http：//www. oceanpress. com. cn
北京市海淀区大慧寺路 8 号 邮编：100081
北京朝阳印刷有限责任公司印刷 新华书店发行所经销
2015 年 8 月第 1 版 2015 年 8 月北京第 1 次印刷
开本：889mm × 1194mm 1/16 印张：14
字数：460 千字 定价：68. 00 元
发行部：62132549 邮购部：68038093 总编室：62114335

编 委 会

前　言

为贯彻《中华人民共和国环境保护法》和《中华人民共和国海洋环境保护法》，防治和控制海洋污染，保护海洋生物资源和其他海洋资源，维护海洋生态系统安全健康，防止重金属污染对海洋水上娱乐与人们食用海产品造成人身健康的危害，特编制近海重金属污染元素监测与评价方法。本方法适用于海洋环境重金属污染监测、调查和评价以及供科研、管理和教育部门作参考。

第一篇　近海重金属污染元素监测方法

《近海重金属污染元素监测方法》分为三个部分：

——第 1 部分　海水重金属监测；

——第 2 部分　沉积物重金属监测；

——第 3 部分　生物体中重金属监测。

本方法由国家海洋局第三海洋研究所负责，国家海洋环境监测中心、厦门大学、中国海洋大学、国家海洋局第一海洋研究所、国家海洋局第二海洋研究所、国家海洋局北海环境监测中心、国家海洋局东海环境监测中心、国家海洋局南海环境监测中心参与起草。

牵头单位：

国家海洋局第三海洋研究所，总编制负责人：暨卫东、林彩、贺青、陈泓哲、陈金民。

参加单位：

1. 国家海洋局第三海洋研究所，《近海重金属污染元素监测方法》——海水、沉积物和生物体中重金属的原子吸收分光光度法编制人：林彩、刘洋；《近海重金属污染元素监测方法》——海水、沉积物和生物体中原子荧光光度法编制人：王继纲。

2. 国家海洋环境监测中心，《近海重金属污染元素监测方法》——海水、沉积物和生物体中重金属的电感耦合等离子质谱法编制人：刘广远。

3. 厦门大学，《近海重金属污染元素监测方法》——海水、沉积物和生物体中甲基汞、四种形态砷、有机锡的测定方法编制人：袁东星。

4. 国家海洋局第一海洋研究所、第二海洋研究所、北海环境监测中心、东海环境监测中心、南海环境监测中心、国家海洋标准计量中心、中国海洋大学共同参与实验室互校。

第二篇　近海重金属污染评价方法

《近海重金属污染评价方法》分为两个部分：

——第 1 部分　近海重金属污染评价方法；

——第 2 部分　近海重金属污染生态风险评价方法。

本方法由国家海洋局第三海洋研究所负责，国家海洋局第二海洋研究所，第一海洋研究所参加。

牵头单位：

国家海洋局第三海洋研究所，《第1部分　近海重金属污染评价方法》编制负责人：暨卫东、贺青、陈泓哲、陈金民。

国家海洋局第三海洋研究所，《第2部分　近海重金属污染生态风险评价方法》编制负责人：杜建国、陈彬、暨卫东、贺青、赵佳懿、俞炜炜、胡文佳、郑森林。

参加单位：

1. 国家海洋局第三海洋研究所，《近海重金属污染评价方法》——海水部分编制人：林彩。

2. 国家海洋局第二海洋研究所，《近海重金属污染评价方法》——沉积物部分编制人：高生泉、白有成、吕海燕。

3. 国家海洋局第一海洋研究所，《近海重金属污染评价方法》——生物体部分编制人：孙霞、李力。

编　者

目　次

第一篇　近海重金属污染元素监测方法

第二篇 近海重金属污染评价方法

第一篇　近海重金属污染元素监测方法

第 1 部分　海水重金属监测

1　范围

本部分规定了海水中重金属监测方法，对海水样品的采集、贮存、运输以及海水中重金属项目的分析方法和测定结果计算等提出了技术规定和要求。

本部分适用于近海、近岸及陆源入海排污口及其邻近海域海水中重金属监测，也适用于海洋倾废、疏浚物和海洋污染事故等调查与监测中海水中重金属监测。

2　规范性引用文件

下列文件对于本文件的应用是必不可少的。凡是注日期的引用文件，仅注日期的版本适用于本文件。凡是不注日期的引用文件，其最新版本（包括所有的修改单）适用于本文件。

GB 17378.2—2007　海洋监测规范　第 2 部分：数据处理与分析质量控制

GB 17378.3—2007　海洋监测规范　第 3 部分：样品采集、贮存与运输

GB 17378.4—2007　海洋监测规范　第 4 部分：海水分析

GB 12807—1991　实验室玻璃仪器　分度吸量管

GB/T 12806—1991　实验室玻璃仪器　单标线容量瓶

GB/T 6682—2008　分析实验室用水规格和试验方法

3　术语和定义

下列术语和定义适用于本文件。

3.1

热分解　thermal decomposition

用对流或传导加热全部或部分分解样品，使其中易挥发或不稳定的组分如水、二氧化碳、有机质、氧化物、单质蒸汽或其他化合物释放出来。

3.2

样品舟　sample boat

用来盛放和运送液体样品或者固体样品进入热分解管中的不吸附汞并且具有热稳定性的容器。

3.3

现场平行样　field parallel samples

在采样现场，对同一个站位，在相同的条件下采集的两份样品。

3.4

现场加标样　field spiked samples

在采样现场取一组平行样，将实验室配制的已知浓度的被测物质的标准溶液，定量加到其中一份已知体积的水样中为现场加标样，另一份不加标。

4　一般规定

4.1　样品采集

4.1.1　采样设备

本部分所需的采样设备为聚氯乙烯或聚四氟乙烯材质的采水器。

4.1.2 样品容器

样品容器可以是下列容器中的一种：
——聚四氟乙烯瓶；
——塑料材质的（聚乙烯和聚丙烯等）样品瓶；
——聚对苯二甲酸乙二醇酯材质的（PET）样品瓶。

4.1.3 容器的洗涤

容器按下述步骤清洗：
——容器盖和盖衬先用洗涤剂清洗；
——用自来水冲洗 2～3 次；
——用去离子水漂洗 3 次；
——烘干；
——特殊项目按要求进行洗涤。

4.1.4 采样操作

采样操作应遵循以下基本原则：
——用船只采样时，应避免船体污染；
——采样器不应直接接触船体任何部位，裸手不应接触采样器排水口；
——采样人员的手臂应保持清洁；
——样品采集后，于项目规定条件下保存。

4.1.5 样品采集质量保证与质量控制

样品采集质量保证与质量控制措施包括：

a）现场空白样：每次至少带一个现场空白样（去离子水），在现场与样品相同条件下包装、保存和运输，直至交给实验室分析；

b）现场平行样：现场平行样应占样品总量的 5%～10%，每批样品至少采两组平行样，平行样分析应控制在误差允许范围内；

c）设备材料空白：当使用新采样设备、新容器和新材料时，需进行设备材料的空白试验；

d）现场加标样：在现场取一组平行样，将实验室配制的一定浓度的被测物质的标准溶液，等量加到其中一份已知体积的水样中，另一份不加标，送实验室按样品要求进行处理分析；

e）现场空白值大于样品含量的 30% 时，应对实验室、采样、运输和贮存等步骤做仔细审查；

f）现场加标样分析值超出分析控制线时，应查找原因，在未找出原因之前不得继续分析样品。

4.2 实验器皿、水、试剂

实验器皿、水和试剂应符合下述要求：
——实验用带刻度试管、浓缩瓶、移液管、容量瓶等使用前，应进行校准；
——试剂、有机溶剂应按要求进行纯化；
——所用试剂宜选用同一厂家生产的同类产品；
——为保证实验的重现性和再现性，重蒸馏有机试剂应混匀，实验条件应一致；
——按测项要求选择实验用水。

4.3 实验室常规设备

实验室常用设备如下：
——冰箱；
——冰柜；
——可调温的电加热板（或电炉）；
——分析天平或高精度电子天平（±0.1 mg）；

——高精度微量移液器（10.0 μL ~ 100.0 μL，100 μL ~ 1 000 μL）；
——微波炉；
——马弗炉；
——超纯水系统；
——亚沸蒸馏器；
——离心机；
——真空抽滤泵；
——过滤装置；
——玛瑙研磨机。

4.4 样品预处理

样品预处理应符合下述要求：

a）操作时应戴洁净的 PE 手套，并穿实验工作服；
b）用于预处理的器皿，应根据样品的性质选择不同的清洗剂（如硝酸、洗液、洗涤剂等）浸泡 24 h，依次用水、去离子水洗净，根据需要再用其他试剂漂洗；
c）船内没有标准洁净实验室，替代方案是在船上实验室内安装洁净工作台；
d）认真记录前处理、预处理样品的体积。

4.5 样品测试

样品测试应遵循下述原则：

a）分析人员可根据情况选用绘制质控图、插入质控样或做加标回收等方法进行自控；
b）质控人员应编入 5% ~10% 的平行样或质控样；
c）分析空白要占样品总数的 5%，样品少于 20 个时，每批至少带一个分析空白，分析空白值低于方法检出限；样品不足 10 个时，应做 20% 平行样或质控样；
d）每批样品至少进行一个加标质控样分析，要占样品总数的 2%；
e）分析空白大于样品的 30% 时，应对实验室分析进行仔细核查；
f）质控样和加标回收样超出控制线时，要查找原因，在未找出原因之前不得继续分析样品。

5 分析方法

5.1 原子吸收分光光度法

5.1.1 铜（无火焰原子吸收分光光度法）

5.1.1.1 方法原理

在 pH 为 4.5 ±0.2 条件下，海水中铜离子与吡咯烷二硫代甲酸铵（APDC）及二乙氨基二硫代甲酸钠（DDTC）螯合，经 1，1，2 – 三氯三氟乙烷（氟利昂）萃取及硝酸反萃取后，用石墨炉原子化，于铜的特征吸收波长（324.7 nm）处，测定原子吸光值。

5.1.1.2 试剂及其配制

除非另有说明，所有试剂均为分析纯，水为超纯水。

5.1.1.2.1 水：取自超纯水制备系统，电阻率≥18.2 MΩ · cm（25℃）。

5.1.1.2.2 硝酸（HNO_3）：ρ = 1.42 g/mL，优级纯，经石英亚沸蒸馏器蒸馏纯化。

5.1.1.2.3 硝酸溶液：体积分数为 50%，将 50 mL 硝酸（5.1.1.2.2）用水（5.1.1.2.1）稀释至 100 mL。

5.1.1.2.4 硝酸溶液：体积分数为 1%，将 5 mL 硝酸（5.1.1.2.2）用水（5.1.1.2.1）稀释至 500 mL。

5.1.1.2.5 氨水（$NH_3 \cdot H_2O$）：ρ = 0.90 g/mL，应用等温扩散法提纯。

5.1.1.2.6 1，1，2 – 三氯三氟乙烷（氟利昂，$C_2Cl_3F_3$）：优级纯，取 300 mL 氟利昂于 500 mL 分液漏

斗中，加入 3 mL 硝酸（5.1.1.2.2），振荡 2 min，静止分层，收集有机相于另一 500 mL 分液漏斗中，在此有机相中按上述步骤重复 2 次；在有机相中加入水（5.1.1.2.1）振荡洗涤，直至水相 pH 为 6～7，收集有机相。

5.1.1.2.7 吡咯烷二硫代甲酸铵（APDC，$C_5H_{12}N_2S_2$）：优级纯。

5.1.1.2.8 二乙氨基二硫代甲酸钠（DDTC，$C_5H_{10}NS_2Na$）：优级纯。

5.1.1.2.9 APDC－DDTC 混合溶液：分别称取 APDC（5.1.1.2.7）和 DDTC（5.1.1.2.8）各 1 g，溶于 50 mL 水（5.1.1.2.1），经定量滤纸过滤，稀释至 100 mL。用氟利昂（5.1.1.2.6）萃取 3 次，每次 10 mL。收集水相于冰箱内保存。一星期内有效。

5.1.1.2.10 金属铜（粉状，Cu）：纯度为 99.99%。

5.1.1.2.11 铜标准贮备溶液：ρ＝1.000 mg/mL，称取 0.100 0 g 金属铜（5.1.1.2.10）于 50 mL 烧杯中，用适量硝酸溶液（5.1.1.2.3）溶解，用水（5.1.1.2.1）定容至 100.0 mL 容量瓶中，混匀。

5.1.1.2.12 铜标准中间溶液：ρ＝50.0 μg/mL，量取 5.00 mL 铜标准贮备溶液（5.1.1.2.11）于 100.0 mL 容量瓶内，用硝酸溶液（5.1.1.2.4）定容，混匀。

5.1.1.2.13 铜标准使用溶液：ρ＝0.500 μg/mL，量取 1.00 mL 铜标准中间溶液（5.1.1.2.12）于 100.0 mL 容量瓶内，用硝酸溶液（5.1.1.2.4）定容，混匀。

5.1.1.3 仪器与设备

5.1.1.3.1 原子吸收分光光度计

原子吸收分光光度计包括：

——具有石墨炉原子化器；

——铜空心阴极灯；

——配 20 μL 进样泵的自动进样器或 20 μL 精密微量移液器；

——钢瓶氩气（纯度为 99.9% 以上）。

5.1.1.3.2 其他设备

其他设备包括：

——聚四氟乙烯（或聚丙烯）杯：2 mL；

——分液漏斗：125 mL、500 mL 和 1 000 mL；

——移液管：1.00 mL、2.00 mL、5.00 mL 和 10.0 mL。

5.1.1.4 分析步骤

5.1.1.4.1 绘制工作曲线

按照下述步骤绘制工作曲线：

a）取 7 个 50.0 mL 容量瓶，分别加入 0.00 mL、0.50 mL、1.00 mL、2.00 mL、3.00 mL、5.00 mL、7.50 mL 铜标准使用溶液（5.1.1.2.13），用水（5.1.1.2.1）定容，此标准系列分别含铜 0.0 μg/L、5.0 μg/L、10.0 μg/L、20.0 μg/L、30.0 μg/L、50.0 μg/L、75.0 μg/L；

b）取 7 支 1 000 mL 具塞分液漏斗，分别加入 390 mL 水（5.1.1.2.1）及 10.0 mL 上述标准系列溶液；

c）以精密 pH 试纸（pH 为 3.8～5.4）为指示，用稀氨水或稀硝酸调节 pH 至 4.5±0.2；

d）加入 1 mL APDC－DDTC 混合溶液（5.1.1.2.9），混匀；加 20 mL 氟利昂（5.1.1.2.6），人工手摇或机械振荡 2.5 min，静置分层，下层的有机相转移至 125 mL 分液漏斗中，水相中再加 10 mL 氟利昂（5.1.1.2.6），振荡 2 min，静置分层，合并收集有机相至 125 mL 分液漏斗中；在有机相中加 0.20 mL 硝酸（5.1.1.2.2），振荡 2 min，再加 9.80 mL 水（5.1.1.2.1），萃取 2 min，静置分层，上层的水相收集待测；

e）按仪器工作条件测定吸光值 A_w，样品进样量为 20.0 μL；

f）以吸光值为纵坐标，铜的浓度（μg/L）为横坐标，根据测得的吸光值 $A_w - A_o$（标准空白）及相应的铜浓度（μg/L），绘制工作曲线，线性回归，得到方程 $y = a + bx$，记入表 D.1.1.2。

5.1.1.4.2 样品的测定

移取400 mL 经0.45 μm 醋酸纤维滤膜过滤并加硝酸（5.1.1.2.2）酸化（pH <2）的水样于1 000 mL 分液漏斗中，按工作曲线分析步骤（5.1.1.4.1）测定样品吸光值 A_w，同时取400 mL 水（5.1.1.2.1），按同样的步骤测定分析空白的吸光值 A_b。如此，样品是富集40倍测定。

5.1.1.5 记录与计算

将测得的样品数据记入表 D.1.1.3 中，由以下公式（1.1.1），计算得到样品中铜的浓度：

$$\rho_{Cu} = [(A_w - A_b) - a]/(b \times 40) \quad \cdots\cdots (1.1.1)$$

式中：

ρ_{Cu}——水样中铜浓度，单位为微克每升（μg/L）；

A_w——水样的吸光值；

A_b——分析空白的吸光值；

a——工作曲线的截距；

40——富集倍数；

b——工作曲线的斜率。

5.1.1.6 测定下限、精密度和准确度

测定下限：0.004 7 μg/L。

准确度：浓度为5.00 μg/L 时，相对误差为 ±2.6%；浓度为15.0 μg/L 时，相对误差为 ±3.8%。

精密度：浓度为5.00 μg/L 时，相对标准偏差为 ±2.2%，浓度为15.0 μg/L 时，相对标准偏差为 ±3.1%。

5.1.1.7 注意事项

本方法使用时应注意以下事项：

a）本方法中所有步骤均要求在100级洁净室或洁净工作台进行；

b）本方法中所用器皿均需用硝酸浸泡24 h 以上，并经蒸馏水、水（5.1.1.2.1）各洗涤6遍；

c）本方法关键是控制 pH 范围，为保证能够连续测定铜、铅、锌、镉，pH 范围需在4.5 ±0.2，因此在调节 pH 接近4.5时，必须用体积分数为0.2%的氨水，仔细调。

d）不同型号仪器可自选最佳条件，本方法采用的仪器工作条件见表1.1.1。

表1.1.1 仪器工作条件

过程	温度 ℃	升温 ℃/s	保持时间 s
干燥	90	10	5
干燥	105	5	5
干燥	110	2	10
灰化	850	250	10
原子化	2 000	1 500	4
除残	2 300	500	4

5.1.2 铅（无火焰原子吸收分光光度法）

5.1.2.1 方法原理

在 pH 为4.5 ±0.2 条件下，海水中铅离子与吡咯烷二硫代甲酸铵（APDC）及二乙氨基二硫代甲酸钠

（DDTC）螯合，经1，1，2－三氯三氟乙烷（氟利昂）萃取及硝酸反萃取后，用石墨炉原子化，于铅的特征吸收波长（283.3 nm）处，测定原子吸光值。

5.1.2.2 试剂及其配制

除非另有说明，所有试剂均为分析纯，水为超纯水。

5.1.2.2.1 水：取自超纯水制备系统，电阻率≥18.2 MΩ·cm（25℃）。

5.1.2.2.2 硝酸（HNO_3）：ρ＝1.42 g/mL，优级纯，经石英亚沸蒸馏器蒸馏纯化。

5.1.2.2.3 硝酸溶液：体积分数为50%，将50 mL硝酸（5.1.2.2.2）用水（5.1.2.2.1）稀释至100 mL。

5.1.2.2.4 硝酸溶液：体积分数为1%，将5 mL硝酸（5.1.2.2.2）用水（5.1.2.2.1）稀释至500 mL。

5.1.2.2.5 氨水（$NH_3 \cdot H_2O$）：ρ＝0.90 g/mL，用等温扩散法提纯。

5.1.2.2.6 1，1，2－三氯三氟乙烷（氟利昂，$C_2Cl_3F_3$）：优级纯，取300 mL氟利昂于500 mL分液漏斗中，加入3 mL硝酸（5.1.2.2.2），振荡2 min，静止分层，收集有机相于另一500 mL分液漏斗中，在此有机相中按上述步骤重复2次；在有机相中加入水（5.1.2.2.1）振荡洗涤，直至水相pH为6～7，收集有机相。

5.1.2.2.7 吡咯烷二硫代甲酸铵（APDC，$C_5H_{12}N_2S_2$）：优级纯。

5.1.2.2.8 二乙氨基二硫代甲酸钠（DDTC，$C_5H_{10}NS_2Na$）：优级纯。

5.1.2.2.9 APDC－DDTC混合溶液：分别称取APDC（5.1.2.2.7）和DDTC（5.1.2.2.8）各1 g，溶于50 mL水（5.1.2.2.1），经定量滤纸过滤，稀释至100 mL。用氟利昂（5.1.2.2.6）萃取3次，每次10 mL。收集水相于冰箱内保存。一星期内有效。

5.1.2.2.10 金属铅（粉状，Pb）：纯度为99.99%。

5.1.2.2.11 铅标准贮备溶液：ρ＝1.000 mg/mL，称取0.100 0 g金属铅（5.1.2.2.10）于50 mL烧杯中，用适量硝酸溶液（5.1.2.2.3）溶解，用水（5.1.2.2.1）定容至100.0 mL容量瓶中，混匀。

5.1.2.2.12 铅标准中间溶液：ρ＝50.0 μg/mL，量取5.00 mL铅标准贮备溶液（5.1.2.2.11）于100.0 mL容量瓶内，用硝酸溶液（5.1.2.2.4）定容，混匀。

5.1.2.2.13 铅标准使用溶液：ρ＝0.500 μg/mL，量取1.00 mL铅标准中间溶液（5.1.2.2.12）于100.0 mL容量瓶内，用硝酸溶液（5.1.2.2.4）定容，混匀。

5.1.2.3 仪器与设备

5.1.2.3.1 原子吸收分光光度计

原子吸收分光光度计包括：

——具有石墨炉原子化器；

——铅空心阴极灯；

——配20 μL进样泵的自动进样器或20 μL精密微量移液器；

——钢瓶氩气（纯度为99.9%以上）。

5.1.2.3.2 其他设备

其他设备包括：

——聚四氟乙烯（或聚丙烯）杯：2 mL；

——分液漏斗：125 mL、500 mL和1 000 mL；

——移液管：1.00 mL、2.00 mL和5.00 mL。

5.1.2.4 分析步骤

5.1.2.4.1 绘制工作曲线

按照下述步骤绘制工作曲线：

a）取6个50.0 mL容量瓶，分别加入0.00 mL、0.10 mL、0.20 mL、0.50 mL、1.00 mL、2.00 mL铅

标准使用溶液（5.1.2.2.13），用水（5.1.2.2.1）定容，此标准系列分别含铅 0.0 μg/L、1.0 μg/L、2.0 μg/L、5.0 μg/L、10.0 μg/L、20.0 μg/L；

b）取6支1 000 mL具塞分液漏斗，分别加入390 mL水（5.1.2.2.1）及10.0 mL上述标准系列溶液；

c）以精密pH试纸（pH为3.8~5.4）为指示，用稀氨水或稀硝酸调节pH至4.5±0.2；

d）加入1 mL APDC-DDTC混合溶液（5.1.2.2.9），混匀；加20 mL氟利昂（5.1.2.2.6），人工手摇或机械振荡2.5 min，静置分层，下层的有机相转移至125 mL分液漏斗中，水相中再加10 mL氟利昂（5.1.2.2.6），振荡2 min，静置分层，合并收集有机相至125 mL分液漏斗中；在有机相中加0.20 mL硝酸（5.1.2.2.2），振荡2 min，再加9.80 mL水（5.1.2.2.1），萃取2 min，静置分层，上层的水相收集待测；

e）按仪器工作条件测定吸光值 A_w，样品进样量为20.0 μL；

f）以吸光值为纵坐标，铅的浓度（μg/L）为横坐标，根据测得的吸光值 $A_w - A_o$（标准空白）及相应的铅浓度（μg/L），绘制工作曲线，线性回归，得到方程 $y = a + bx$，记入表D.1.1.2。

5.1.2.4.2 样品的测定

移取400 mL经0.45 μm醋酸纤维滤膜过滤并加硝酸（5.1.2.2.2）酸化（pH<2）的水样于1 000 mL分液漏斗中，按工作曲线分析步骤（5.1.2.4.1）测定样品吸光值 A_w，同时取400 mL水（5.1.2.2.1），按同样的步骤测定分析空白的吸光值 A_b。如此，样品是富集40倍测定。

5.1.2.5 记录与计算

将测得的样品数据记入表D.1.1.3中，由以下公式（1.1.2），计算得到样品中铅的浓度（μg/L）：

$$\rho_{Pb} = [(A_w - A_b) - a] / (b \times 40) \quad (1.1.2)$$

式中：

ρ_{Pb}——水样中铅浓度，单位为微克每升（μg/L）；

A_w——水样的吸光值；

A_b——分析空白的吸光值；

a——工作曲线的截距；

40——富集倍数；

b——工作曲线的斜率。

5.1.2.6 测定下限、精密度和准确度

测定下限：0.007 7 μg/L。

准确度：浓度为5.00 μg/L时，相对误差为±3.5%；浓度为10.0 μg/L时，相对误差为±3.9%。

精密度：浓度为5.00 μg/L时，相对标准偏差为±3.6%，浓度为10.0 μg/L时，相对标准偏差为±2.7%。

5.1.2.7 注意事项

本方法使用时应注意以下事项：

a）本方法中所有步骤均要求在100级洁净室或洁净工作台进行；

b）本方法中所用器皿均需用硝酸浸泡24 h以上，并经蒸馏水、水（5.1.2.2.1）各洗涤6遍；

c）本方法关键是控制pH范围，为保证能够连续测定铜、铅、锌、镉，pH范围需在4.5±0.2，因此在调节pH接近4.5时，必须用体积分数为0.2%的氨水，仔细调；

d）不同型号仪器可自选最佳条件，本方法采用的仪器工作条件见表1.1.2。

表 1.1.2　仪器工作条件

过程	温度 ℃	升温 ℃/s	保持时间 s
干燥	90	10	5
干燥	105	5	5
干燥	110	2	10
灰化	800	250	10
原子化	1 500	1 400	4
除残	2 000	500	4

5.1.3　锌（火焰原子吸收分光光度法）

5.1.3.1　方法原理

在 pH 为 4.5 ±0.2 条件下，海水中锌离子与吡咯烷二硫代甲酸铵（APDC）及二乙氨基二硫代甲酸钠（DDTC）螯合，经 1，1，2 - 三氯三氟乙烷（氟利昂）萃取及硝酸反萃取后，用火焰原子化，于锌的特征吸收波长（213.9 nm）处，测定原子吸光值。

5.1.3.2　试剂及其配制

除非另有说明，所有试剂均为分析纯，水为超纯水。

5.1.3.2.1　水：取自超纯水制备系统，电阻率≥18.2 MΩ · cm（25℃）。

5.1.3.2.2　硝酸（HNO_3）：ρ = 1.42 g/mL，优级纯，经石英亚沸蒸馏器蒸馏纯化。

5.1.3.2.3　硝酸溶液：体积分数为 50%，将 50 mL 硝酸（5.1.3.2.2）用水（5.1.3.2.1）稀释至 100 mL。

5.1.3.2.4　硝酸溶液：体积分数为 1%，将 5 mL 硝酸（5.1.3.2.2）用水（5.1.3.2.1）稀释至 500 mL。

5.1.3.2.5　氨水（$NH_3 \cdot H_2O$）：ρ = 0.90 g/mL，用等温扩散法提纯。

5.1.3.2.6　1，1，2 - 三氯三氟乙烷（氟利昂，$C_2Cl_3F_3$）：优级纯，取 300 mL 氟利昂于 500 mL 分液漏斗中，加入 3 mL 硝酸（5.1.3.2.2），振荡 2 min，静止分层，收集有机相于另一 500 mL 分液漏斗中，在此有机相中按上述步骤重复 2 次；在有机相中加入水（5.1.3.2.1）振荡洗涤，直至水相 pH 为 6 ~ 7，收集有机相。

5.1.3.2.7　吡咯烷二硫代甲酸铵（APDC，$C_5H_{12}N_2S_2$）：优级纯。

5.1.3.2.8　二乙氨基二硫代甲酸钠（DDTC，$C_5H_{10}NS_2Na$）：优级纯。

5.1.3.2.9　APDC - DDTC 混合溶液：分别称取 APDC（5.1.3.2.7）和 DDTC（5.1.3.2.8）各 1 g，溶于 50 mL 水（5.1.3.2.1），经定量滤纸过滤，稀释至 100 mL。用氟利昂（5.1.3.2.6）萃取 3 次，每次 10 mL。收集水相于冰箱内保存。一星期内有效。

5.1.3.2.10　金属锌（粉状，Zn）：纯度为 99.99%。

5.1.3.2.11　锌标准贮备溶液：ρ = 1.000 mg/mL，称取 0.100 0 g 金属锌（5.1.3.2.10）于 50 mL 烧杯中，用适量硝酸溶液（5.1.3.2.3）溶解，用水（5.1.3.2.1）定容至 100.0 mL 容量瓶中，混匀。

5.1.3.2.12　锌标准中间溶液：ρ = 50.0 μg/mL，量取 5.00 mL 锌标准贮备溶液（5.1.3.2.11）于 100.0 mL 容量瓶内，用硝酸溶液（5.1.3.2.4）定容，混匀。

5.1.3.2.13　锌标准使用溶液：ρ = 0.500 μg/mL，量取 1.00 mL 锌标准中间溶液（5.1.3.2.12）于 100.0 mL 容量瓶内，用硝酸溶液（5.1.3.2.4）定容，混匀。

5.1.3.3　仪器与设备

5.1.3.3.1　原子吸收分光光度计

原子吸收分光光度计包括：

——具有火焰原子化器；

——锌空心阴极灯；
——钢瓶乙炔气（纯度为99.9%以上）；
——空气压缩机。

5.1.3.3.2 其他设备

其他设备包括：
——聚四氟乙烯（或聚丙烯）杯：2 mL；
——分液漏斗：125 mL、500 mL和1 000 mL；
——移液管：1.00 mL、2.00 mL、5.00 mL和10.0 mL。

5.1.3.4 分析步骤

5.1.3.4.1 绘制工作曲线

按照下列步骤绘制工作曲线：

a）取7个50.0 mL容量瓶，分别加入0.00 mL、1.00 mL、2.00 mL、3.00 mL、5.00 mL、7.50 mL、10.0 mL锌标准使用溶液（5.1.3.2.13），用水（5.1.3.2.1）定容，此标准系列分别含锌0.0 μg/L、10.0 μg/L、20.0 μg/L、30.0 μg/L、50.0 μg/L、75.0 μg/L、100 μg/L；
b）取7支1 000 mL具塞分液漏斗，分别加入390 mL水（5.1.3.2.1）及10.0 mL上述标准系列溶液；
c）以精密pH试纸（pH为3.8～5.4）为指示，用稀氨水或稀硝酸调节pH为4.5±0.2；
d）加入1 mL APDC－DDTC混合溶液（5.1.3.2.9），混匀；加20 mL氟利昂（5.1.3.2.6），人工手摇或机械振荡2.5 min，静置分层，下层的有机相转移至125 mL分液漏斗中，水相中再加10 mL氟利昂（5.1.3.2.6），振荡2 min，静置分层，合并收集有机相至125 mL分液漏斗中；在有机相中加0.20 mL硝酸（5.1.3.2.2），振荡2 min，再加9.80 mL水（5.1.3.2.1），萃取2 min，静置分层，上层的水相收集待测；
e）按仪器工作条件测定吸光值A_w；
f）以吸光值为纵坐标，锌的浓度（μg/L）为横坐标，根据测得的吸光值A_w-A_o（标准空白）及相应的锌浓度（μg/L），绘制工作曲线，线性回归，得到方程$y=a+bx$，记入表D.1.1.4。

5.1.3.4.2 样品的测定

移取400 mL经0.45 μm醋酸纤维滤膜过滤并加硝酸（5.1.3.2.2）酸化（pH＜2）的水样于1 000 mL分液漏斗中，按工作曲线分析步骤（5.1.3.4.1）测定样品吸光值A_w，同时取400 mL水（5.1.3.2.1），按同样的步骤测定分析空白的吸光值A_b。如此，样品是富集40倍测定。

5.1.3.5 记录与计算

将测得的样品数据记入表D.1.1.5中，由以下公式（1.1.3）计算得到样品中锌的浓度：

$$\rho_{Zn}=[(A_w-A_b)-a]/(b\times 40) \qquad (1.1.3)$$

式中：
ρ_{Zn}——水样中锌浓度，单位为微克每升（μg/L）；
A_w——水样的吸光值；
A_b——分析空白的吸光值；
a——工作曲线的截距；
40——富集倍数；
b——工作曲线的斜率。

5.1.3.6 测定下限、精密度和准确度

测定下限：0.445 μg/L。
准确度：浓度为20.0 μg/L时，相对误差为±3.4%；浓度为60.0 μg/L时，相对误差为±2.9%。

精密度：浓度为20.0 μg/L 时，相对标准偏差为 ±3.2%，浓度为60.0 μg/L 时，相对标准偏差为 ±1.7%。

5.1.3.7 注意事项

本方法使用时应注意以下事项：

a）本方法中所有步骤均要求在100级洁净室或洁净工作台进行；

b）本方法中所用器皿均需用硝酸浸泡24 h以上，并经蒸馏水、水（5.1.3.2.1）各洗涤6遍；

c）本方法关键是控制pH范围，为保证能够连续测定铜、铅、锌、镉，pH范围为4.5 ± 0.2，因此在调节pH接近4.5时，必须用体积分数为0.2%的氨水，仔细调；

d）不同型号仪器可自选最佳条件，本方法采用的仪器工作条件见表1.1.3。

表1.1.3 仪器工作条件

工作灯电流 mA	光通带宽 nm	负高压 V	燃气流量 mL/min	燃烧器高度 mm
3.0	0.4	300	1 800 – 2 000	6.0

5.1.4 镉（无火焰原子吸收分光光度法）

5.1.4.1 方法原理

在pH为4.5 ±0.2条件下，海水中镉离子与吡咯烷二硫代甲酸铵（APDC）及二乙氨基二硫代甲酸钠（DDTC）螯合，经1，1，2-三氯三氟乙烷（氟利昂）萃取及硝酸反萃取后，用石墨炉原子化，于镉的特征吸收波长（228.8 nm）处，测定原子吸光值。

5.1.4.2 试剂及其配制

除非另有说明，所有试剂均为分析纯，水为超纯水。

5.1.4.2.1 水：取自超纯水制备系统，电阻率≥18.2 MΩ·cm（25℃）。

5.1.4.2.2 硝酸（HNO_3）：ρ=1.42 g/mL，优级纯，经石英亚沸蒸馏器蒸馏纯化。

5.1.4.2.3 硝酸溶液：体积分数为50%，将50 mL硝酸（5.1.4.2.2）用水（5.1.4.2.1）稀释至100 mL。

5.1.4.2.4 硝酸溶液：体积分数为1%，将5 mL硝酸（5.1.4.2.2）用水（5.1.4.2.1）稀释至500 mL。

5.1.4.2.5 氨水（$NH_3 \cdot H_2O$）：ρ=0.90 g/mL，用等温扩散法提纯。

5.1.4.2.6 1，1，2-三氯三氟乙烷（氟利昂，$C_2Cl_3F_3$）：优级纯，取300 mL氟利昂于500 mL分液漏斗中，加入3 mL硝酸（5.1.4.2.2），振荡2 min，静止分层，收集有机相于另一500 mL分液漏斗中，在此有机相中按上述步骤重复2次；在有机相中加入水（5.1.4.2.1）振荡洗涤，直至水相pH为6~7，收集有机相。

5.1.4.2.7 吡咯烷二硫代甲酸铵（APDC，$C_5H_{12}N_2S_2$）：优级纯。

5.1.4.2.8 二乙氨基二硫代甲酸钠（DDTC，$C_5H_{10}NS_2Na$）：优级纯。

5.1.4.2.9 APDC-DDTC混合溶液：分别称取APDC（5.1.4.2.7）和DDTC（5.1.4.2.8）各1 g，溶于50 mL水（5.1.4.2.1），经定量滤纸过滤，稀释至100 mL。用氟利昂（5.1.4.2.6）萃取3次，每次10 mL。收集水相于冰箱内保存。一星期内有效。

5.1.4.2.10 金属镉（粉状，Cd）：纯度为99.99%。

5.1.4.2.11 镉标准贮备溶液：ρ=1.000 mg/mL，称取0.100 0 g金属镉（5.1.4.2.10）于50 mL烧杯中，用适量硝酸溶液（5.1.4.2.3）溶解，用水（5.1.4.2.1）定容至100.0 mL容量瓶中，混匀。

5.1.4.2.12 镉标准中间溶液：ρ=100 μg/mL，量取10.0 mL镉标准贮备溶液（5.1.4.2.11）于100.0 mL容量瓶内，用硝酸溶液（5.1.4.2.4）定容，混匀。

5.1.4.2.13 镉标准中间溶液：ρ = 5.00 μg/mL，量取5.00 mL镉标准中间溶液（5.1.4.2.12）于

100.0 mL 容量瓶内，用硝酸溶液（5.1.4.2.4）定容，混匀。

5.1.4.2.14 镉标准使用液：$\rho=0.100$ μg/mL，量取 2.00 mL 镉标准中间溶液（5.1.4.2.13）于 100.0 mL 容量瓶内，用硝酸溶液（5.1.4.2.4）定容，混匀。

5.1.4.3 仪器与设备

5.1.4.3.1 原子吸收分光光度计

原子吸收分光光度计包括：

——具有石墨炉原子化器；

——镉空心阴极灯；

——配 20 μL 进样泵的自动进样器或 20 μL 精密微量移液器；

——钢瓶氩气（纯度为 99.9% 以上）。

5.1.4.3.2 其他设备

其他设备包括：

——聚四氟乙烯（或聚丙烯）杯：2 mL；

——分液漏斗：125 mL、500 mL 和 1 000 mL；

——移液管：1.00 mL、2.00 mL、5.00 mL 和 10.0 mL。

5.1.4.4 分析步骤

5.1.4.4.1 绘制工作曲线

按照下述步骤绘制工作曲线：

a）取 5 个 50.0 mL 容量瓶，分别加入 0.00 mL、0.20 mL、0.50 mL、1.00 mL、2.00 mL 镉标准使用溶液（5.1.4.2.14），用水（5.1.4.2.1）定容，此标准系列分别含镉 0.00 μg/L、0.40 μg/L、1.00 μg/L、2.00 μg/L、4.00 μg/L；

b）取 5 支 1 000 mL 具塞分液漏斗，分别加入 390 mL 水（5.1.4.2.1）及 10.0 mL 上述标准系列溶液；

c）以精密 pH 试纸（pH 为 3.8～5.4）为指示，用稀氨水或稀硝酸调节 pH 为 4.5 ±0.2；

d）加入 1 mL APDC－DDTC 混合溶液（5.1.4.2.9），混匀；加 20 mL 氟利昂（5.1.4.2.6），人工手摇或机械振荡 2.5 min，静置分层，下层的有机相转移至 125 mL 分液漏斗中，水相中再加 10 mL 氟利昂（5.1.4.2.6），振荡 2 min，静置分层，合并收集有机相至 125 mL 分液漏斗中；在有机相中加 0.20 mL 硝酸（5.1.4.2.2），振荡 2 min，再加 9.80 mL 水（5.1.4.2.1），萃取 2 min，静置分层，上层的水相收集待测；

e）按仪器工作条件测定吸光值 A_w，样品进样量为 20.0 μL；

f）以吸光值为纵坐标，镉的浓度（μg/L）为横坐标，根据测得的吸光值 A_w-A_o（标准空白）及相应的镉浓度（μg/L），绘制工作曲线，线性回归，得到方程 $y=a+bx$，记入表 D.1.1.2。

5.1.4.4.2 样品的测定

移取 400 mL 经 0.45 μm 醋酸纤维滤膜过滤并加硝酸（5.1.4.2.2）酸化（pH <2）的水样于 1 000 mL 分液漏斗中，按工作曲线分析步骤（5.1.4.4.1）测定样品吸光值 A_w，同时取 400 mL 水（5.1.4.2.1），按同样的步骤测定分析空白的吸光值 A_b。如此，样品是富集 40 倍测定。

5.1.4.5 记录与计算

将测得的样品数据记入表 D.1.1.3 中，由以下公式（1.1.4），计算得到样品中镉的浓度：

$$\rho_{Cd}=[(A_w-A_b)-a]/(b\times 40) \quad (1.1.4)$$

式中：

ρ_{Cd}——水样中镉浓度，单位为微克每升（μg/L）；

A_w——水样的吸光值；

A_b——分析空白的吸光值；

a——工作曲线的截距；

40——富集倍数；

b——工作曲线的斜率。

5.1.4.6 测定下限、精密度和准确度

测定下限：0.001 3 μg/L。

准确度：浓度为1.00 μg/L时，相对误差为±7.0%；浓度为2.50 μg/L时，相对误差为±2.7%。

精密度：浓度为1.00 μg/L时，相对标准偏差为±2.8%，浓度为2.50 μg/L时，相对标准偏差为±2.8%。

5.1.4.7 注意事项

本方法使用时应注意以下事项：

a）本方法中所有步骤均要求在100级洁净室或洁净工作台进行；

b）本方法中所用器皿均需用硝酸浸泡24 h以上，并经蒸馏水、水（5.1.4.2.1）各洗涤6遍；

c）本方法关键是控制pH范围，为保证能够连续测定铜、铅、锌、镉，pH范围需在4.5 ± 0.2，因此在调节pH接近4.5时，必须用体积分数为0.2%的氨水，仔细调；

d）不同型号仪器可自选最佳条件，本方法采用的仪器工作条件见表1.1.4。

表1.1.4 仪器工作条件

过程	温度 ℃	升温 ℃/s	保持时间 s
干燥	90	10	5
干燥	105	5	5
干燥	110	2	10
灰化	300	250	10
原子化	1 400	1 500	4
除残	1 700	500	4

5.1.5 铬（无火焰原子吸收分光光度法）

5.1.5.1 方法原理

在pH为3.8 ± 0.2条件下，低价态铬被高锰酸钾氧化后，同吡咯烷二硫代甲酸铵（APDC）及二乙氨基二硫代甲酸钠（DDTC）螯合，用1，1，2－三氯三氟乙烷（氟利昂）萃取及硝酸反萃取后，用石墨炉原子化，于铬的特征吸收波长（357.9 nm）处，测定原子吸光值。

5.1.5.2 试剂及其配制

除非另有说明，所有试剂均为分析纯，水为超纯水。

5.1.5.2.1 水：取自超纯水制备系统，电阻率≥18.2 MΩ·cm（25℃）。

5.1.5.2.2 硝酸（HNO_3）：ρ＝1.42 g/mL，优级纯，经石英亚沸蒸馏器蒸馏纯化。

5.1.5.2.3 硝酸溶液：体积分数为1%，将5 mL硝酸（5.1.5.2.2）用水（5.1.5.2.1）稀释至500 mL。

5.1.5.2.4 盐酸（HCl）：ρ＝1.19 g/mL，优级纯，经石英亚沸蒸馏器蒸馏纯化。

5.1.5.2.5 盐酸溶液：1 mol/L，将90 mL盐酸（5.1.5.2.4）用水（5.1.5.2.1）稀释至1 000 mL。

5.1.5.2.6 氨水（$NH_3 \cdot H_2O$）：ρ＝0.90 g/mL，分析纯，用等温扩散法提纯。

5.1.5.2.7 乙醇（CH_3CH_2OH）：分析纯。

5.1.5.2.8　高锰酸钾（$KMnO_4$）：优级纯。

5.1.5.2.9　高锰酸钾溶液：10 g/L，称取高锰酸钾（5.1.5.2.8）1 g，用水（5.1.5.2.1）稀释至100 mL。

5.1.5.2.10　二甲基黄（$C_{14}H_{15}N_3$）：分析纯。

5.1.5.2.11　苯二甲酸氢钾（$C_8H_5KO_4$）：优级纯。

5.1.5.2.12　二甲基黄乙醇溶液：10 g/L，称取二甲基黄（5.1.5.2.10）1 g，溶于95%乙醇（5.1.5.2.7）中，用水（5.1.5.2.1）稀释至100 mL。

5.1.5.2.13　1，1，2-三氯三氟乙烷（氟利昂，$C_2Cl_3F_3$）：优级纯，取300 mL氟利昂于500 mL分液漏斗中，加入3 mL硝酸（5.1.5.2.2），振荡2 min，静置分层，收集有机相于另一500 mL分液漏斗中，在此有机相中按上述步骤重复2次；在有机相中加入水（5.1.5.2.1）振荡洗涤，直至水相pH为6~7，收集有机相。

5.1.5.2.14　缓冲溶液：称取50.1 g苯二甲酸氢钾（5.1.5.2.11）溶于水中，加入7 mL盐酸溶液（5.1.5.2.5）并用水（5.1.5.2.1）稀释至500 mL，最后用盐酸（5.1.5.2.5）或氨水（5.1.5.2.6）在pH计上调pH为3.8 ± 0.2。

5.1.5.2.15　吡咯烷二硫代甲酸铵（APDC，$C_5H_{12}N_2S_2$）：优级纯。

5.1.5.2.16　二乙氨基二硫代甲酸钠（DDTC，$C_5H_{10}NS_2Na$）：优级纯。

5.1.5.2.17　APDC-DDTC混合溶液：分别称取APDC（5.1.5.2.15）和DDTC（5.1.5.2.16）各1 g，溶于50 mL水（5.1.5.2.1），经定量滤纸过滤，稀释至100 mL。用氟利昂（5.1.5.2.13）萃取3次，每次10 mL。收集水相于冰箱内保存。一星期内有效。

5.1.5.2.18　重铬酸钾（$K_2Cr_2O_7$）：优级纯。

5.1.5.2.19　铬标准贮备溶液：ρ = 1.000 mg/mL，称取重铬酸钾（5.1.5.2.18）0.282 9 g溶于水（5.1.5.2.1）中，全量转入100.0 mL容量瓶中，加入1 mL硝酸（5.1.5.2.2），定容，混匀。

5.1.5.2.20　铬标准中间溶液：ρ =50.0 μg/mL，量取5.00 mL铬标准贮备溶液（5.1.5.2.19）于100.0 mL容量瓶内，用硝酸溶液（5.1.5.2.3）定容，混匀。

5.1.5.2.21　铬标准使用溶液：ρ =0.500 μg/mL，量取1.00 mL铬标准中间溶液（5.1.5.2.20）于100.0 mL容量瓶内，用硝酸溶液（5.1.5.2.3）定容，混匀。

5.1.5.3　仪器与设备

5.1.5.3.1　原子吸收分光光度计

原子吸收分光光度计包括：

——具有石墨炉原子化器；

——铬空心阴极灯；

——配20 μL进样泵的自动进样器或20 μL精密微量移液器；

——钢瓶氩气（纯度为99.9%以上）。

5.1.5.3.2　其他设备

其他设备包括：

——聚四氟乙烯（或聚丙烯）杯：2 mL；

——分液漏斗：125 mL和500 mL；

——移液管：1.00 mL、2.00 mL和5.00 mL；

——石英亚沸蒸馏器。

5.1.5.4　分析步骤

5.1.5.4.1　绘制工作曲线

按照下述步骤绘制工作曲线：

a）取5个50.0 mL容量瓶，分别加入0.00 mL、0.20 mL、0.50 mL、1.00 mL、2.00 mL铬标准使用溶液（5.1.5.2.21），用水（5.1.5.2.1）定容，此标准系列分别含铬0.0 μg/L、2.0 μg/L、5.0 μg/L、10.0 μg/L、20.0 μg/L；

b）取5支50 mL具塞比色管，分别加入45.0 mL水（5.1.5.2.1）及5.00 mL上述标准系列溶液；

c）加1滴二甲基黄指示液（5.1.5.2.12），用稀氨水或稀盐酸调pH，使溶液呈浅橙色。加5滴高锰酸钾溶液（5.1.5.2.9），在水浴上加热（控制温度在70℃±5℃）10 min，溶液保持微紫色；稍冷却后，转移至125 mL分液漏斗中；

d）依次加入1 mL缓冲溶液（5.1.5.2.14）、1 mL APDC－DDTC混合溶液（5.1.5.2.17），混匀；加10 mL氟利昂（5.1.5.2.13），人工手摇或机械振荡2.5 min，静置分层，下层的有机相转移至125 mL分液漏斗中，在有机相中加0.050 mL硝酸（5.1.5.2.2），振荡2 min，再加2.45 mL水（5.1.5.2.1），振荡2 min，静置分层，上层的水相收集待测；

e）按仪器工作条件测定吸光值A_w，样品进样量为20.0 μL；

f）以吸光值为纵坐标，铬的浓度（μg/L）为横坐标，根据测得的吸光值$A_w - A_o$（标准空白）及相应的铬浓度（μg/L），绘制工作曲线，线性回归，得到方程$y = a + bx$，记入表D.1.1.2。

5.1.5.4.2　样品的测定

移取50 mL经0.45 μm醋酸纤维滤膜过滤并加硝酸（5.1.5.2.2）酸化（pH＜2）的水样于100 mL具塞比色管中，按工作曲线分析步骤（5.1.5.4.1）测定样品吸光值A_w，同时取50 mL水（5.1.5.2.1），按同样的步骤测定分析空白的吸光值A_b。如此，样品是富集20倍测定。

5.1.5.5　记录与计算

将测得的样品数据记入表D.1.1.3中，由以下公式（1.1.5），计算得到样品中铬的浓度：

$$\rho_{Cr} = [(A_w - A_b) - a] / (b \times 20) \quad (1.1.5)$$

式中：

ρ_{Cr}——水样中铬浓度，单位为微克每升（μg/L）；

A_w——水样的吸光值；

A_b——分析空白的吸光值；

a——工作曲线的截距；

20——富集倍数；

b——工作曲线的斜率。

5.1.5.6　测定下限、精密度和准确度

测定下限：0.032 8 μg/L。

准确度：浓度为2.50 μg/L时，相对误差为±7.4%；浓度为5.00 μg/L时，相对误差为±2.5%。

精密度：浓度为2.50 μg/L时，相对标准偏差为±1.5%，浓度为5.00 μg/L时，相对标准偏差为±2.5%。

5.1.5.7　注意事项

本方法使用时应注意以下事项：

a）本方法中所有步骤均要求在100级洁净室或洁净工作台进行；

b）本方法中所用器皿均需用硝酸浸泡24 h以上，并经蒸馏水、水（5.1.5.2.1）各洗6遍；

c）本方法关键是控制pH范围，因此在调pH接近浅橙色时，必须用体积分数为0.2%的氨水，仔细调。

d）不同型号仪器可自选最佳条件，本方法采用的仪器工作条件见表1.1.5。

表 1.1.5　仪器工作条件

过程	温度 ℃	升温 ℃/s	保持时间 s
干燥	90	10	5
干燥	105	5	5
干燥	110	2	10
灰化	950	250	10
原子化	2 450	FP	5
除残	2 550	500	4

5.2　原子荧光光度法

5.2.1　总汞

5.2.1.1　方法原理

将未过滤的水样，经硫酸－过硫酸钾消化后，在还原剂硼氢化钾的作用下，汞离子被还原成汞原子，利用氩气将汞原子汽化，并作为载气将其带入原子荧光光度计的检测器中，以汞空心阴极灯（波长253.7 nm）作为激发光，测定汞的荧光值。

5.2.1.2　试剂及其配制

除非另有说明，所有试剂均为分析纯，水为超纯水。

5.2.1.2.1　水：取自超纯水制备系统，电阻率≥18.2 MΩ · cm（25℃）。

5.2.1.2.2　硫酸（H_2SO_4）：ρ = 1.84 g/mL，优级纯。

5.2.1.2.3　硫酸溶液：体积分数为 2.8%，在搅拌下，将 28 mL 硫酸（5.2.1.2.2）缓缓地加入到约500 mL 水（5.2.1.2.1）中，稀释至 1 000 mL。

5.2.1.2.4　硝酸（HNO_3）：ρ = 1.42 g/mL，优级纯。

5.2.1.2.5　硝酸溶液：体积分数为 5%，将 50 mL 硝酸（5.2.1.2.4）用水（5.2.1.2.1）稀释至1 000 mL。

5.2.1.2.6　盐酸羟胺（$NH_2OH \cdot HCl$）：优级纯。

5.2.1.2.7　盐酸羟胺溶液：ρ = 100 g/L，称取盐酸羟胺 25 g（5.2.1.2.6），溶于适量水（5.2.1.2.1）中并稀释至 250 mL。使用前经高纯氮气鼓泡提纯。

5.2.1.2.8　过硫酸钾（$K_2S_2O_8$）：分析纯。

5.2.1.2.9　过硫酸钾溶液：ρ = 50 g/L，称取过硫酸钾 50 g（5.2.1.2.8），溶于适量水（5.2.1.2.1）中并稀释至 1 000 mL。

5.2.1.2.10　硼氢化钾（KBH_4）：优级纯。

5.2.1.2.11　氢氧化钾（KOH）：优级纯。

5.2.1.2.12　硼氢化钾溶液：ρ = 0.1 g/L，称取 5 g 氢氧化钾（5.2.1.2.11）溶于约 200 mL 水（5.2.1.2.1）中，加入 0.1 g 硼氢化钾（5.2.1.2.10），待溶解后，用水（5.2.1.2.1）稀释至 1 000 mL。

5.2.1.2.13　氯化汞（$HgCl_2$）：优级纯，预先在硫酸干燥器中放置除湿 24 h 以上。

5.2.1.2.14　汞标准贮备液：ρ = 1.00 g/L，准确称取 0.135 4 g 氯化汞（5.2.1.2.13）于 50 mL 烧杯中，用少量硝酸溶液（5.2.1.2.5）溶解后，转入 100.0 mL 容量瓶中，以硝酸溶液（5.2.1.2.5）稀释至标线，混匀。

5.2.1.2.15　汞标准中间溶液 A：ρ = 10.0 mg/L，移取 1.00 mL 汞标准贮备液（5.2.1.2.14）置于100.0 mL 容量瓶中，以硝酸溶液（5.2.1.2.5）稀释至标线，混匀。

5.2.1.2.16　汞标准中间溶液 B：ρ = 0.100 mg/L，移取 1.00 mL 汞标准中间液 A（5.2.1.2.15）置于

100.0 mL容量瓶中，以硝酸溶液（5.2.1.2.5）稀释至标线，混匀。

5.2.1.2.17　汞标准使用液：ρ = 10.0 μg/L，移取10.00 mL汞标准中间液B（5.2.1.2.16）置于100.0 mL容量瓶中，以硝酸溶液（5.2.1.2.5）稀释至标线，混匀（使用时配制）。

5.2.1.3　仪器与设备

5.2.1.3.1　原子荧光光度计

原子荧光光度计包括：

——汞空心阴极灯；

——钢瓶高纯氩气（纯度为99.99%以上）。

5.2.1.3.2　其他设备

其他设备包括：

——容量瓶：100.0 mL ±0.1 mL；

——量筒：50.0 mL；

——具塞比色管：50.0 mL；

——移液管：1.00 mL、2.00 mL、5.00 mL、10.00 mL；

——烧杯：50 mL、250 mL、1 000 mL；

——分析天平。

5.2.1.4　分析步骤

5.2.1.4.1　绘制工作曲线

按照下述步骤绘制工作曲线：

a）取7个100.0 mL容量瓶，分别加入0.00 mL、0.25 mL、0.50mL、1.00mL、2.00mL、4.00 mL、8.00 mL汞标准使用液（5.2.1.2.17），用硫酸溶液（5.2.1.2.3）稀释至标线，混匀，此标准系列各点汞的浓度分别为0.000 μg/L、0.025 μg/L、0.050 μg/L、0.100 μg/L、0.200 μg/L、0.400 μg/L、0.800 μg/L。

b）分别取2.00 mL于原子荧光光度计的检测器中，测定荧光值（F_i）。

c）以荧光值F为纵坐标，汞浓度ρ（μg/L）为横坐标，根据测得的荧光值$F_i - F_0$（标准空白）及相应的汞浓度ρ（μg/L），绘制工作曲线，线性回归，得到方程$y = a + bx$。记入表D.1.1.6。

5.2.1.4.2　样品消化

准确移取50.0 mL未过滤的水样于50.0 mL具塞比色管中，分别加入1.00 mL硫酸（5.2.1.2.3），2.50 mL过硫酸钾溶液（5.2.1.2.9），在室温下放置消化24 h以上，加入1.00 mL盐酸羟胺溶液（5.2.1.2.7），混匀，作为样品消化液。同时按上步骤制备分析空白消化液。

5.2.1.4.3　样品测定

用原子荧光光度计分别对分析空白液和样品消化液（5.2.1.4.2）进样2.00 mL，用硼氢化钾溶液（5.2.1.2.12）作为载液，依次测定分析空白荧光值（F_0）和样品消化液的荧光值（F_i）。

5.2.1.5　记录与计算

将测得的数据记入表D.1.1.7中，由$F_i - F_0$值于工作曲线上直接查得样品中汞的浓度（μg/L），按公式（1.1.6）计算：

$$\rho_{Hg} = [(F_i - F_0) - a] / b \quad (1.1.6)$$

式中：

ρ_{Hg}——水样中汞浓度，单位为微克每升（μg/L）；

a——工作曲线截距；

b——工作曲线斜率。

5.2.1.6 测定下限、精密度和准确度

测定下限：0.004 3 μg/L。

准确度：浓度为0.20 μg/L时，相对误差为±3%；浓度为0.60 μg/L时，相对误差为±3%。

精密度：浓度为0.20 μg/L时，相对标准偏差为±4%；浓度为0.60 μg/L时，相对标准偏差为±3%。

5.2.1.7 注意事项

本方法使用时应注意以下事项：

a）测试使用的所有器皿必须在硝酸溶液（体积分数为25%）中浸泡24 h后，再用去离子水冲洗干净方可使用；

b）测试过程中应防止器皿受汞的沾污；

c）盐酸羟胺等试剂的含汞量差别较大，使用前应进行氮吹纯化处理，并进行试剂空白测试，以免因为空白值过大，造成过大的测定误差；

d）配制标准溶液与样品测定时应用同一瓶盐酸；

e）由于影响汞测定的因素较多，如载气流量、汞灯电流、负高压等，因此，每次测定均应测定标准系列；

f）可根据实测样品的浓度范围，适当调整工作曲线各点的位置及数量；

g）由于过滤操作可能会使海水样品损失一部分汞，所以该方法测定的是海水样品中的总汞含量，无需对水样进行过滤；

h）不同型号的仪器可自选最佳测定条件，本方法采用的仪器工作条件见表1.1.6。

表1.1.6 仪器工作条件

总电流 mA	主电流/辅助电流 mA	负高压 V	原子化器高度 mm	载气流量 mL/min	辅助气流量 mL/min	原子化方式
45	45/0	290	8	400	800	冷原子

5.2.2 砷

5.2.2.1 方法原理

在酸性介质中，五价砷被硫脲－抗坏血酸还原成三价砷，用硼氢化钾将三价砷转化为砷化氢气体，由氩气作为载气将其导入原子荧光光度计的原子化器中进行原子化，以砷空心阴极灯（波长193.7 nm）作为激发光源，测定砷的荧光值。

5.2.2.2 试剂及其配制

除非另有说明，所有试剂均为分析纯，水为超纯水。

5.2.2.2.1 水：取自超纯水制备系统，电阻率≥18.2 MΩ·cm（25℃）。

5.2.2.2.2 盐酸（HCl）：ρ=1.19 g/mL，优级纯。

5.2.2.2.3 盐酸溶液：体积分数为50%，等体积盐酸和水（5.2.1.2.1）混合。

5.2.2.2.4 氢氧化钠（NaOH）：优级纯。

5.2.2.2.5 氢氧化钠溶液：ρ = 40 g/L，称取4.0 g氢氧化钠（5.2.2.2.4），溶于100 mL水（5.2.1.2.1）中。

5.2.2.2.6 硫脲（CH_4N_2S）：分析纯。

5.2.2.2.7 抗坏血酸（$C_6H_8O_6$）：分析纯。

5.2.2.2.8 硫脲－抗坏血酸还原剂：$CH_4N_2S-C_6H_8O_6$，称取5.0 g硫脲（5.2.2.2.6）和3.0 g抗坏血酸（5.2.2.2.7）用水（5.2.2.2.1）溶解，并稀释至100 mL（使用前配制）。

5.2.2.2.9　硼氢化钾（KBH_4）：优级纯。

5.2.2.2.10　氢氧化钾（KOH）：优级纯。

5.2.2.2.11　硼氢化钾溶液：ρ = 10 g/L，称取 5 g 氢氧化钾（5.2.2.2.10）溶于约 200 mL 水（5.2.2.2.1）中，加入 10 g 硼氢化钾（5.2.2.2.9），待溶解后，用水（5.2.2.2.1）稀释至 1 000 mL。

5.2.2.2.12　三氧化二砷（As_2O_3）：优级纯，经 150℃烘干 2 h，置于干燥器中保存。

5.2.2.2.13　砷标准贮备液：ρ = 100.0 μg/mL，准确称取 0.132 0 g 三氧化二砷（5.2.2.2.12）于 25 mL 烧杯中，用 10 mL 氢氧化钠溶液（5.2.2.2.4）溶解后，转移到已加入 10 mL 盐酸溶液（5.2.2.2.3）的 1 000 mL 容量瓶中，加水（5.2.2.2.1）稀释至标线，混匀。

5.2.2.2.14　砷标准中间液：ρ = 1.00 μg/mL，量取 1.00 mL 砷标准贮备液（5.2.2.2.13），移入已加入盐酸溶液（5.2.2.2.3）的 100.0 mL 容量瓶中，加水（5.2.2.2.1）稀释至标线，混匀。

5.2.2.2.15　砷标准使用液：ρ = 0.100 μg/mL，量取 10.0 mL 砷标准中间液（5.2.2.2.14），移入 100.0 mL 已加入 10 mL 盐酸溶液（5.2.2.2.3）的容量瓶中，加水（5.2.2.2.1）稀释至标线，混匀。

5.2.2.3　仪器与设备

5.2.2.3.1　原子荧光光度计

原子荧光光度计包括：

——砷空心阴极灯；

——钢瓶高纯氩气（纯度为 99.99% 以上）。

5.2.2.3.2　其他设备

其他设备包括：

——容量瓶：100.0 mL ± 0.1 mL、1 000.0 mL ± 0.4 mL；

——具塞比色管：25.0 mL；

——移液管：1.00 mL、2.00 mL、5.00 mL、10.00 mL；

——烧杯：50 mL、1 000 mL。

5.2.2.4　分析步骤

5.2.2.4.1　绘制工作曲线

按照下述步骤绘制工作曲线：

a）取 7 个 100.0 mL 容量瓶，提前加入 10 mL 盐酸溶液（5.2.2.2.3），分别加入 0.00 mL、0.50 mL、1.00 mL、2.00 mL、4.00 mL、8.00 mL、10.00 mL 砷标准使用溶液（5.2.2.2.15），用水（5.2.2.2.1）稀释至标线，混匀，此标准系列各点砷浓度分别为 0.00 μg/L、0.50 μg/L、1.00 μg/L、2.00 μg/L、4.00 μg/L、8.00 μg/L、10.00 μg/L。

b）分别取 2.0 mL 于原子荧光光度计的检测器中，测定荧光值（F_i）。

c）以荧光值 F 为纵坐标，砷浓度 ρ（μg/L）为横坐标，根据测得的荧光值 $F_i - F_0$（标准空白）及相应的汞浓度 ρ（μg/L），绘制工作曲线，线性回归，得到方程 $y = a + bx$。记入表 D.1.1.6。

5.2.2.4.2　样品消化

按照下述步骤进行样品消化：

准确移取 25.0 mL 未过滤的水样于 25.0 mL 具塞比色管中，分别加入 2.5 mL 盐酸（5.2.2.2.2），2.5 mL 硫脲－抗坏血酸还原剂（5.2.2.2.8），在室温下放置消化 20 min，混匀，作为样品消化液。同时按上述步骤制备分析空白消化液。

5.2.2.4.3　样品测定

按照下述步骤进行样品测定：

用原子荧光光度计分别对分析空白液和样品消化液（5.2.2.4.2）进样 2.0 mL，用硼氢化钾溶液

（5.2.2.2.11）作为载液，依次测定分析空白荧光值（F_0）和样品消化液的荧光值（F_i）。

5.2.2.5 记录与计算

将测得数据记入表 D.1.1.7 中，由 $F_i - F_0$ 值于工作曲线上直接查得样品中砷的浓度（μg/L），按公式（1.1.7）计算：

$$\rho_{As} = [(F_i - F_0) - a] / b \qquad (1.1.7)$$

式中：

ρ_{As}——水样中含砷浓度，单位为微克每升（μg/L）；

a——工作曲线截距；

b——工作曲线斜率。

5.2.2.6 测定下限、精密度和准确度

测定下限：0.04 μg/L。

准确度：浓度为 5.0 μg/L 时，相对误差为 ±5%；浓度为 10.0 μg/L 时，相对误差为 ±5%。

精密度：浓度为 5.0 μg/L 时，相对标准偏差为 ±2%；浓度为 10.0 μg/L 时，相对标准偏差为 ±2%。

5.2.2.7 注意事项

本方法使用时应注意以下事项：

a）测试使用的所有器皿必须在硝酸溶液（体积分数为 25%）中浸泡 24 h 后，再用去离子水冲洗干净方可使用；

b）测试过程中应防止器皿受砷的沾污；

c）盐酸等试剂的空白值差别较大，使用前应进行试剂空白测试，以免因为空白值过大，造成过大的测定误差；

d）配制标准溶液与检测样品应用同一瓶盐酸；

e）由于影响砷测定的因素很多，如载气、炉温、灯电流、气液体积比等，因此，每次测定应同时 绘制标准曲线；

f） 可根据实测样品的浓度范围，适当调整工作曲线各点的位置及数量；

g）不同型号的仪器可自选最佳测定条件，本方法采用的仪器工作条件见表 1.1.7。

表 1.1.7 仪器工作条件

总电流 mA	主电流/辅助电流 mA	负高压 V	原子化器高度 mm	载气流量 mL/min	辅助气流量 mL/min	原子化方式
60	30/30	270	8	400	800	火焰法

5.3 电感耦合等离子质谱法（同步测定铜、铅、锌、镉、铬和砷）

5.3.1 方法原理

以等离子体作为质谱离子源，样品雾化后以气溶胶的形式进入等离子体区域，经过蒸发、解离、原子化、电离等过程，被导入高真空的质谱部分，经质量分析器分离后，检测待测离子所产生的质谱信号的大小，测定样品中铜、铅、锌、镉、铬和砷元素的浓度。

5.3.2 试剂及其配制

除非另有说明，所有试剂均为分析纯，水为超纯水。

5.3.2.1 水：取自超纯水制备系统，电阻率≥18.2 MΩ · cm（25℃）。

5.3.2.2 硝酸（HNO_3）：ρ = 1.42 g/mL，经石英亚沸蒸馏器蒸馏纯化。

5.3.2.3 硝酸溶液 a：体积分数为 50%，将 50 mL 硝酸（5.3.2.2）用水（5.3.2.1）稀释至 100 mL。

5.3.2.4 硝酸溶液 b：体积分数为 1%，将 5 mL 硝酸（5.3.2.2）用水（5.3.2.1）稀释至 500 mL。

5.3.2.5　多元素混合调谐溶液：10.0 mg/L，^{7}Li、^{59}Co、^{89}Y、^{137}Ba、^{140}Ce、^{205}Tl元素浓度均为10.0 mg/L的商品化溶液。

5.3.2.6　多元素内标校正贮备溶液：ρ = 100.0 mg/L，含有^{45}Sc、^{89}Y、^{115}In、^{209}Bi元素，各浓度均为100.0 mg/L的商品化溶液。

5.3.2.7　多元素内标校正中间溶液：ρ =2.00 mg/L，移取2.00 mL多元素内标校正贮备溶液（5.3.2.6）于100.0 mL容量瓶中，用水定容。

5.3.2.8　多元素内标校正使用溶液：ρ =40.0 μg/L，移取2.00 mL多元素内标校正中间溶液（5.3.2.7）于100.0 mL容量瓶中，用水定容。

5.3.2.9　金属铜（粉状，Cu）：纯度为99.99%。

5.3.2.10　金属铅（粉状，Pb）：纯度为99.99%。

5.3.2.11　金属锌（粉状，Zn）：纯度为99.99%。

5.3.2.12　金属镉（粉状，Cd）：纯度为99.99%。

5.3.2.13　重铬酸钾（$K_2Cr_2O_7$）：优级纯。

5.3.2.14　三氧化二砷（As_2O_3）：经150℃烘干2 h，置于干燥器中保存。

5.3.2.15　氢氧化钠（NaOH）：优级纯。

5.3.2.16　氢氧化钠溶液（40 g/L）：称取4.0 g氢氧化钠（5.3.2.15），用水（5.3.2.1）稀释至100 mL。

5.3.2.17　盐酸（HCl）：ρ =1.19 g/mL，优级纯。

5.3.2.18　盐酸溶液：体积分数为50%，将50 mL盐酸（5.3.2.17）用水（5.3.2.1）稀释至100 mL。

5.3.2.19　标准溶液

5.3.2.19.1　铜元素标准溶液

不同铜浓度的标准溶液配制：

a）铜标准贮备溶液：ρ =1.000 mg/mL，称取0.100 0 g金属铜（5.3.2.9）于50 mL烧杯中，用适量硝酸溶液a（5.3.2.3）溶解，用水（5.3.2.1）定容至100.0 mL容量瓶中，混匀。

b）铜标准中间溶液：ρ =50.0 μg/mL，移取5.00 mL铜标准贮备溶液（5.3.2.19.1，a）于100.0 mL容量瓶内，用硝酸溶液b（5.3.2.4）定容，混匀。

c）铜标准中间溶液：ρ =0.500 μg/mL，移取1.00 mL铜标准中间溶液（5.3.2.19.1，b）于100.0 mL容量瓶内，用硝酸溶液b（5.3.2.4）定容，混匀。

5.3.2.19.2　铅元素标准溶液

不同铅浓度的标准溶液配制：

a）铅标准贮备溶液：ρ =1.000 mg/mL，称取0.100 0 g金属铅（5.3.2.10）于50 mL烧杯中，用适量硝酸溶液a（5.3.2.3）溶解，用水（5.3.2.1）定容至100.0 mL容量瓶中，混匀。

b）铅标准中间溶液：ρ =50.0 μg/mL，移取5.00 mL铅标准贮备溶液（5.3.2.19.2，a）于100.0 mL容量瓶内，用硝酸溶液b（5.3.2.4）定容，混匀。

c）铅标准中间溶液：ρ =0.500 μg/mL，移取1.00 mL铅标准中间溶液（5.3.2.19.2，b）于100.0 mL容量瓶内，用硝酸溶液b（5.3.2.4）定容，混匀。

d）铅标准中间溶液：ρ =10.0 μg/L，移取2.00 mL铅标准中间溶液（5.3.2.19.1，c）于100.0 mL容量瓶内，用硝酸溶液b（5.3.2.4）定容，混匀。

5.3.2.19.3　锌元素标准溶液

不同锌浓度的标准溶液配制：

a）锌标准贮备溶液：ρ =1.000 mg/mL，称取0.100 0 g金属锌（5.3.2.11）于50 mL烧杯中，用适量硝酸溶液a（5.3.2.3）溶解，用水（5.3.2.1）定容至100.0 mL，混匀。

b）锌标准中间溶液：ρ =50.0 μg/mL，移取5.00 mL锌标准贮备溶液（5.3.2.19.3，a）于100.0 mL容量瓶内，用硝酸溶液b（5.3.2.4）定容，混匀。

c）锌标准中间溶液：ρ =0.500 μg/mL，移取 1.00 mL 铜标准中间溶液（5.3.2.19.3，b）于 100.0 mL 容量瓶内，用硝酸溶液 b（5.3.2.4）定容，混匀。

5.3.2.19.4 镉元素标准溶液

不同镉浓度的标准溶液配制：

a）镉标准贮备溶液：ρ =1.000 mg/mL，称取 0.100 0 g 金属镉（5.3.2.12）于 50 mL 烧杯中，用适量硝酸溶液 a（5.3.2.3）溶解，用水（5.3.2.1）定容至 100.0 mL 容量瓶中，混匀。

b）镉标准中间溶液：ρ =50.0 μg/mL，移取 5.00 mL 镉标准贮备溶液（5.3.2.19.4，a）于 100.0 mL 容量瓶内，用硝酸溶液 b（5.3.2.4）定容，混匀。

c）镉标准中间溶液：ρ =0.500 μg/mL，移取 1.00 mL 镉标准中间溶液（5.3.2.19.4，b）于 100.0 mL 容量瓶内，用硝酸溶液 b（5.3.2.4）定容，混匀。

d）镉标准中间溶液：ρ =40.0 μg/L，移取 8.00 mL 镉标准中间溶液（5.3.2.19.4，c）于 100.0 mL 容量瓶内，用硝酸溶液 b（5.3.2.4）定容，混匀。

5.3.2.19.5 铬元素标准溶液

不同铬浓度的标准溶液配制：

a）铬标准贮备溶液：ρ = 1.000 mg/mL，称取重铬酸钾（5.3.2.13）0.282 9 g 溶于水（5.3.2.1）中，全量转入 100.0 mL 容量瓶中，加入 1 mL 硝酸（5.3.2.2），定容，混匀。

b）铬标准中间溶液：ρ =50.0 μg/mL，移取 5.00 mL 铬标准贮备溶液（5.3.2.19.5，a）于 100.0 mL 容量瓶内，用硝酸溶液 b（5.3.2.4）定容，混匀。

c）铬标准中间溶液：ρ =0.500 μg/mL，移取 1.00 mL 铬标准中间溶液（5.3.2.19.5，b）于 100.0 mL 容量瓶内，用硝酸溶液 b（5.3.2.4）定容，混匀。

d）铬标准中间溶液：ρ =10.0 μg/L，移取 2.00 mL 铬标准中间溶液（5.3.2.19.5，c）于 100.0 mL 容量瓶内，用硝酸溶液 b（5.3.2.4）定容，混匀。

5.3.2.19.6 砷元素标准溶液

不同砷浓度的标准溶液配制：

a）砷标准贮备溶液：ρ =100.0 μg/mL，准确称取 0.132 0 g 三氧化二砷（5.3.2.14）于 25 mL 烧杯中，用 10 mL 氢氧化钠溶液（5.3.2.16）溶解后，转移到已加入 10 mL 盐酸溶液（5.3.2.16）的容量瓶中，用水（5.3.2.1）稀释至标线。

b）砷标准中间溶液：ρ = 1.00 μg/mL，移取 1.00 mL 砷标准贮备溶液（5.3.2.19.6，a）于已加入 10 mL 盐酸溶液（5.3.2.18）的容量瓶内，用水（5.3.2.1）定容至 100.0 mL，混匀。

5.3.2.19.7 多元素混合标准使用溶液

分别移取 4.00 mL 铜标准中间溶液（5.3.2.19.1，c）、20.0 mL 铅标准中间溶液（5.3.2.19.2，d）、16.0 mL 锌标准中间溶液（5.3.2.19.3，c）、2.00 mL 镉标准中间溶液（5.3.2.19.4，d）、2.00 mL 铬标准中间溶液（5.3.2.19.5，d）和 4.00 mL 砷标准中间溶液（5.3.2.19.6，b）于 200.0 mL 容量瓶中，用硝酸溶液（5.3.2.4）定容。此多元素混合标准使用溶液中含有铜、铅、锌、镉、铬和砷元素，其浓度分别为 10.0 μg/L、1.00 μg/L、40.0 μg/L、0.400 μg/L、1.00 μg/L 和 20.0 μg/L。

5.3.3 仪器与设备

5.3.3.1 电感耦合等离子体质谱仪（ICP – MS）

电感耦合等离子体质谱仪（ICP – MS）包括：

——样品引入系统；

——ICP 离子源；

——接口及离子聚焦系统；

——质量分析器；

——检测器；

——钢瓶氩气（纯度为99.999%）；

——钢瓶氦气（纯度为99.999%），针对具有氦气碰撞反应池的设备；

——软件控制及数据记录设备。

5.3.3.2 其他设备

其他设备包括：

——分析天平：感量为0.1 mg或0.01 mg；

——移液管：1.00 mL、5.00 mL、10.0 mL、20.0 mL和50.0 mL；

——超纯水系统；

——石英亚沸蒸馏器。

5.3.4 分析步骤

5.3.4.1 仪器工作条件优化

仪器运行稳定后，引入多元素混合调谐溶液（5.3.2.5）调节仪器的各项参数，选择低、中、高质量数元素对仪器的灵敏度以及氧化物、双电荷等指标进行调谐，至满足分析测试的要求。仪器调谐完成后，方可进行正常的分析工作，载气为高纯氩气。

5.3.4.2 干扰及其消除

采用ICP－MS进行样品分析时，质谱干扰和非质谱干扰均会对样品的测定结果带来较大的影响，可通过采取如下措施降低或消除干扰：

a）选取不受干扰的同位素元素；

b）采用干扰校正方程；

c）采用碰撞/反应池技术消除干扰（有的ICP－MS不具备碰撞/反应池）；

d）去除样品基体。

5.3.4.3 样品预处理

按下述步骤预处理样品：

a）样品经孔径为0.45 μm滤膜过滤后，用硝酸（5.3.2.2）酸化至 $pH<2$，室温保存备用。

b）称取50 mL PET样品瓶，记录质量为 M_0，加入3.00 g±0.01 g海水待测样品，记录其准确质量 M_1，加入硝酸溶液（5.3.2.4），以重量法使其稀释约10倍，记录其准确质量 M_2。

5.3.4.4 多元素混合标准系列溶液

取6个100 mL容量瓶，分别加入2.00 mL、5.00 mL、10.0 mL、20.0 mL、30.0 mL、50.0 mL多元素混合标准使用溶液（5.3.2.19.7），用硝酸溶液（5.3.2.4）定容。

5.3.4.5 样品测定

按仪器要求，测定稀释后的海水样品，记录其各元素信号值 A_w，选择一批样品中信号值较低的样品作为本底，记录其信号值为 A_0；加入多元素混合标准系列溶液（5.3.4.4）各1.00 mL于6个干燥聚乙烯样品瓶中，用本底样品稀释至10.0 mL，配制出多元素混合标准添加工作曲线，分别记录其各元素的信号值 A_i。

该混合标准添加工作曲线中铜、铅、锌、镉、铬和砷元素的浓度系列分别为：

铜元素浓度：0.000 μg/L、0.020 μg/L、0.050 μg/L、0.100 μg/L、0.200 μg/L、0.300 μg/L、0.500 μg/L；

铅元素浓度：0.000 μg/L、0.020 μg/L、0.050 μg/L、0.100 μg/L、0. 200 μg/L、0.300 μg/L、0.500 μg/L；

锌元素浓度：0.00 μg/L、0.20 μg/L、0.50 μg/L、1.00 μg/L、2.00 μg/L、3.00 μg/L、5.00 μg/L；

镉元素浓度：0.000 μg/L、0.008 μg/L、0.020 μg/L、0.040 μg/L、0.080 μg/L、0.120 μg/L、0.200 μg/L；

铬元素浓度：0.000 μg/L、0.020 μg/L、0.050 μg/L、0.100 μg/L、0. 200 μg/L、0.300 μg/L、0.500 μg/L；

砷元素浓度：0.00 μg/L、0.04 μg/L、0.10 μg/L、0.20 μg/L、0.40 μg/L、0.60 μg/L、1.00 μg/L。

以多元素混合标准添加工作曲线（5.3.4.5）中各元素浓度（μg/L）为横坐标，以 A_0 及上述6个测定的信号值（$A_i - A_0$）为纵坐标，绘制标准曲线，线性回归，分别得到铜、铅、锌、镉、铬和砷的方程 $y = a + bx$，记入表 D.1.1.8 中。

同时以相同仪器条件测定样品处理过程中的分析空白溶液，得到分析空白值 A_b。

5.3.5 计算与记录

样品稀释倍数 N，用以下公式（1.1.8）计算：

$$N = (M_2 - M_0) / (M_1 - M_0) \qquad (1.1.8)$$

式中：

N——稀释倍数；

M_2——样品稀释后重量 + 聚乙烯样品瓶重；

M_0——聚乙烯样品瓶重；

M_1——样品稀释前重量 + 聚乙烯样品瓶重。

将测得数据记入表 D.1.1.9 中，样品中各重金属元素的浓度均可用以下公式（1.1.9）计算：

$$\rho = [(A_w - A_b) - a] / b \cdot N \qquad (1.1.9)$$

式中：

ρ——标准曲线上查得的各元素浓度，单位为微克每升（μg/L）；

A_w——样品响应值；

A_b——试剂空白；

a——曲线截距；

b——曲线斜率。

5.3.6 测定下限、精密度和准确度

5.3.6.1 测定下限

铜元素：0.007 μg/L；

铅元素：0.020 μg/L；

锌元素：0.140 μg/L；

镉元素：0.001 μg/L；

铬元素：0.004 μg/L；

砷元素：0.010 μg/L。

5.3.6.2 精密度

铜元素浓度为0.125 μg/L 时，相对标准偏差为 ±2.9%；浓度为 0.375 μg/L 时，相对标准偏差为 ±2.0%；

铅元素浓度为0.125 μg/L 时，相对标准偏差为 ±2.8%；浓度为 0.250 μg/L 时，相对标准偏差为 ±2.4%；

锌元素浓度为 0.50 μg/L 时，相对标准偏差为 ±3.0%；浓度为 1.50 μg/L 时，相对标准偏差为 ±1.7%；

镉元素浓度为0.025 μg/L 时，相对标准偏差为 ±7.3%；浓度为 0.063 μg/L 时，相对标准偏差为 ±2.4%；

铬元素浓度为0.125 μg/L 时，相对标准偏差为 ±3.5%；浓度为 0.250 μg/L 时，相对标准偏差为 ±2.7%；

砷元素浓度为0.125 μg/L 时，相对标准偏差为 ±3.4%；浓度为 0.250 μg/L 时，相对标准偏差为 ±2.9%。

5.3.6.3 准确度

铜元素浓度为0.125 μg/L时，相对误差为±5.3%；浓度为0.375 μg/L时，相对误差为±3.8%；
铅元素浓度为0.125 μg/L时，相对误差为±5.5%；浓度为0.250 μg/L时，相对误差为±7.2%；
锌元素浓度为0.50 μg/L时，相对误差为±5.3%；浓度为1.50 μg/L时，相对误差为±7.2%；
镉元素浓度为0.025 μg/L时，相对误差为±10.0%；浓度为0.063 μg/L时，相对误差为±13.2%；
铬元素浓度为0.125 μg/L时，相对误差为±18.9%；浓度为0.250 μg/L时，相对误差为±13.1%；
砷元素浓度为0.125 μg/L时，相对误差为±5.0%；浓度为0.250 μg/L时，相对误差为±5.9%。

5.3.7 注意事项

本方法执行时应注意以下事项：

——不同型号仪器可自选最佳条件；

——实验操作均在100级洁净室或超净台内进行；

——器皿必须用硝酸溶液（体积分数为25%）浸泡24 h以上，使用前用超纯水洗净；

——样品采集、贮存与运输应符合GB 17378.3—2007的要求；

——样品预处理以及分析测定过程中，严格执行GB 17378.2—2007的要求，避免样品受到污染；

——标准曲线的绘制时，可根据样品浓度大小的不同，选择适当的标准添加曲线工作范围，确保样品浓度在所绘制的工作曲线范围之内。

6 调查资料处理和汇编

6.1 调查资料处理

6.1.1 样品的检测

样品的检测要求如下：

a）应按本规程中规定的方法、技术标准进行分析检测；

b）应在规定的时间内完成样品的检测；

c）应对监测、鉴定结果进行质控程序和误差等质量检查，未按质控程序监测或误差超出规定的范围应重新测定。

6.1.2 数据资料和声像资料的整理

数据资料和声像资料的整理要求如下：

a）以电子介质记录的检测资料原件存档，另用复制件进行整理；

b）现场人工采样记录表、要素分析记录表、值班日志等原始记录，采用A4纸介质载体，记录和分析必须经第二人校核。

6.1.3 报表填写和图件绘制

报表填写和图件绘制要求如下：

a）调查要素的报表，应采用本规程附录规定的标准格式；

b）成果图件采用GIS软件绘制，A4纸张打印；

c）在图件和报表规定的位置上，有关人员应签名。

6.2 质量控制

将原始测试分析报表或电子数据按照资料内容分类整理，并按照统一资料记录格式整编成电子文件。

6.2.1 应严格执行专项技术规程总则中有关质量控制的规定条款。

6.2.2 计量仪器应经计量检定部门检定，并应在有效期内使用。

6.2.3 标准物质应采用国家标准物质，自配的标准溶液应经国家标准物质校准。

6.2.4 现场样品采集、保存、运输与分析质量控制要求如下：

a）开展现场样品采集、保存、运输与实验室内分析过程的样品质量控制，通过海水部分测项的自控样和平行样的控制结果。评价各监测单位在监测质量的质量保证情况。

b）自控样控制：主要适用于水样测定。每批水样测定时，同时做1～2个添加标准回收实验，若平均回收率在85%～115%范围内，即视该批样品测定合格；反之，应重测。

c）平行样控制：每批测试样品应取10%～15%样品做平行样测定，若其结果处于样品含量允许的偏差范围内，则为合格；若个别平行样测定不符合要求，应检查其原因，根据其结果，判定测定失败或合格。

6.2.5 整编资料质量控制要求如下：

a）原始资料为纸质报表的，经录入后，必须不同人员进行三遍以上的人工校对；

b）形成电子文件后，进行质量控制；

c）整编后的资料必须注明资料处理人员、资料审核人员等；

d）对应的资料必须附资料质量评价报告；

e）资料整编时，建立资料整编记录。

6.3 资料验收

6.3.1 验收要求

按照任务书（合同书）、实施方案（计划）以及专项技术规程中规定的技术要求进行验收。

6.3.2 验收内容

验收内容如下：

a）项目任务书、实施方案、航次报告；

b）数据资料以及成果资料，包括现场原始记录、现场分析记录、实验室分析记录、成果图集、调查研究报告等，资料分为纸质资料和电子介质资料；

c）质量控制过程，包括海上监测（分析）仪器设备的检定证书、使用的标准物质证书、人员资质证书以及质控报告。

6.4 资料汇编

6.4.1 原始资料的整理

原始资料整理，即将原始调查、现场记录、分析测试等原始记录资料进行整理装订，形成规范的原始资料档案。对原始电子文件整理并进行标识。

6.4.1.1 整理的原始资料内容

原始资料包括调查实施计划、航次调查报告、站位表、测线布设图、各种现场记录，分析测试鉴定等记录表，图像或图片及文字说明、数据磁带盘记录等。

6.4.1.2 原始资料整理方法

原始资料整理方法如下：

a）原始资料保留原始介质形式和记录格式；

b）纸质材料加装统一格式的封面，封面格式见附录F及图F.1.1.1；电子载体资料在载体上加统一格式的标识，见附录F的图F.1.1.2，在根目录下建立名为README文件，对每个电子文件的内容、资料记录格式进行说明；

c）编制原始资料清单目录。

6.4.2 成果资料整编

将原始测试分析报表或电子数据按照资料内容分类整理，并按照统一资料记录格式整编成电子文件。

6.4.2.1 资料整编内容

资料整编内容包括：调查区获取的铜、铅、锌、镉、铬、汞、砷等调查资料。

6.4.2.2 资料记录格式

各类资料整编记录未检出一律以“未”表示。

6.4.2.3 资料载体和文件格式

资料载体和文件格式要求如下：

a）采用光盘、软盘存储，电子文件统一采用 XLS 文件格式。文件名应能反映资料的类型、内容、调查区域和时间等；

b）编制光盘、软盘中的资料文件的目录和说明，以 README 文件名，存放在根目录下；

c）资料光盘、软盘封面按照附录 F 的 F.1.1.2 进行标识。

6.4.3 整编资料元数据提取

应对整编后的数据文件提取相应的元数据。

6.4.3.1 元数据提取内容

主要包括：项目名称（总项目、专题、子项目）和编号、资料名称；资料覆盖区域范围、资料时间范围；调查航次、调查船/平台，采样设备和方法、分析测试及鉴定等的仪器名称和精度；资料要素名称、数据量（站数、记录数）、资料质量评价；调查单位、测试分析单位；有关资料分析、处理负责人；通信地址、联系电话、邮政编码等；元数据对应的数据文件名称和存储位置（电子载体名称/编号、文件目录等）。

6.4.3.2 元数据存放

每一个数据文件提取一条元数据，所有元数据形成一个元数据文件，打印并以光盘或软盘存储，在存储载体上加注“×××元数据”标志。

6.4.4 整编资料目录编制

a）近海海水中重金属调查数据集；

b）近海海水中重金属要素图集；

c）近海海水中重金属航次调查报告；

d）近海海水中重金属调查报告。

6.4.5 资料汇交

6.4.5.1 汇交内容

包括整理后的原始资料、整编资料、研究报告和成果图件、资料清单、元数据、资料质量评价报告、资料审核验收报告、资料整理和整编记录。

6.4.5.2 汇交形式

海洋资料载体为电子介质和纸介质两种形式。纸介质载体和采用离线方式汇交的光盘等电子介质载体的制作，应按照 HY/T 056—2010 的要求执行。纸介质资料为复印件，需加盖报送单位公章。

原始资料汇交复制件或复印件；整编资料汇交光盘或软盘；按资料和成果管理办法规定执行。

7 报告编写

7.1 航次报告

7.1.1 文本格式

7.1.1.1 文本规格

近海海水中重金属调查报告文本外形尺寸为 A4（210 mm×297 mm）。

7.1.1.2 封面格式

航次调查报告封面格式如下：

——第一行书写：×××海区（一号宋体，加黑，居中）；

——第二行书写：××××航次报告（一号宋体，加黑，居中）；

——落款书写：编制单位全称（如有多个单位可逐一列入，三号宋体，加黑，居中）；

——第四行书写：××××年××月（小三号宋体，加黑，居中）；

——第五行书写：中国，空一格，××（地名，小三号宋体，加黑，居中）。

以上各行间距应适宜，保持封面美观。

7.1.1.3 封里内容

封里中应分行写明：调查项目实施单位全称（加盖公章）；项目负责人、技术总负责人、分项目负责人和主要参加人员姓名；报告书编制单位全称（加盖公章）；编制人、审核人姓名；编制单位地址；通信地址；邮政编码；联系人姓名；联系电话；E-mail 地址等内容。

a）文本规格：近海海水中重金属调查报告文本外形尺寸为 A4（210 mm×297 mm）。

b）封面格式：

近海海水中重金属调查报告封面格式如下。

第一行书写：×××海区或省市×××海域（一号宋体，加黑，居中）；

第二行书写：近海海水中重金属调查报告（一号宋体，加黑，居中）；

落款书写：编制单位全称（如有多个单位可逐一列入，三号宋体，加黑，居中）；

第四行书写：××××年××月（小三号宋体，加黑，居中）；

第五行书写：中国，空一格，××（地名，小三号宋体，加黑，居中）。

以上各行间距应适宜，保持封面美观。

c）封里内容：

封里中应分行写明：调查项目实施单位全称（加盖公章）；项目负责人、技术总负责人、分项目负责人和主要参加人员姓名；报告书编制单位全称（加盖公章）；编制人、审核人姓名；编制单位地址；通信地址；邮政编码；联系人姓名；联系电话；E-mail 地址等内容。

7.1.2 航次报告章节内容

近海海水中重金属航次调查报告应包括调查工作来源或目的、调查任务实施单位、调查时间与航次、调查船只等。

a）调查的目的意义。

b）调查内容：

- 调查海区的区域与范围；
- 调查站位布设及站位图；
- 调查站位类型与说明。

c）现场实施的情况：

- 概述；
- 调查船航行路线图；
- 完成的工作量统计。

d）质量控制的原则与措施：

- 采样与分析过程的质量控制；
- 标准物质；
- 仪器设备的性能和运转条件；
- 人员培训。

e）资料的进展与计划。

f）建议。

7.2 资料处理报告

7.2.1 文本格式

7.2.1.1 文本规格

近海海水中重金属调查报告文本外形尺寸为A4（210 mm×297 mm）。

7.2.1.2 封面格式

海水化学调查报告封面格式如下：

——第一行书写：×××海区（一号宋体，加黑，居中）；

——第二行书写：近海海水中重金属调查报告（一号宋体，加黑，居中）；

——落款书写：编制单位全称（如有多个单位可逐一列入，三号宋体，加黑，居中）；

——第四行书写：××××年××月（小三号宋体，加黑，居中）；

——第五行书写：中国，空一格，××（地名，小三号宋体，加黑，居中）。

以上各行间距应适宜，保持封面美观。

7.2.1.3 封里内容

封里中应分行写明：调查项目实施单位全称（加盖公章）；项目负责人、技术总负责人、分项目负责人和主要参加人员姓名；报告书编制单位全称（加盖公章）；编制人、审核人姓名；编制单位地址；通信地址；邮政编码；联系人姓名；联系电话；E-mail地址等内容。

7.2.2 海水化学调查报告章节内容

近海海水中重金属调查报告应包括以下全部或部分内容。依据调查目的、内容和具体要求，可对下列章节及内容适当增减：

a）前言：主要包括近海海水中重金属调查工作任务来源、调查任务实施单位、调查时间与航次、调查船只与合作单位等的简要说明。

b）自然环境概述。

c）国内外调查研究状况。

d）调查方法和质量保证，主要包括：
- 调查海区的区域与范围；
- 调查站位布设；
- 调查站位图；
- 调查站位类型与说明；
- 调查时间与频率；
- 调查内容与检测分析方法；
- 仪器设备的性能和运转条件；
- 全程的质量控制。

e）调查结果与讨论：
- 近海海水中重金属要素的环境行为分析；
- 近海海水中重金属调查的数理统计分析；
- 近海海水中重金属要素的时空变化特征。

f）海洋自然环境化学状况分析。

g）近海环境重金属行为的评价。

h）小结。

i）参考文献。

j）附件，主要包括：

- 近海海水中重金属要素调查数据报表等；
- 其他的附图、附表、附件（含参考文献）等。

8 海洋调查资料和成果归档

8.1 归档资料的主要内容

归档资料的主要内容包括：

a）任务书、合同、实施方案（计划）；

b）海上观测及采样记录，实验室分析记录，工作曲线及验收结论；

c）站位实测表、值班日志和航次报告；

d）监测资料成果表、整编资料成果表；

e）成果报告、图集最终稿及印刷件；

f）成果报告鉴定书和验收结论（鉴定或验收后存入）。

8.2 归档要求

按照国家档案法和本单位档案管理规定，将档案材料系统整理编目，经项目负责人审查后签字，由档案管理部门验收后保存。归档要求如下：

a）未完成归档的成果报告，不能鉴定或验收；

b）按资料保密规定，划分密级妥善保管；

c）电子介质载体的归档资料，必须按照载体保存期限及时转录，并在防磁、防潮条件下保管。

附录 A

（规范性附录）

水样中甲基汞的测定（乙基化－气相色谱分离－冷原子荧光光谱法）

警告——本实验操作过程中需接触大量酸，且标准物质或溶液均具有高毒性，因此预处理实验应在通风橱内进行，如果皮肤或眼睛接触到试剂，应立刻用大量水冲洗，并视情况到医院诊治。

A. 1. 1. 1　适用范围

本方法适用于海水、地表水中甲基汞（MeHg）的测定。

A. 1. 1. 2　方法原理

水样蒸馏后加入乙基化试剂，其中的甲基汞经乙基化反应，随高纯氮气或氩气气流吹出，被 Tenax 吸附柱捕集。再将吸附柱置入热脱附－气相色谱－热解－原子荧光系统，有机汞化合物经热脱附后由气相色谱柱分离，热解后由原子荧光检测器检测。

A. 1. 1. 3　试剂和材料

除非另有说明，本法中所用试剂均为分析纯，所用水均为超纯水。所配制的试剂溶液在使用前均需测试，不得检出甲基汞。若检出，需要采用纯度更高的试剂，重新配制并测试。

A. 1. 1. 3. 1　水：取自超纯水制备系统，电阻率≥18. 2 MΩ · cm（25℃）。

A. 1. 1. 3. 2　盐酸（HCl）：工艺超纯，ρ＝1. 19 g/mL。

A. 1. 1. 3. 3　硫酸（H_2SO_4）：ρ＝1. 84 g/mL。

A. 1. 1. 3. 4　三水合醋酸钠（$CH_3COONa \cdot 3H_2O$）。

A. 1. 1. 3. 5　冰醋酸（CH_3COOH）。

A. 1. 1. 3. 6　溴化钾（KBr）。

A. 1. 1. 3. 7　溴酸钾（$KBrO_3$）。

A. 1. 1. 3. 8　四乙基硼酸钠［$NaB(CH_2CH_3)_4$］。

A. 1. 1. 3. 9　氢氧化钾（KOH）。

A. 1. 1. 3. 10　氯化钾（KCl）。

A. 1. 1. 3. 11　醋酸－醋酸钠缓冲溶液（4 mol/L）：在 100 mL 容量瓶中加入 27. 2 g 三水合醋酸钠（A. 1. 1. 3. 4）和 11. 8 mL 冰醋酸（A. 1. 1. 3. 5），用超纯水（A. 1. 1. 3. 1）溶解并定容至 100 mL。

A. 1. 1. 3. 12　醋酸－盐酸溶液：醋酸－盐酸的混合水溶液，其中冰醋酸（A. 1. 1. 3. 5）的体积分数为 0. 5%，盐酸（A. 1. 1. 3. 2）的体积分数为 0. 2%。

A. 1. 1. 3. 13　氯化溴盐酸溶液（含溴 0. 09 mol/L）：在通风橱中，将 5. 4 g 溴化钾（A. 1. 1. 3. 6）加入 500 mL 盐酸（A. 1. 1. 3. 2）中（可直接加入 500 mL 原装盐酸瓶）。用磁力搅拌器搅拌 1 h 后，向溶液中缓慢加入 7. 6 g 溴酸钾（A. 1. 1. 3. 7）并继续搅拌 1 h，盖紧瓶盖，用双层自封袋密封保存。

A. 1. 1. 3. 14　氢氧化钾溶液（0. 02 g/mL）：取 2 g 氢氧化钾（A. 1. 1. 3. 9）溶解于 100 mL 超纯水（A. 1. 1. 3. 1）中，使用前置于冰水混合物中冷却至 0℃。

A. 1. 1. 3. 15　氯化钾溶液（0. 20 g/mL）：取 20 g 氯化钾（A. 1. 1. 3. 10）溶解于 100 mL 超纯水（A. 1. 1. 3. 1）中。

A. 1. 1. 3. 16　硫酸溶液：体积分数为 50%，将硫酸（A. 1. 1. 3. 3）缓慢地加入等体积的超纯水（A. 1. 1. 3. 1）中，混匀。

A. 1. 1. 3. 17　四乙基硼酸钠溶液：质量分数为 1%，1 g 四乙基硼酸钠粉末（A. 1. 1. 3. 8）溶解在 100 mL 0℃的氢氧化钾溶液（A. 1. 1. 3. 14）中，混匀，立即分装在 20 个小玻璃瓶中。分装过程中溶液温度控制在 4℃以下，分装完成后密封避光冰冻保存于冰箱中。使用时，取其中 1 小瓶解冻待用，解冻后的溶液必须时刻避光保存在 0℃环境中。

A. 1. 1. 3. 18　氯化甲基汞（CH_3HgCl）：纯度大于 98%。

A. 1. 1. 3. 19 甲基汞标准贮备液（约 1 000 mg/L，以汞计）：将 0. 125 g 氯化甲基汞（A. 1. 1. 3. 18）溶解在 100. 0 mL 醋酸 - 盐酸溶液（A. 1. 1. 3. 12）中，混匀，用双层自封袋密封，4℃低温保存。

A. 1. 1. 3. 20 甲基汞标准中间液（约 1 mg/L，以汞计）：取 100 μL 甲基汞标准贮备液（A. 1. 1. 3. 19）至 100. 0 mL 容量瓶中，用醋酸 - 盐酸溶液（A. 1. 1. 3. 12）定容至标线，混匀，用双层自封袋密封，4℃低温保存。

A. 1. 1. 3. 21 甲基汞标准使用液（约 1 ng/mL，以汞计）：取 100 μL 甲基汞标准中间液（A. 1. 1. 3. 20）至 100. 0 mL 容量瓶中，用醋酸 - 盐酸溶液（A. 1. 1. 3. 12）定容至标线，混匀，用双层自封袋密封，4℃低温保存。该使用液在使用前需要标定，步骤如下：

a）方法空白溶液的配制：向 100 mL 采样瓶（A. 1. 1. 4. 1）内依次加入 9. 00 mL 超纯水（A. 1. 1. 3. 1）、1. 00 mL 氯化溴盐酸溶液（A. 1. 1. 3. 13），盖紧瓶盖，待处理；共做 4 个平行样；

b）测定液的配制：向 100 mL 采样瓶（A. 1. 1. 4. 1）内依次加入 8. 00 mL 超纯水（A. 1. 1. 3. 1）、1. 00 mL 待测的甲基汞标准使用液、1. 00 mL 氯化溴盐酸溶液（A. 1. 1. 3. 13），盖紧瓶盖，待处理；共做 4 个平行样；

c）将 a、b 所配制的 8 个溶液放入烘箱内，60℃下加热处理 12 h，a 组的称为方法空白消解液，b 组的称为测定液消解液，均待测；

d）消解液中总汞浓度的测定：利用总汞测定系统测定各消解液中总汞浓度，测定方法见水样中总汞的测定方法（5. 2. 1）；方法空白消解液的测定平均值记为 D，测定液消解液的测定平均值记为 E；

e）甲基汞标准使用液中无机汞浓度的测定：向吹扫瓶（参见 A. 1. 1. 4. 3 和图 A. 1. 1. 2）中加入 1. 00 mL 待测的甲基汞标准使用液，共做 4 个平行样；不经消解，利用总汞测定系统测定其中无机汞浓度，测定方法见水样中总汞的测定方法（5. 2. 1），测定平均值记为 F；

f）甲基汞标准使用液中的甲基汞浓度由以下公式（A. 1. 1. 1）计算：

$$G = E - D - F \qquad (A.1.1.1)$$

式中：

G——甲基汞标准使用液中的甲基汞含量，单位为纳克每毫升（ng/mL，以汞计）；

E——测定液消解液的测定平均值，单位为纳克每毫升（ng/mL，以汞计）；

D——方法空白消解液的测定平均值，单位为纳克每毫升（ng/mL，以汞计）；

F——甲基汞标准使用液中无机汞的测定平均值，单位为纳克每毫升（ng/mL，以汞计）。

A. 1. 1. 3. 22 高纯氮气（N_2）：纯度大于 99. 999%。

A. 1. 1. 3. 23 高纯氩气（Ar）：纯度大于 99. 999%。

A. 1. 1. 3. 24 吸附柱填料：Tenax - TA，粒径 0. 50 mm ~ 0. 85 mm。

A. 1. 1. 3. 25 色谱柱填料：10% OV - 101/Chromosorb P。

A. 1. 1. 3. 26 石英棉：经硅烷化处理和不经硅烷化处理各少许。

A. 1. 1. 3. 27 实验室常用器皿与小型设备。

A. 1. 1. 4 仪器与设备

A. 1. 1. 4. 1 采样瓶

100 mL（或 250 mL）高硼硅玻璃瓶：将采样瓶用自来水和超纯水（A. 1. 1. 3. 1）分别清洗 3 遍以上，在体积分数为 20% 的盐酸（A. 1. 1. 3. 2）溶液中浸泡 12 h 以上，取出后用超纯水（A. 1. 1. 3. 1）清洗 3 遍以上，向采样瓶里注满体积分数为 1. 5% 的盐酸（A. 1. 1. 3. 2），置于烘箱内，60℃加热处理 12 h 以上。取出后用超纯水（A. 1. 1. 3. 1）清洗 3 遍以上，在洁净处晾干后，用双层自封袋密封保存备用。

A. 1. 1. 4. 2 蒸馏设备

水样蒸馏设备示意图见图 A. 1. 1. 1，包含：电热板；泡沫箱或小冰箱；PFA（可溶性聚四氟乙烯）材质的蒸馏装置若干套，每套包括针阀流量计（可测定范围 50 mL/min ~ 400 mL/min）、蒸馏瓶（150 mL）、接收瓶（100 mL）各 1 个、用于连接蒸馏瓶和接收瓶的连接管 1 条（材质 PFA，可溶性聚四氟乙烯）。蒸馏时，将蒸馏瓶放置在200℃电热板上加热，接收瓶放置在盛有冰浴的泡沫箱或冰箱中。被蒸馏出的甲基汞随着载气氮气（A.1.1.3.22）或氩气（A.1.1.3.23）进入接收瓶被冷凝。可同时运行多套该设备。

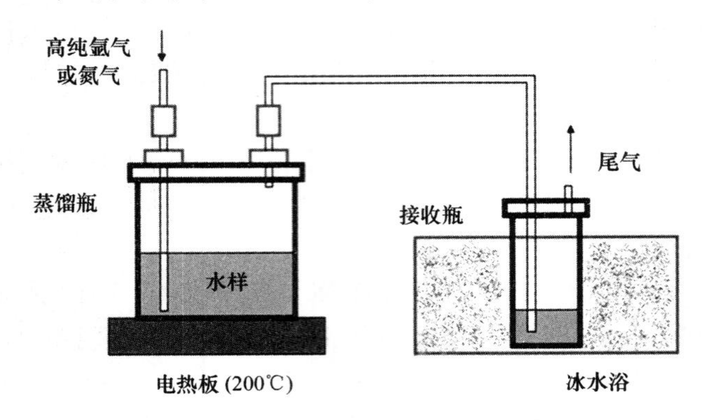

图 A.1.1.1　水样蒸馏设备示意图

A.1.1.4.3　吹扫－捕集设备

吹扫瓶（500 mL）为如图 A.1.1.2 所示的玻璃瓶，进气流路上配针阀流量计（可测定范围 50 mL/min～400 mL/min）。吸附柱：石英玻璃管（长 9 cm，内径 4 mm），装入 100 mg Tenax－TA 填料（A.1.1.3.24），两端用硅烷化处理过的石英棉（A.1.1.3.26）堵住；吸附柱两端需做标记，以便识别通过气流的方向。吸附柱用于吸附样品中的甲基汞，一个样品需使用一支吸附柱。吹扫－捕集设备连接示意图见图 A.1.1.2，可同时运行多套该设备。采用流速约为 200 mL/min～300 mL/min 的载气氮气（A.1.1.3.22）或氩气（A.1.1.3.23），将有机汞化合物吹扫出，后者被吸附柱捕集。吸附柱使用前需在热脱附设备（A.1.1.4.4）中脱附残留的甲基汞。

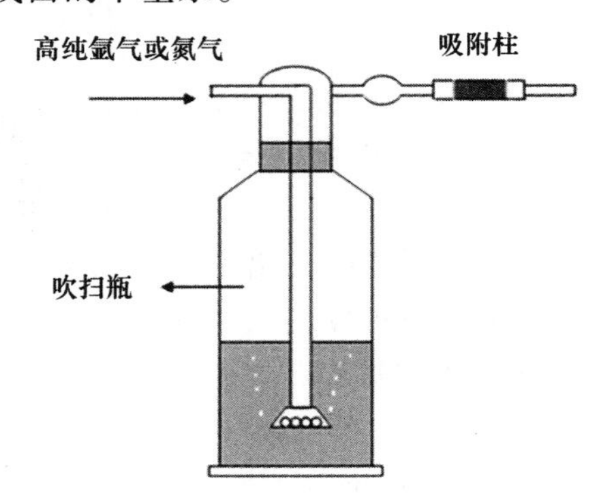

图 A.1.1.2　甲基汞的吹扫－捕集设备示意图

A.1.1.4.4　热脱附设备

热脱附设备配直流开关电源（12 V，50 W）、螺旋状电阻丝（螺旋内径 7 mm，圈距 0.5 mm，加热长度 2 cm）1 条、风扇（3 W 左右）1 台。热脱附设备的连接示意图见图 A.1.1.3（气流速在 A.1.1.6.1 中论述）。螺旋状电阻丝和风扇的运行由单片机控制，其工作步骤参考表 A.1.1.1。

表 A.1.1.1　吸附柱热脱附装置工作程序

步骤	电阻丝	风扇	时间 s	备注
1	ON	OFF	11	加热，电阻丝温度达到150℃左右，吸附柱上的挥发性汞化合物脱附
2	ON	ON	3	电阻丝温度保持在150℃左右，吸附柱上的挥发性汞化合物继续脱附
3	OFF	ON	—	电阻丝降温，等待下一个样品

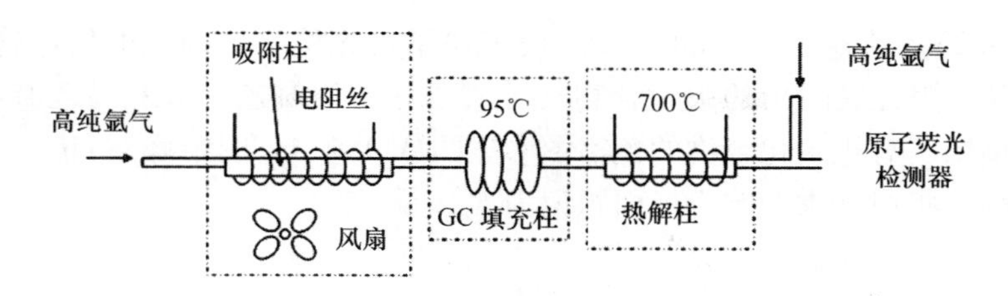

图 A. 1. 1. 3　甲基汞的热脱附、气相色谱分离和热解设备示意图

A. 1. 1. 4. 5　色谱分离设备

气相色谱不锈钢填充柱：填料为 10% OV－101/Chromosorb P（A. 1. 1. 3. 25），长度 1. 5 m，内径 3 mm；恒温柱温箱，使用温度 95. 0℃。

A. 1. 1. 4. 6　热解设备

热解柱：石英玻璃管（长 15 cm，外径 6 mm，内径 4 mm），填入不经硅烷化处理的石英棉（A. 1. 1. 3. 26），长度 10 cm。热解设备配直流开关电源（36 V，150 W）和螺旋状电阻丝（螺旋内径 7 mm，圈距 0. 5 mm，加热长度 6 cm），加热时螺旋状电阻丝呈橙色，温度达到 700℃以上。热解设备示意图见图 A. 1. 1. 3。

A. 1. 1. 4. 7　原子荧光检测器

原子荧光检测器（或光谱仪），配汞的空心阴极灯（253. 7 nm）。

A. 1. 1. 4. 8　信号采集单元

信号采集单元：可采集荧光峰面积信号并进行相应记录的软硬件，商品原子荧光光谱仪上一般会配置，也可自制或购置。

A. 1. 1. 5　样品预处理

设水样的比重为 1. 00 g/mL，以称重法称取约 100 g（称准至 0. 01 g，记为 V_1）水样至 150 mL 蒸馏瓶中，加入 1. 0 mL 硫酸溶液（A. 1. 1. 3. 16）和 0. 5 mL 氯化钾溶液（A. 1. 1. 3. 15），海水样无需加氯化钾溶液，盖紧瓶盖。按 A. 1. 1. 4. 2 和图 A. 1. 1. 1 连接好蒸馏瓶和接收瓶，在 200℃电热板上蒸馏，同时以流速 60 mL/min 氮气（A. 1. 1. 3. 22）或氩气（A. 1. 1. 3. 23）吹扫，馏分用事先装有 15. 00 mL 超纯水（A. 1. 1. 3. 1）的 100 mL 接收瓶在冰水浴中接收。当水样蒸出量为总体积分数的 85% ~90% 时即可取下接收瓶，用称重法确定接收瓶中溶液总体积（V_2），此为蒸馏液。盖紧接收瓶盖，密封放置于 4℃冰箱避光保存，48 h 内测定完毕。

A. 1. 1. 6　分析步骤

样品预处理后，按以下步骤进行仪器分析。

A. 1. 1. 6. 1　标准工作曲线系列溶液的配制和测定

如图 A. 1. 1. 2 所示将吸附柱与吹扫瓶连接，在吹扫瓶中依次加入适量超纯水（A. 1. 1. 3. 1）（样品溶液体积与加入的超纯水体积之和约为 100 mL）、0. 4 mL 醋酸－醋酸钠缓冲溶液（A. 1. 1. 3. 11），分别量取 0. 000 mL、0. 025 mL、0. 050 mL、0. 100 mL、0. 200 mL 甲基汞标准使用液（A. 1. 1. 3. 21）于各吹扫瓶中。其中，甲基汞标准使用液为 0 mL 的空白样需备 4 份。令甲基汞质量分别为 0. 000 ng、0. 025 ng、0. 050 ng、0. 100 ng、0. 200 ng（以标定值为准，精确到小数点后第 3 位，以汞计）。各加入 0. 2 mL 四乙基硼酸钠溶液（A. 1. 1. 3. 17），盖紧瓶盖，衍生反应 15 min。开启流量阀，调节氮气（A. 1. 1. 3. 22）或氩气（A. 1. 1. 3. 23）流速为 150 mL/min，吹扫溶液 15 min，令挥发性的汞化合物由吸附柱捕集。而后取下吸附柱，反向直接接入气路，调节氮气（A. 1. 1. 3. 22）或氩气（A. 1. 1. 3. 23）流速为 50 mL/min，吹扫干燥 5 min。

将捕集了汞化合物的吸附柱装入热脱附设备（A. 1. 1. 4. 4），载气氩气（A. 1. 1. 3. 23）流速为 45 mL/min，尾吹气氩气（A. 1. 1. 3. 23）流速为 250 mL/min。设置原子荧光检测器的光电倍增管负高压为 240 V，灯电流为 40 mA，测定从吸附柱脱附出的汞化合物（元素态汞、甲基乙基汞和二乙基汞）经热解后所产生的荧光信号，记录色谱图。有机汞化合物的色谱图参见图 A. 1. 1. 4，图中峰 a、b、c 分别为元素态汞、甲基汞和二价汞的响应峰，将甲基汞的响应峰面积记为 R_S。

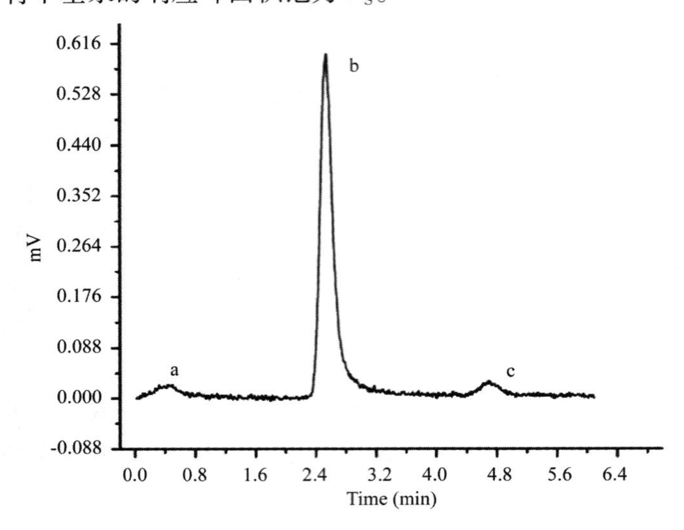

图 A. 1. 1. 4　有机汞化合物的色谱图

A. 1. 1. 6. 2　吹扫空白的确定

取工作曲线中甲基汞标准使用液为 0 mL 的 4 个空白试样（A. 1. 1. 6. 1）的峰面积的平均值为吹扫空白，记为 R_b，其要求见表 A. 1. 1. 2。

A. 1. 1. 6. 3　样品蒸馏液的测定

将接收瓶中的蒸馏液（A. 1. 1. 5 预处理后得到的溶液）全量转移至吹扫瓶中，可用少量超纯水（A. 1. 1. 3. 1）辅助转移，控制吹扫瓶中溶液总体积约为 100 mL。除了不添加任何甲基汞溶液外，其余同标准工作曲线溶液的配制（A. 1. 1. 6. 1），将蒸馏液中甲基汞响应峰的峰面积记为 R_x。

A. 1. 1. 7　结果的计算与表示

A. 1. 1. 7. 1　标准工作曲线的绘制

以甲基汞质量（ng，以汞计）为横坐标，对应的响应峰面积 R_S（A. 1. 1. 6. 1）为纵坐标，绘制标准工作曲线。其中，甲基汞浓度为零的数据采用 R_b（A. 1. 1. 6. 2）。不得将各 R_S 扣除吹扫空白 R_b 后用于绘制标准工作曲线，工作曲线不得强求过原点（如采用 Excel 绘制，在“趋势线选项”中不进行“设置截距”），用线性回归法求出标准工作曲线的截距 A 和斜率 B。

A. 1. 1. 7. 2　蒸馏液中甲基汞质量的计算

以下式计算蒸馏液（A. 1. 1. 6. 3）中甲基汞质量按公式（A. 1. 1. 2）计算：

$$M_x = \frac{R_x - A}{B} \quad \cdots\cdots \quad (A. 1. 1. 2)$$

式中：

M_x——蒸馏液中甲基汞质量，单位为纳克（ng，以汞计）；

R_x——样品蒸馏液的甲基汞响应峰面积（A. 1. 1. 6. 3，不得扣除吹扫空白 R_b）；

A——标准工作曲线截距（A. 1. 1. 7. 1）；

B——标准工作曲线斜率（A. 1. 1. 7. 1）。

A. 1. 1. 7. 3　水样中甲基汞浓度的计算

先按公式（A. 1. 1. 3）计算样品蒸馏率，再按公式（A. 1. 1. 4）计算水样中甲基汞浓度。

$$P = \frac{V_2 - 15.00}{V_1} \quad \cdots\cdots \quad (A.1.1.3)$$

式中：

P——样品蒸馏液的蒸馏率；

V_1——水样体积（A. 1. 1. 5），单位为毫升（mL）；

V_2——接收瓶中蒸馏液体积（A. 1. 1. 5），单位为毫升（mL）；

15. 00——事先装在接收瓶中的超纯水体积（A. 1. 1. 5），单位为毫升（mL）。

$$C_x = \frac{M_x \times 1\ 000}{P \times V_1} \quad \cdots\cdots \quad (A.1.1.4)$$

式中：

C_x——水样中甲基汞浓度，单位为纳克每升（ng/L，以汞计）；

M_x——蒸馏液中甲基汞质量（A. 1. 1. 7. 2），单位为纳克（ng，以汞计）；

P——样品蒸馏液的蒸馏率；

V_1——水样体积（A. 1. 1. 5），单位为毫升（mL）。

A. 1. 1. 8　测定下限、精密度和准确度

测定下限：蒸馏率 85%，水样中甲基汞的方法测定下限为 0. 025 ng。

精密度：对同一海水样品进行 8 次平行测定，相对标准偏差为 15. 5%。

准确度：对空白加标样品进行 8 次平行测定，加标量为 0. 035 ng，回收率在 91% ~122%。准确度以相对误差（绝对误差与测定平均值之比）体现，为小于 25%。

A. 1. 1. 9　注意事项

本方法使用时应注意以下事项：

a）器皿必须用 20%（*V/V*）盐酸浸泡 24 h 以上，使用前用超纯水洗净。

b）样品采集、贮存与运输应符合 GB 17378. 3—2007 的要求。

c）样品预处理及分析测定过程中，严格执行 GB 17378. 2—2007 的要求，避免样品受到污染。

d）标准曲线的绘制，可根据样品浓度的不同，选择适当的标准曲线工作范围，样品浓度过高时，应减少所取的蒸馏液体积（A. 1. 1. 6. 3）或对样品进行稀释后测定，确保样品浓度在所绘制的工作曲线范围之内。

e）蒸馏过程中必须特别注意气路的气密性，保证蒸馏率为 85% ~90%。

f）测定系统的检查和标准工作曲线斜率的校正：

量取 0. 10 mL 甲基汞标准使用液（A. 1. 1. 3. 21）于吹扫瓶中，其余同标准工作曲线系列溶液的配制和测定（A. 1. 1. 6. 1），此为校正样，其汞含量的理论值为 0. 10 ng，测定其响应信号，并根据 A. 1. 1. 6. 1 所得的标准曲线计算校正样的汞质量。如果测定值与理论值的相对误差绝对值在 25% 之内，说明测定系统在可控范围内，则取校正样测定值与原标准工作曲线对应值（0. 10 ng 汞质量样品的测定值）的平均值，取代原标准工作曲线对应值，重新绘制标准工作曲线，之后测定的样品依照新的标准工作曲线计算浓度。如果相对误差绝对值超过 25%，说明测定系统失控，则应检查仪器、溶液是否正常，确定无疑后重新配制、测定、绘制标准工作曲线，上一个合格检查值之后测定的样品需重新测定，并依照新的标准工作曲线计算浓度。每隔 10 个样品需配制和测定一个校正样，以此检查质量是否失控。

g）质量控制要求：

质量控制要求见表 A. 1. 1. 2。每批样品带（约 20 个）做 1 个全程方法空白试样、1 组基底加标平行样品、1 组平行样；有条件的加带一个标准参考物质样品。全程方法空白试样以超纯水（A. 1. 1. 3. 1）替代水样，其余步骤同水样的处理（A. 1. 1. 5）与测定（A. 1. 1. 6）。

表 A.1.1.2 质量控制要求

项目	要求	单位	频率 （每批样含约 20 个样）
吹扫空白	不得检出		每次测定标准工作曲线溶液前测定
方法空白	不得检出		每批样必带做，需进行全程分析
标准工作曲线线性，拟合系数 R^2	≥0.995		每次绘制标准工作曲线溶液时确定
标准参考物质回收率	75 ~ 125	%	每批样必带做，需进行全程分析
基底加标回收率	75 ~ 125	%	每批样必带做，需进行全程分析
平行样相对百分偏差*	绝对值≤35	%	每批样必带做，需进行全程分析
校正样测得值的相对误差	绝对值≤25	%	每隔 10 个样带做 1 次，仅进行仪器分析

*平行样相对百分偏差按公式（A.1.1.5）计算：

$$平行样相对百分偏差 = 2\frac{|C_1 - C_2|}{C_1 + C_2} \times 100\% \quad \text{(A.1.1.5)}$$

式中：

C_1、C_2——平行样测得结果。

附录 B
（规范性附录）
水样中四种形态砷的测定（液相色谱 - 氢化物发生 - 原子荧光光谱法）

警告——本实验操作过程中需接触大量酸碱试剂，且标准物质或溶液均具有高毒性，因此实验需在通风橱内进行，如果皮肤或眼睛接触到试剂，应立刻用大量水冲洗，并视情况到医院诊治。

B.1.1.1　适用范围

本方法适用于盐度不超过 14 的砷污染水体中亚砷酸盐［As（Ⅲ）］、砷酸盐［As（Ⅴ）］、一甲基砷酸（MMA）和二甲基砷酸（DMA）四种形态砷的测定。

B.1.1.2　方法原理

取适量过滤后的水样进入阴离子交换色谱柱，在适宜的 pH 条件下，样品中不同形态砷均能以阴离子形式存在，根据其 *pK*a 值的不同，四种形态砷可得到分离。分离后的各形态砷在酸性介质中与硼氢化钾反应生成砷化氢气体，由氩气作载气将其导入冷原子荧光检测器检测。以保留时间定性，以峰面积定量，对不同形态砷的含量进行分析。

B.1.1.3　试剂及其配制

除非另有说明，所有试剂均为分析纯，水为超纯水。砷的浓度均以砷（As）计。

B.1.1.3.1　水：取自超纯水制备系统，电阻率≥18.2 MΩ·cm（25℃）。

B.1.1.3.2　甲酸（HCOOH）：色谱纯。

B.1.1.3.3　盐酸（HCl）：ρ = 1.18 g/mL，工艺超纯。

B.1.1.3.4　硼氢化钾（KBH_4）。

B.1.1.3.5　氢氧化钾（KOH）。

B.1.1.3.6　磷酸氢二铵［$(NH_4)_2HPO_4$］。

B.1.1.3.7　砷酸氢二钠［Na_2HAsO_4，As（Ⅴ）］：98%，干燥器内保存。

B.1.1.3.8　二甲基砷酸［$(CH_3)_2HAsO_2$，DMA］：98%，购置到货后立即使用。

B.1.1.3.9　六水合一甲基砷酸钠（$CH_3NaHAsO_3 \cdot 6H_2O$，MMA）：98.5% ± 1.0%，购置到货后立即使用。

B.1.1.3.10　体积分数 10% 的甲酸溶液：取 10 mL 甲酸（B.1.1.3.2）于 100 mL 容量瓶中，用超纯水（B.1.1.3.1）定容至标线。

B.1.1.3.11　磷酸氢二铵溶液（12.0 mmol/L）：称取 1.58 g 磷酸氢二铵（B.1.1.3.6）于超纯水（B.1.1.3.1）中，定容至 1 000 mL，用体积分数 10% 甲酸溶液（B.1.1.3.10）调 pH 至 6.0；此溶液用作液相色谱流动相。

B.1.1.3.12　硼氢化钾溶液（20 g/L）：称取 20 g 硼氢化钾（B.1.1.3.4）溶解于预先溶有 2.5 g 氢氧化钾（B.1.1.3.5）的超纯水（B.1.1.3.1）中，用超纯水（B.1.1.3.1）稀释至 1 000 mL，混匀。

B.1.1.3.13　盐酸溶液：体积分数 5%，取 5.0 mL 盐酸（B.1.1.3.3）于 100 mL 容量瓶中，用超纯水（B.1.1.3.1）定容至标线，混匀。

B.1.1.3.14　As（Ⅲ）标准贮备液（1 000 mg/L）：可购买具有相应认证资格企业生产的商品。

B.1.1.3.15　As（Ⅲ）标准中间液（10.0 mg/L）：取 1.00 mL 三价砷［As（Ⅲ）］标准贮备液（B.1.1.3.14）至 100.0 mL 容量瓶中，用超纯水（B.1.1.3.1）定容至标线，混匀；转移至低密度聚乙烯瓶中，于 4℃储存，可稳定至少 1 年。

B.1.1.3.16　As（Ⅴ）标准贮备液（100 mg/L）：取 0.248 g 砷酸氢二钠（B.1.1.3.7）于 100.0 mL 容量瓶，用超纯水（B.1.1.3.1）定容至标线，混匀；转移至低密度聚乙烯瓶中，于 4℃储存，可稳定至少 1 年。

B.1.1.3.17　As（Ⅴ）标准中间液（10.0 mg/L）：取 1.00 mL As（Ⅴ）标准贮备液（B.1.1.3.16）至

100.0 mL 容量瓶中，用超纯水（B.1.1.3.1）定容至标线，混匀；转移至低密度聚乙烯瓶中，于4℃储存，可稳定至少1年。

B.1.1.3.18 DMA 标准贮备液（1 000 mg/L）：取0.188 g 二甲基砷酸（B.1.1.3.8）于100.0 mL 容量瓶，用超纯水（B.1.1.3.1）定容至标线，混匀；转移至低密度聚乙烯瓶中，于4℃储存，可稳定至少1年。

B.1.1.3.19 DMA 标准中间液（10.0 mg/L）：取1.00 mL DMA 标准贮备液（B.1.1.3.18）至100.0 mL 容量瓶中，用超纯水（B.1.1.3.1）定容至标线，混匀；转移至低密度聚乙烯瓶中，于4℃储存，可稳定至少1年。

B.1.1.3.20 MMA 标准贮备液（1 000 mg/L）：取0.364 g 六水合一甲基砷酸钠（B.1.1.3.9）于1 000.0 mL 容量瓶，用超纯水（B.1.1.3.1）定容至标线，混匀；转移至低密度聚乙烯瓶中，于4℃储存，可稳定至少1年。

B.1.1.3.21 MMA 标准中间液（10.0 mg/L）：取1.00 mL MMA 标准贮备液（B.1.1.3.20）至100.0 mL 容量瓶中，用超纯水（B.1.1.3.1）定容至标线，混匀；转移至低密度聚乙烯瓶中，于4℃储存，可稳定至少1年。

B.1.1.3.22 四种形态砷的标准使用液（混标）：分别移取1.00 mL As（Ⅲ）标准中间液（B.1.1.3.15）、20.0 mL As（Ⅴ）标准中间液（B.1.1.3.17）、5.00 mL DMA 标准中间液（B.1.1.3.19）和5.00 mL MMA 标准中间液（B.1.1.3.21）于100.0 mL 容量瓶，用超纯水（B.1.1.3.1）定容至标线，混匀。此溶液所含不同形态砷的浓度分别为：As（Ⅲ），0.100 μg/mL；As（Ⅴ），2.000 μg/mL；DMA，0.500 μg/mL；MMA，0.500 μg/mL。此混标溶液于4℃中可稳定至少2个星期。

B.1.1.3.23 高纯氩气（Ar）：纯度大于99.999%。

B.1.1.4 仪器与设备

仪器和设备如下。

B.1.1.4.1 液相色谱分离－氢化物发生－原子荧光光谱联用系统

联用系统主要由下述各部分组成：

——液相色谱，包括高压泵，带有定量环的六通进样阀，阴离子交换色谱柱（PRP－X100，250 mm ×4.1 mm i.d.，10 μm）；

——氢化物发生装置，包括蠕动泵、两级气液分离器；如果采用的原子荧光光谱仪已标配一个单级气液分离器，则只需再另配置一个单级气液分离器（玻璃材质“U”形管，高20 cm，内径2 cm左右，两臂距3 cm左右）；如果原子荧光光谱仪无气液分离器，则需将两个单级气液分离器串联成两级气液分离器；

——原子荧光光谱仪，配高性能砷空心阴极灯；

——气体质量流量控制器，用于控制载气和屏蔽气流速；

——信号采集单元，可采集荧光峰高信号并进行相应记录，商品原子荧光光谱仪上一般会配置，也可自制或购置。

联用系统示意图见图 B.1.1.1，注意图中仅显示了单级气液分离器。所用连接管道材质见注意事项（B.1.1.8）。

B.1.1.4.2 其他设备

其他设备包括：

——电子天平：精确至万分之一；

——超声波清洗器：超声波功率300 W；

——离心机；

——超纯水系统；

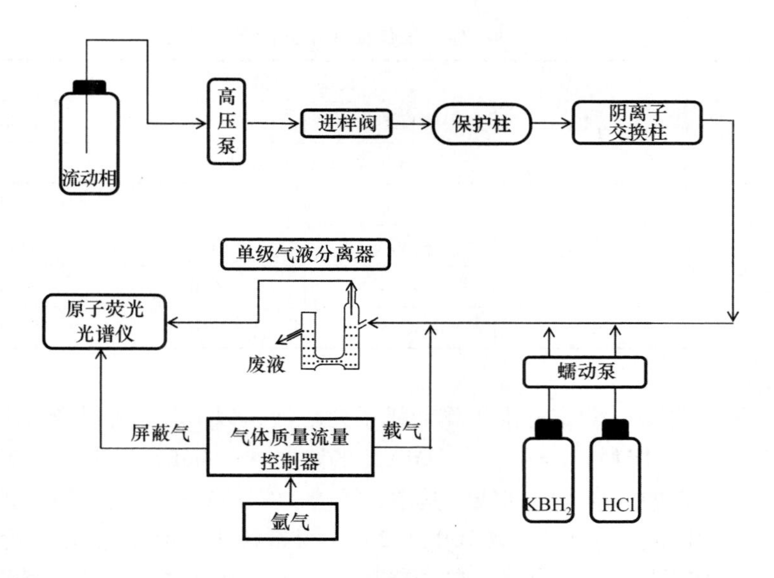

图 B. 1. 1. 1　液相色谱分离－氢化物发生－原子荧光光谱联用系统示意图

——高精度微量移液器。

B. 1. 1. 5　样品预处理

取适量水样经 0. 22 μm 水系滤膜过滤，此为样品溶液。水样盐度若超过 14，则需稀释。以超纯水（B. 1. 1. 3. 1）代替水样，其余步骤同上，制备方法空白试样。

B. 1. 1. 6　分析步骤

样品预处理后，按以下步骤进行仪器分析。

B. 1. 1. 6. 1　仪器参数设置

打开仪器和系统控制软件，预热仪器至少 20 min，设置砷形态分析的仪器参数。推荐的条件参数如下所示。

液相色谱：

——流动相磷酸氢二铵溶液（B. 1. 1. 3. 11），流速 1. 25 mL/min；

——进样体积，100 μL。

氢化发生参数：

——硼氢化钾溶液（B. 1. 1. 3. 12），流速 4. 5 mL/min；

——盐酸溶液：体积分数 5%（B. 1. 1. 3. 13），流速 4. 5 mL/min。

原子荧光光谱仪参数：

——负高压，270 V；

——灯电流，75 mA；

——辅助阴极电流，35 mA；

——载气，氩气（B. 1. 1. 3. 23），150 mL/min；

——屏蔽气，氩气（B. 1. 1. 3. 23），1 100 mL/min。

B. 1. 1. 6. 2　标准工作曲线的绘制

按照下述步骤绘制标准工作曲线：

取 6 支 10 mL 比色管或容量瓶，用微量移液器分别加入 0. 00 mL、0. 10 mL、0. 25 mL、0. 50 mL、1. 00 mL 和 2. 00 mL 标准使用液（B. 1. 1. 3. 22），用超纯水（B. 1. 1. 3. 1）稀释至标线，混匀。其中，标准使用液为 0 mL 的溶液称为仪器空白样，需制备 3 份。所配制的标准系列溶液的浓度见表 B. 1. 1. 1。

表 B.1.1.1 标准工作曲线系列溶液的浓度

砷形态	标准使用液用量 mL					
	0.00	0.10	0.25	0.50	1.00	2.00
	砷浓度 ng/mL，以砷计					
As（Ⅲ）	0.00	1.00	2.50	5.00	10.0	20.0
As（Ⅴ）	0	20	50	100	200	400
DMA	0.0	5.0	12.5	25.0	50.0	100.0
MMA	0.0	5.0	12.5	25.0	50.0	100.0

在 B.1.1.6.1 所列的参数下，测定标准工作曲线系列溶液，以 i 形态砷［例如，$i=1$ 表示 As（Ⅲ），$i=2$ 表示 As（Ⅴ），$i=3$ 表示 DMA，$i=4$ 表示 MMA］的浓度（ng/mL，以砷计）为横坐标，对应的峰面积为纵坐标，绘制各 i 形态砷的标准工作曲线。其中，浓度为零的数据采用 3 份仪器空白样对应的 i 形态砷的峰面积平均值 R_{bi}，其质量控制要求见表 B.1.1.2。不得将各测定值扣除 R_{bi}后绘制标准工作曲线，工作曲线不得强求过原点（如采用 Excel 绘制，在“趋势线选项”中不进行“设置截距”），用线性回归法求出各 i 形态砷标准工作曲线的截距 A_i 和斜率 B_i。

四种形态砷的色谱图参见图 B.1.1.2。

其他质量控制要求见表 B.1.1.2。

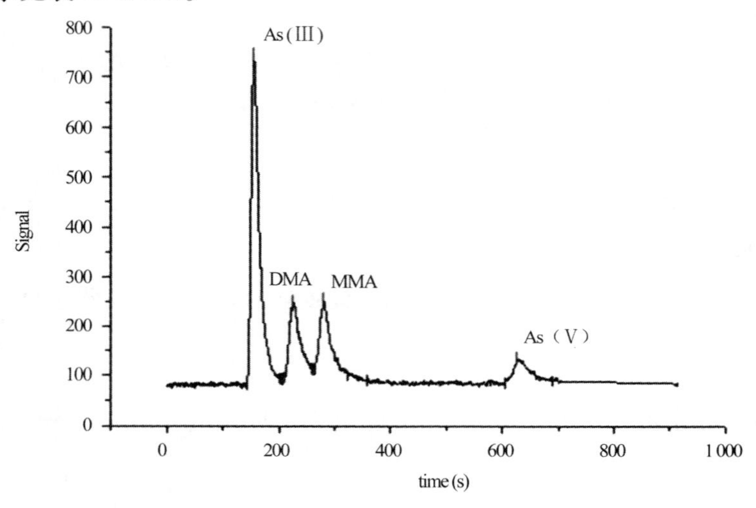

图 B.1.1.2 四种形态砷的色谱图

B.1.1.6.3 样品的测定

在 B.1.1.6.1 所列的参数下，测定方法空白试样（B.1.1.5）和样品溶液（B.1.1.5）；各溶液中 i 形态砷［As（Ⅲ）、As（Ⅴ）、DMA 或 MMA］的峰面积测定值记为 R_{xi}。

B.1.1.6.4 结果的计算与表示

以公式（B.1.1.1）计算水样中各形态砷的浓度：

$$C_{xi} = \frac{R_{xi} - A_i}{B_i} \qquad \text{(B.1.1.1)}$$

式中：

C_{xi}——水样中 i 形态砷［As（Ⅲ）、As（Ⅴ）、DMA 或 MMA］浓度，单位为纳克每毫升（ng/mL，以砷计）；

R_{xi}——样品溶液中 i 形态砷［As（Ⅲ）、As（Ⅴ）、DMA 或 MMA］的峰面积测定值（B.1.1.6.3，不得扣除仪器空白 R_{bi}）；

A_i——i 形态砷［As（Ⅲ）、As（Ⅴ）、DMA 或 MMA］的标准工作曲线截距（B.1.1.6.2）；

B_i——i 形态砷［As（Ⅲ）、As（Ⅴ）、DMA 或 MMA］的标准工作曲线斜率（B. 1. 1. 6. 2）。

B. 1. 1. 7 测定下限、精密度和准确度

测定下限：对水样中四种形态砷 As（Ⅲ）、As（Ⅴ）、DMA、MMA 的方法测定下限分别为 1. 0 ng/mL、20. 0 ng/mL、5. 0 ng/mL 和 5. 0 ng/mL（以砷计）。

准确度：对同一水样进行 11 次加标回收率测定，四种形态砷 As（Ⅲ）、As（Ⅴ）、DMA、MMA 加标量分别为 25 ng/mL、200 ng/mL、50 ng/mL 和 50 ng/mL，回收率分别在 93% ~108%、101% ~114%、89% ~107% 和 96% ~114% 之间。准确度以相对误差（绝对误差与测定平均值之比）体现，为小于 15%。

精密度：对同一水样进行 11 次平行测定，四种形态砷 As（Ⅲ）、As（Ⅴ）、DMA、MMA 的相对标准偏差（RSD）分别为 4. 8%、4. 3%、8. 9% 和 6. 3%。

B. 1. 1. 8 注意事项

本方法使用时应注意以下事项：

a）联用系统所用连接管道和试剂瓶需使用无金属元素或可能无金属元素的材质，如含氟聚合物（聚全氟乙丙烯 FEP、聚四氟乙烯 PTFE）、聚乙烯、聚碳酸酯、聚丙烯等。试剂的使用和保存需有标签，标明试剂名称、浓度、配制日期和配制者。

b）分析器皿用超纯水冲洗后，置于盛有 1 mol/L 痕量金属级别盐酸的低密度聚乙烯大桶中浸泡 48 h，再用超纯水冲洗 3 次，用双层自封袋密封待用。

c）样品采集、贮存与运输应符合 GB 17378. 3 - 2007 的要求。

d）测定系统的检查和标准工作曲线斜率的校正：

取标准工作曲线系列溶液（B. 1. 1. 6. 2）的中间浓度溶液（例如选择标准使用液用量 0. 5 mL 的溶液）作为校正样，测定四种形态砷的浓度，并根据 B. 1. 1. 6. 2 所得的标准工作曲线计算校正样的各形态砷浓度。如果校正样测定值与原标准工作曲线对应值（标准使用液用量 0. 5 mL 的溶液中各形态砷的测定值）的相对误差绝对值在 25% 之内，说明测定系统在可控范围内，则取校正样响应值与原标准工作曲线对应值的平均值，取代原标准工作曲线对应值，重新绘制标准工作曲线，之后测定的样品依照新的标准工作曲线计算浓度。如果相对误差绝对值超过 25%，说明测定系统失控，则应检查仪器、溶液是否正常，确定无疑后重新配制、测定、绘制标准工作曲线，上一个合格检查值之后测定的样品需重新测定，并依照新的标准工作曲线计算浓度。每隔 10 个样品需配制和测定一个校正样，以此检查质量是否失控。

e）质量控制要求：

质量控制要求见表 B. 1. 1. 2。每批样品（约 20 个）带做 2 个全程方法空白试样、1 组基底加标平行样品、1 组平行样；有条件的加带一个标准参考物质样品。全程方法空白试样的处理和测定：以超纯水（B. 1. 1. 3. 1）替代水样，其余步骤同水样的处理（B. 1. 1. 5）和测定（B. 1. 1. 6）。

表 B. 1. 1. 2 质量控制要求

项目	要求	单位	频率
方法空白	各形态砷不得检出		每批样必带做，需进行全程分析
仪器空白	各形态砷不得检出		每次测定标准工作曲线溶液时测定
标准工作曲线线性，拟合系数 R^2	>0. 99		每次绘制标准工作曲线时确定
基底加标回收率	70 ~130	%	每批样必带做，需进行全程分析
平行样相对百分偏差*	绝对值≤30	%	每批样必带做，需进行全程分析
校正样测得值的相对误差	绝对值≤25	%	每隔 10 个样带做 1 次，仅进行仪器分析

*平行样相对百分偏差按以下公式（B. 1. 1. 2）计算：

$$\text{平行样相对百分偏差} = 2\frac{|C_1 - C_2|}{C_1 + C_2} \times 100\% \quad \cdots\cdots (B. 1. 1. 2)$$

式中：

C_1、C_2——平行样测得结果。

附录 C

（规范性附录）

有机锡的测定——气相色谱法

警告——本实验操作过程中需接触大量有机溶剂，且标准物质或溶液均具有高毒性，因此实验应在通风橱内进行，如果皮肤或眼睛接触到试剂，应立刻用大量水冲洗，并视情况到医院诊治。

C.1.1.1 适用范围

本方法适于海水、河口水及入海排污口污水样品中一丁基锡（MBT）、二丁基锡（DBT）及三丁基锡（TBT）等有机锡化合物的测定。

C.1.1.2 方法原理

环庚三烯酚酮与水样中的有机锡反应生成有机锡络合物，用正己烷萃取有机锡络合物，再用大量格氏试剂将有机锡络合物转化为低沸点的四烷基锡，破坏掉过量的格氏试剂后再次用正己烷萃取，经净化浓缩后用气相色谱-火焰光度检测器（GC-FPD）测定。

C.1.1.3 试剂及其配制

C.1.1.3.1 除非另有说明，所用试剂均为色谱纯，有机溶剂浓缩300倍后不得检出有机锡类物质。水为正己烷充分洗涤过的蒸馏水或超纯水或相当纯度的水。

C.1.1.3.2 正己烷（C_6H_{14}）。

C.1.1.3.3 异辛烷（C_8H_{18}）。

C.1.1.3.4 甲醇（CH_4O）。

C.1.1.3.5 盐酸（HCl）：$\rho = 1.19$ g/mL，优级纯。

C.1.1.3.6 无水乙醚（$C_4H_{10}O$）：分析纯。

C.1.1.3.7 重蒸无水乙醚（$C_4H_{10}O$）：无水乙醚（C.1.1.3.6）中加入少量的金属钠丝，氮气保护下40℃水浴回流3 h后收集馏分。

C.1.1.3.8 溴代正戊烷（$C_5H_{11}Br$）：分析纯。

C.1.1.3.9 盐酸溶液：移取0.50 mL盐酸（C.1.1.3.5）至1 000 mL容量瓶中，用水稀释至标线，混匀。

C.1.1.3.10 镁粉：依次用盐酸溶液（C.1.1.3.9）、水、无水乙醚（C.1.1.3.6）淋洗后室温下减压抽干。

C.1.1.3.11 无水硫酸钠（Na_2SO_4）：分析纯，550℃烘8 h，冷却后装瓶，干燥器中密封保存。

C.1.1.3.12 弗罗里硅土：100目~200目（149 μm~74 μm），400℃加热4 h，于封口玻璃瓶中冷却至室温，每100 g加入3 mL水，振荡混匀，干燥器内保存（平衡2 h以上方可使用）。

C.1.1.3.13 硫酸溶液（1+17）：搅拌下将10 mL浓硫酸（H_2SO_4，$\rho = 1.84$ g/mL，分析纯）沿玻璃棒缓缓加入到170 mL水中。

C.1.1.3.14 环庚三烯酚酮溶液：称取0.5 g环庚三烯酚酮（$C_7H_6O_2$，分析纯）溶于100 mL正己烷（C.1.1.3.2）中。

C.1.1.3.15 有机锡标准溶液（2 000 mg/L）：一丁基锡、二丁基锡和三丁基锡等的浓度均为2 000 mg/L。

C.1.1.3.16 三丙基锡标准溶液：2 000 mg/L。

C.1.1.3.17 有机锡标准贮备溶液（100.0 mg/L）：用异辛烷（C.1.1.3.3）稀释有机锡标准溶液（C.1.1.3.15）制得浓度为100.0 mg/L的有机锡标准贮备溶液，4℃冰箱内避光保存，有效期6个月。

C.1.1.3.18 有机锡标准使用溶液（10.00 mg/L）：用异辛烷（C.1.1.3.3）稀释有机锡标准贮备溶液（C.1.1.3.17）制得浓度为10.00 mg/L的有机锡标准使用溶液，4℃冰箱内避光保存，有效期4个月。

C.1.1.3.19 替代标准贮备溶液（100.0 mg/L）：用异辛烷（C.1.1.3.3）稀释三丙基锡标准溶液

（C.1.1.3.16）制得浓度为100.0 mg/L的替代标准贮备溶液，4℃冰箱内避光保存，有效期6个月。

C.1.1.3.20 替代标准使用溶液（10.00 mg/L）：用异辛烷（C.1.1.3.3）稀释三丙基锡标准贮备溶液（C.1.1.3.19）制得浓度为10.00 mg/L的替代标准使用溶液，4℃冰箱内避光保存，有效期4个月。

C.1.1.3.21 格氏试剂：正戊基溴化镁的乙醚溶液（2 mol/L），三口瓶中依次加入8.0 g镁粉（C.1.1.3.10）、50 mL重蒸无水乙醚（C.1.1.3.7）；等压滴液漏斗中加入40 mL的溴代正戊烷（C.1.1.3.8）和20 mL重蒸无水乙醚（C.1.1.3.7），混匀；三口瓶的一个斜口接等压滴液漏斗，另一斜口密封，直口接冷凝器，氮气流从冷凝器上端口横向吹过，10℃左右循环水冷凝。氮气保护下，从等压滴液漏斗缓慢滴加约1 mL溴代正戊烷的无水乙醚溶液，此反应剧烈，注意防止飞溅。如果反应过于剧烈，则可将三口瓶置入冰水浴中。待反应平缓后，开动电磁搅拌并继续滴加剩余的溴代正戊烷的无水乙醚溶液，控制滴加速度在8 mL/min左右以维持反应溶液微沸。滴加完毕后可用水浴40℃回流4 h，以保持乙醚微沸直至镁粉反应完全。将制好的格氏试剂转入密封瓶中隔绝空气密封保存，存于干燥器中备用。

C.1.1.4 仪器与设备

仪器和设备如下。

C.1.1.4.1 气相色谱仪（GC）：带火焰光度检测器（FPD），配610 nm滤光片。

C.1.1.4.2 毛细管色谱柱：DB－5（5%苯基+95%聚二甲基硅氧烷）或等效色谱柱，长30 m，内径0.25 mm，固定相液膜厚度0.25 μm。

C.1.1.4.3 旋转蒸发装置。

C.1.1.4.4 氮吹仪。

C.1.1.4.5 低温循环冷凝水泵。

C.1.1.4.6 分液漏斗：1 L。

C.1.1.4.7 衍生瓶。

C.1.1.4.8 等压滴液漏斗：250 mL。

C.1.1.4.9 蛇形冷凝器。

C.1.1.4.10 电热恒温水浴锅。

C.1.1.4.11 三口瓶：250 mL。

C.1.1.4.12 玻璃层析柱：长300 mm，内径10 mm。

C.1.1.4.13 实验室常用仪器与设备。

C.1.1.5 分析步骤

样品预处理后，按以下步骤进行仪器分析。

C.1.1.5.1 样品提取及衍生

按下列步骤进行提取衍生反应：

a）用事先在450℃灼烧过的玻璃纤维滤膜（GF/F）过滤水样，准确量取1 000 mL过滤后的水样，倒入分液漏斗中，加入10 μL替代标准使用溶液（C.1.1.3.20），加入20 mL环庚三烯酚酮溶液（C.1.1.3.14），充分振荡3 min，静置分层，收集萃取液至旋转蒸发瓶中；

b）向水样中加入20 mL环庚三烯酚酮溶液（C.1.1.3.14）重复萃取，合并萃取液至C.1.1.5.1a旋转蒸发瓶中；

c）继续向水样中加入20 mL正己烷（C.1.1.3.2）萃取，萃取液合并至C.1.1.5.1a旋转蒸发瓶中；

d）向合并后的萃取液中加入10 g无水硫酸钠（C.1.1.3.11），振摇1 min，浓缩至约2 mL；

e）浓缩液（C.1.1.5.1d）中加入1.5 mL格氏试剂（C.1.1.3.21），振摇3 min后置于40℃的电热恒温水浴锅中反应40 min；

f）将反应好的有机相（C.1.1.5.1e）置于冰水浴中，缓慢地滴加1 mL～2 mL水，再加入10 mL硫酸溶液（C.1.1.3.13），最后加入约40 mL水，剧烈振摇后静置分层；

g）转移有机相，水相继续用10 mL正己烷（C.1.1.3.2）均分两次萃取，萃取液合并至有机相中。

用无水硫酸钠（C. 1. 1. 3. 11）干燥，旋转蒸发浓缩至约1 mL，待净化。

C. 1. 1. 5. 2　**样品净化**

按下列步骤进行样品净化：

a）层析柱中预先加入适量正己烷（C. 1. 1. 3. 2），称取3 g弗罗里硅土（C. 1. 1. 3. 12）于小烧杯中，加入20 mL正己烷（C. 1. 1. 3. 2），充分搅拌后倒入层析柱中，上端填2 cm ~ 3 cm无水硫酸钠（C. 1. 1. 3. 11），将液面调整至与无水硫酸钠顶端平齐。用10 mL正己烷（C. 1. 1. 3. 2）淋洗层析柱，弃去淋洗液。

b）待无水硫酸钠恰要露出液面时，转移（C. 1. 1. 5. 1，g）所得的浓缩液至柱上，用少量正己烷（C. 1. 1. 3. 2）辅助完全转移浓缩液；用20 mL正己烷（C. 1. 1. 3. 2）淋洗层析柱，收集淋洗液于旋转蒸发瓶中。

c）将淋洗液旋转蒸发浓缩至1 mL ~ 2 mL，氮吹近干，以正己烷（C. 1. 1. 3. 2）定容至0. 5 mL，转入样品瓶中，此为样品测试液，待测。

C. 1. 1. 5. 3　**标准系列溶液的衍生**

在5个衍生瓶中，分别加入1. 0 μL、2. 0 μL、5. 0 μL、10. 0 μL、20. 0 μL有机锡标准使用溶液（C. 1. 1. 3. 18），在上述衍生瓶中分别加入10 μL替代标准使用溶液（C. 1. 1. 3. 20），按照（C. 1. 1. 5. 1，e）—（C. 1. 1. 5. 1，g）的步骤进行前处理，旋转蒸发浓缩，氮吹近干，以正己烷（C. 1. 1. 3. 2）转入样品瓶中并定容至0. 5 mL，待测。

C. 1. 1. 5. 4　**样品测定**

宜参照下述仪器分析条件测定：

——升温程序：初温80℃，保持1 min；以5℃/min升温至190℃；再以10℃/min升温至280℃，保持5 min；

——进样量：2. 0 μL；

——进样方式：无分流进样；

——进样口温度：250℃；

——检测器温度：250℃；

——载气：氮气（99. 999%）；

——载气流速：2. 0 mL/min；

——氢气流速：120. 0 mL/min；

——空气流速：100. 0 mL/min。

C. 1. 1. 5. 5　**样品空白和加标回收率的测定**

C. 1. 1. 5. 5. 1　空白实验：用1. 0 L水作为空白样品，进行空白实验。步骤同C. 1. 1. 5. 1、C. 1. 1. 5. 2、C. 1. 1. 5. 4。

C. 1. 1. 5. 5. 2　加标回收率的测定：在1. 0 L水中加入一定量有机锡标准使用溶液（C. 1. 1. 3. 18），进行加标回收实验。步骤同C. 1. 1. 5. 1、C. 1. 1. 5. 2、C. 1. 1. 5. 4。

C. 1. 1. 6　**记录与计算**

C. 1. 1. 6. 1　**定性分析**

通过比较样品与标准溶液的色谱峰的保留时间（RT）进行目标化合物的定性，还可采用气相色谱-质谱仪辅助确证。

C. 1. 1. 6. 2　**定量分析**

以标准系列溶液的浓度 C 为横坐标，其对应的峰面积为纵坐标，绘制标准曲线，反演出样品测试液中目标化合物的浓度 X_i。根据公式（C. 1. 1. 1）计算原水样中目标化合物的浓度，结果分别记录于表 D. 1. 1. 12。

$$C_i = \frac{X_i V_i}{V_S} \quad \text{(C. 1. 1. 1)}$$

式中：

C_i——原水样中目标化合物的浓度，单位为纳克每升（ng/L）；

X_i——样品测试液中目标化合物的浓度，单位为微克每升（μg/L）；

V_i——样品测试液定容体积，单位为毫升（mL）；

V_S——原水样体积，单位为升（L）。

C. 1. 1. 7 精密度与准确度

5 家实验室测定同一海水样品，重复性相对标准偏差、再现性相对标准偏差及回收率参见表 C. 1. 1. 1。

表 C. 1. 1. 1 GC－FPD 测定有机锡化合物的重复性、再现性及回收率

化合物名称	重复性相对标准偏差 %	再现性相对标准偏差 %	回收率 %
一丁基锡	2. 1	5. 0	72 ~ 104
二丁基锡	1. 0	6. 2	81 ~ 96
三丁基锡	2. 9	6. 4	86 ~ 140

C. 1. 1. 8 注意事项

本方法使用时应注意以下事项：

a）应使用全玻璃仪器，不得使用塑料制器皿；

b）所有玻璃器皿在临用前洗净，可用洗涤剂、水、甲醇顺序洗涤；

c）对于清洁海水中有机锡类化合物的测定，可增大取样体积；

d）萃取过程中乳化现象严重时可加入氯化钠或采用离心法破乳；

e）格氏试剂接触空气中的水会迅速分解并放热，保存时注意隔绝空气并在干燥器中保存；

f）衍生化反应时，由于格氏试剂与水反应剧烈，故反应前萃取液（C. 1. 1. 5. 1，d）的除水非常重要，应避免水分消耗格氏试剂，导致有机锡反应效率降低。

附录 D
（资料性附录）
记录表格式

表 D.1.1.1 水样采样记录

记录编号________　　第______页，共______页
项目名称________　　调查海区________
航次说明________　　调查船名________
海况说明________　　采样日期____年____月____日 至____年____月____日

序号	站位号	经度	纬度	采样时间	站位水深 m	采样深度 m	水温	样品瓶号							
								盐度	pH	营养盐	溶解氧	COD	SPM （膜号、水样体积）	重金属	
1															
2															
3															
4															
5															
6															
7															
8															
9															
10															
备注															

采样者________　记录者________　核对者________

表 D.1.1.2　海水样品（　　）标准曲线数据记录

（无火焰原子吸收分光光度法）

仪器名称______________仪器编号____________________分析日期________年________月________日

序号	加标准使用液 mL	标准加入量 μg	浓度 μg/L	吸光值 A_i			$\overline{A_i}-\overline{A_0}$	残差 dA_i
				1	2	平均		
1								
2								
3								
4								
5								
6								
7								
8								
9								
10								

<table>
<tr><td rowspan="2">备
注</td><td>标准使用液浓度：　μg/mL
定容体积：　mL
进样体积：　μL</td><td>线性回归拟合标准（工作）曲线方程：
$A = a + bx$
（$a =$　　　$b =$　　　$r =$　　　）</td></tr>
<tr><td>附标准曲线</td><td>残差 dA_i
$dA_i = A - (\overline{A_i} - \overline{A_0})$
A 由标准（工作）曲线方程算出</td></tr>
</table>

分析者__________ 校对者____________审核者____________

表 D.1.1.3 海水样品（　　　　）分析记录

（无火焰原子吸收分光光度法）

采样记录编号＿＿＿＿＿＿＿　　　　第＿＿页，共＿＿页

采样日期＿＿＿年＿＿月＿＿日　　　　分析日期＿＿＿年＿＿月＿＿日

仪器名称＿＿＿＿＿＿＿＿＿　　　　仪器编号＿＿＿＿＿＿＿＿＿

序号	站 号	层次 m	瓶号	取样量 mL	吸光值 A_w			$\overline{A_w}-\overline{A_b}$	样品浓度 μg/L
					1	2	平均		
1									
2									
3									
4									
5									
6									
7									
8									
9									
10									
11									
12									
13									
14									
15									
16									
17									
18									
19									
20									
备注	A_b							定容体积：　　mL	
					进样体积：　　μL			检出限：	

分析者＿＿＿＿＿ 校对者＿＿＿＿＿ 审核者＿＿＿＿＿

表 D.1.1.4 海水样品（　　　）标准曲线数据记录

（火焰原子吸收分光光度法）

仪器名称__________仪器编号____________分析日期_____年_____月_____日

序号	加标准使用液 mL	标准加入量 μg	浓度 μg/L	吸光值 A_i			$\overline{A_i}-\overline{A_0}$	残差 dA_i
				1	2	平均		
1								
2								
3								
4								
5								
6								
7								
8								
9								
10								
备注	标准使用液浓度：　μg/mL 定容体积：　mL 进样体积：　μL			线性回归拟合标准（工作）曲线方程： $A = a + bx$ （$a =$　　　$b =$　　　$r =$　　　）				
	附标准曲线			残差 dA_i $dA_i = A - (\overline{A_i} - \overline{A_0})$ A 由标准（工作）曲线方程算出				

分析者________ 校对者_________审核者_________

表 D.1.1.5　海水样品（　　　　）分析记录
（火焰原子吸收分光光度法）

采样记录编号＿＿＿＿＿＿＿＿　　　　第＿＿＿页，共＿＿＿页

采样日期＿＿＿＿年＿＿＿月＿＿＿日　　　　分析日期＿＿＿＿年＿＿＿月＿＿＿日

仪器名称＿＿＿＿＿＿＿＿　　　　仪器编号＿＿＿＿＿＿＿＿

<table>
<tr><th rowspan="2">序号</th><th rowspan="2">站 号</th><th rowspan="2">层次
m</th><th rowspan="2">瓶号</th><th rowspan="2">取样量
mL</th><th colspan="3">吸光值 A_w</th><th rowspan="2">$\overline{A_w}-\overline{A_b}$</th><th rowspan="2">样品浓度
μg/L</th></tr>
<tr><th>1</th><th>2</th><th>平均</th></tr>
<tr><td>1</td><td></td><td></td><td></td><td></td><td></td><td></td><td></td><td></td><td></td></tr>
<tr><td>2</td><td></td><td></td><td></td><td></td><td></td><td></td><td></td><td></td><td></td></tr>
<tr><td>3</td><td></td><td></td><td></td><td></td><td></td><td></td><td></td><td></td><td></td></tr>
<tr><td>4</td><td></td><td></td><td></td><td></td><td></td><td></td><td></td><td></td><td></td></tr>
<tr><td>5</td><td></td><td></td><td></td><td></td><td></td><td></td><td></td><td></td><td></td></tr>
<tr><td>6</td><td></td><td></td><td></td><td></td><td></td><td></td><td></td><td></td><td></td></tr>
<tr><td>7</td><td></td><td></td><td></td><td></td><td></td><td></td><td></td><td></td><td></td></tr>
<tr><td>8</td><td></td><td></td><td></td><td></td><td></td><td></td><td></td><td></td><td></td></tr>
<tr><td>9</td><td></td><td></td><td></td><td></td><td></td><td></td><td></td><td></td><td></td></tr>
<tr><td>10</td><td></td><td></td><td></td><td></td><td></td><td></td><td></td><td></td><td></td></tr>
<tr><td>11</td><td></td><td></td><td></td><td></td><td></td><td></td><td></td><td></td><td></td></tr>
<tr><td>12</td><td></td><td></td><td></td><td></td><td></td><td></td><td></td><td></td><td></td></tr>
<tr><td>13</td><td></td><td></td><td></td><td></td><td></td><td></td><td></td><td></td><td></td></tr>
<tr><td>14</td><td></td><td></td><td></td><td></td><td></td><td></td><td></td><td></td><td></td></tr>
<tr><td>15</td><td></td><td></td><td></td><td></td><td></td><td></td><td></td><td></td><td></td></tr>
<tr><td>16</td><td></td><td></td><td></td><td></td><td></td><td></td><td></td><td></td><td></td></tr>
<tr><td>17</td><td></td><td></td><td></td><td></td><td></td><td></td><td></td><td></td><td></td></tr>
<tr><td>18</td><td></td><td></td><td></td><td></td><td></td><td></td><td></td><td></td><td></td></tr>
<tr><td>19</td><td></td><td></td><td></td><td></td><td></td><td></td><td></td><td></td><td></td></tr>
<tr><td>20</td><td></td><td></td><td></td><td></td><td></td><td></td><td></td><td></td><td></td></tr>
<tr><td rowspan="2">备注</td><td rowspan="2" colspan="4">A_b</td><td></td><td></td><td></td><td colspan="2">定容体积：　　mL</td></tr>
<tr><td colspan="3">进样体积：　　μL</td><td colspan="2">检出限：</td></tr>
</table>

分析者＿＿＿＿＿＿　校对者＿＿＿＿＿＿　审核者＿＿＿＿＿＿

表 D. 1. 1. 6　海水中（　　　）分析标准工作曲线记录

（原子荧光法）

编码__________标准曲线绘制日期______年______月______日　　序号：______

序号	加标准使用液 mL	标准加入量 μg	浓度 μg/L	荧光强度 F_i			$\overline{F_i}-\overline{F_0}$	残差 dF_i
				1	2	平均		
1								
2								
3								
4								
5								
6								
7								
8								
9								
10								
11								
12								
13								

<table>
<tr><td rowspan="2">备注</td><td rowspan="2">标准使用液浓度：　μg/mL
定容：　mL</td><td>线性回归拟合标准（工作）曲线方程：
$F = a + bx$
（$a =$　　　　$b =$　　　　$r =$　　　　）</td></tr>
<tr><td>残差 dF_i
$dF_i = F - (\overline{F_i}-\overline{F_0})$
F 由标准（工作）曲线方程算出</td></tr>
</table>

测定者________ 计算者_________校对者_________

表 D.1.1.7 海水中（　　　）分析记录

（原子荧光法）

编号________

水样登记表编号________至________

采样日期________年______月______日至________年______月______日　　　　共____页，第____页

水样接收人________　　接收日期________年________月________日，　　分析日期________年________月________日

序号	站 号	层次 m	瓶号	取样量 mL	荧光强度 F_s			$\overline{F_i}-\overline{F_0}$	样品浓度 μg/L
					1	2	平均		
1									
2									
3									
4									
5									
6									
7									
8									
9									
10									
11									
12									
13									
14									
15									
16									
17									
18									
19									
20									
21									
22									
23									
24									
25									
备注	F_0							定容：　　mL	

测定者______________ 计算者______________校对者______________

表 D.1.1.8　海水样品(　　　　　　　)标准曲线数据记录

(ICP－MS 连续测定法)

仪器名称________________　仪器编号________________________

分析日期________年_____月_____日

序号	标准加入量 g	浓度 g/L	铜		铅		锌		镉		铬		砷	
			计数值(CPS)	$A_i - A_0$	计数值(CPS)	$A_i - A_0$	计数值(CPS)	$A_i - A_0$	计数值(CPS)	$A_i - A_0$	计数值(CPS)	$A_i - A_0$	计数值(CPS)	$A_i - A_0$
1														
2														
3														
4														
5														
6														
7														
备注			附标准曲线		附标准曲线		附标准曲线		附标准曲线		附标准曲线		附标准曲线	
			$A = a + bx$　$r =$ $a =$　$b =$		$A = a + bx$　$r =$ $a =$　$b =$		$A = a + bx$　$r =$ $a =$　$b =$		$A = a + bx$　$r =$ $a =$　$b =$		$A = a + bx$　$r =$ $a =$　$b =$		$A = a + bx$　$r =$ $a =$　$b =$	

分析者__________　校对者__________　审核者__________

表 D.1.1.9　海水样品中(　　)分析记录

(ICP－MS 法)

海区________调查船____ 采样日期:____ 年____ 月____ 日

第____页　仪器型号____ 分析日期:____年____ 月____ 日　　　　共____页

序 号	站 号	层次 m	瓶号	仪器测定值 μg/L			稀释倍数	样品浓度 μg/L
				1	2	平均		
1								
2								
3								
4								
5								
6								
7								
8								
9								
10								
11								
12								
13								
14								
备注	线性回归拟合标准(工作)曲线方程:$A = a + bx$ ($a =$　　$b =$　　$r =$　　)　　检出限:　　μg/L							

分析者__________计算者________ 校对者______________

表 D.1.1.10 水样中甲基汞分析记录

海区______________ 调查船________________ 采样日期：___ 年___月___日
仪器型号__________ 分析日期：_____年___月___日 共___页 第___页

序号	样品编号	样品体积 mL	蒸馏液体积 mL	蒸馏液峰面积	蒸馏率	蒸馏液甲基汞质量 ng	水样中甲基汞浓度 ng/L
1							
2							
3							
4							
5							
6							
7							
8							
9							
10							
11							
12							
备注	线性回归拟合标准工作曲线方程： 方法空白： ng/L； 吹扫空白： pg 检出限： ng/L						

分析者________ 计算者_______ 校对者______________

表 D.1.1.11 海水样品中不同形态砷分析记录

（LC－HG－AFS 法）

海区________________ 调查船__________________ 采样日期：____ 年____月____日

仪器型号____________ 分析日期：______年____月____日　　　共____页　第____页

序 号	站 号	层次	样品编号	砷的形态	仪器测定值 ng/mL			水样中浓度 ng/mL
					平行 1	平行 2	平均值	
1								
2								
3								
4								
5								
6								
7								
8								
9								
10								
11								
12								
备注	线性回归拟合标准工作曲线方程： 方法空白：　　　ng/mL；　仪器空白：　　　ng/mL 检出限：　　　ng/mL							

分析者__________计算者________ 校对者________________

表 D.1.1.12 海水样品中有机锡分析记录

海区______调查船　　采样日期：______年____月____日　　第______页　共______页

仪器型号________　　分析日期：________年______月______日

序号	样品编号	取样体积 L	定容体积 mL	仪器测定值			浓缩倍数	水样中某有机锡浓度 ng/L
				保留时间 min	峰面积	峰高		
1								
2								
3								
4								
5								
6								
7								
8								
9								
10								
11								
12								
13								
14								
15								
备注	线性回归拟合标准（工作）曲线方程：$A = a + bx$ （$a =$　　$b =$　　$r =$　　）　　检出限：　　μg/L							

分析者__________计算者________　校对者________

附录 E
（资料性附录）
测定结果计算用表

表 E. 1. 1. 1　元素的相对原子质量表（1997）

1	氢	H	1. 000 79	36	氪	Kr	83. 80	71	镥	Lu	174. 97
2	氦	He	4. 002 6	37	铷	Rb	85. 468	72	铪	Hf	178. 49
3	锂	Li	6. 941	38	锶	Sr	87. 62	73	钽	Ta	180. 95
4	铍	Be	9. 012 2	39	钇	Y	88. 906	74	钨	W	183. 84
5	硼	B	10. 811	40	锆	Zr	91. 224	75	铼	Re	186. 21
6	碳	C	12. 011	41	铌	Nb	92. 906	76	锇	Os	190. 23
7	氮	N	14. 007	42	钼	Mo	95. 94	77	铱	Ir	192. 22
8	氧	O	15. 999	43	锝	Tc	97. 907	78	铂	Pt	195. 06
9	氟	F	18. 998	44	钌	Ru	101. 07	79	金	Au	196. 97
10	氖	Ne	20. 179	45	铑	Rh	102. 91	80	汞	Hg	200. 59
11	钠	Na	22. 990	46	钯	Pd	106. 42	81	铊	Tl	204. 38
12	镁	Mg	24. 305	47	银	Ag	107. 87	82	铅	Pb	207. 2
13	铝	Al	26. 982	48	镉	Cd	112. 41	83	铋	Bi	208. 98
14	硅	Si	28. 086	49	铟	In	114. 82	84	钋	Po	208. 98
15	磷	P	30. 974	50	锡	Sn	118. 71	85	砹	At	209. 99
16	硫	S	32. 066	51	锑	Sb	121. 76	86	氡	Rn	222. 02
17	氯	Cl	35. 453	52	碲	Te	127. 60	87	钫	Fr	223. 02
18	氩	Ar	39. 948	53	碘	I	126. 90	88	镭	Ra	226. 03
19	钾	K	39. 098	54	氙	Xe	131. 29	89	锕	Ac	227. 03
20	钙	Ca	40. 078	55	铯	Cs	132. 91	90	钍	Th	232. 04
21	钪	Sc	44. 956	56	钡	Ba	137. 33	91	镤	Pa	231. 04
22	钛	Ti	47. 867	57	镧	La	138. 91	92	铀	U	238. 03
23	钒	V	50. 942	58	铈	Ce	140. 12	93	镎	Np	237. 05
24	铬	Cr	51. 996	59	镨	Pr	140. 91	94	钚	Pu	244. 06
25	锰	Mn	54. 938	60	钕	Nd	144. 24	95	镅	Am	243. 06
26	铁	Fe	55. 847	61	钷	Pm	145. 91	96	锔	Cm	247. 07
27	钴	Co	58. 933	62	钐	Sm	150. 36	97	锫	Bk	247. 07
28	镍	Ni	58. 693	63	铕	Eu	151. 96	98	锎	Cf	251. 08
29	铜	Cu	63. 546	64	钆	Gd	157. 25	99	锿	Es	252. 08
30	锌	Zn	65. 39	65	铽	Tb	158. 93	100	镄	Fm	257. 10
31	镓	Ga	69. 723	66	镝	Dy	162. 50	101	钔	Md	258. 10
32	锗	Ge	72. 59	67	钬	Ho	164. 93	102	锘	No	259. 10
33	砷	As	74. 922	68	铒	Er	167. 26	103	铹	Lr	260. 11
34	硒	Se	78. 96	69	铥	Tm	168. 93				
35	溴	Br	79. 904	70	镱	Yb	173. 04				

注：Pm、Po、At、Rn、Fr、Ra、Ac、Np、Pu、Am、Cm、Bk、Cf、Es、Fm、Md、No、Lr 为半衰期最长同位素的相对原子质量。

表 E. 1. 1. 2　20℃时容积为 1. 000 0 L 玻璃容器中的蒸馏水在不同温度时的质量（m_{20}）

单位：g/L

t,℃	m_{20}	t,℃	m_{20}	t,℃	m_{20}	t,℃	m_{20}	t,℃	m_{20}	t,℃	m_{20}
0	998. 30	15. 2	997. 92	19. 2	997. 30	23. 2	996. 54	27. 2	995. 60	31. 2	994. 52
1	998. 40	15. 4	997. 89	19. 4	997. 28	23. 4	996. 50	27. 4	995. 55	31. 4	994. 47
2	998. 46	15. 6	997. 87	19. 6	997. 24	23. 6	996. 45	27. 6	995. 50	31. 6	994. 41
3	998. 51	15. 8	997. 84	19. 8	997. 21	23. 8	996. 41	27. 8	995. 45	31. 8	994. 35
4	998. 54	16. 0	997. 81	20. 0	997. 17	24. 0	996. 36	28. 0	995. 40	32. 0	994. 29
5	998. 56	16. 2	997. 78	20. 2	997. 14	24. 2	996. 32	28. 2	995. 35	32. 2	994. 23
6	998. 56	16. 4	997. 76	20. 4	997. 10	24. 4	996. 27	28. 4	995. 29	32. 4	994. 17
7	998. 55	16. 6	997. 73	20. 6	997. 06	24. 6	996. 23	28. 6	995. 24	32. 6	994. 11
8	998. 52	16. 8	997. 70	20. 8	997. 02	24. 8	996. 18	28. 8	995. 19	32. 8	994. 05
9	998. 48	17. 0	997. 67	21. 0	996. 99	25. 0	996. 14	29. 0	995. 14	33. 0	993. 99
10	998. 42	17. 2	997. 64	21. 2	996. 95	25. 2	996. 09	29. 2	995. 08	33. 2	993. 93
11	998. 35	17. 4	997. 61	21. 4	996. 91	25. 4	996. 04	29. 4	995. 03	33. 4	993. 87
12	998. 27	17. 6	997. 58	21. 6	996. 87	25. 6	996. 00	29. 6	994. 97	33. 6	993. 81
13	998. 17	17. 8	997. 55	21. 8	996. 83	25. 8	995. 95	29. 8	994. 92	33. 8	993. 75
14	998. 06	18. 0	997. 51	22. 0	996. 79	26. 0	995. 90	30. 0	994. 86	34. 0	993. 68
14. 2	998. 04	18. 2	997. 48	22. 2	996. 75	26. 2	995. 85	30. 2	994. 81	34. 2	993. 62
14. 4	998. 02	18. 4	997. 45	22. 4	996. 71	26. 4	995. 80	30. 4	994. 75	34. 4	993. 56
14. 6	997. 99	18. 6	997. 42	22. 6	996. 66	26. 6	995. 75	30. 6	994. 69	34. 6	993. 50
14. 8	997. 97	18. 8	997. 38	22. 8	996. 62	26. 8	995. 70	30. 8	994. 64	34. 8	993. 43
15. 0	997. 94	19. 0	997. 35	23. 0	996. 58	27. 0	995. 65	31. 0	994. 58	35. 0	993. 37

附录 F
（资料性附录）
调查资料封面格式

密级：

项目名称：
项目编号：

资料名称：（如：近海海水重金属调查现场记录表）

调查/分析测试单位：
调查航次：
调查船：
调查区域：
调查时间：
负责人：

图 F.1.1.1　原始资料封面格式

密级：
项目名称：
项目编号：
资料名称：
资料内容：
资料分布区域：
资料分布时间：
调查单位：
资料汇交单位：

图 F.1.1.2　光盘、软盘封面标识

密级：
项目名称：
项目编号：
资料名称：
资料内容：
共　　盘 第　　盘
调查区域：
调查时间：
调查单位：
资料汇交单位：
制作时间：

第2部分　沉积物重金属监测

1　范围

本部分规定了海洋沉积物监测项目的分析方法，对样品采集、贮存、运输、预处理、测定结果与计算等提出了技术要求。

本部分适用于大洋、近岸、河口、港湾沉积物样品的分析测试，也适用于近岸、港湾及河口疏浚物和倾倒物等调查与监测中沉积物样品的分析测试。

2　规范性引用文件

下列文件中对于本文件的应用是必不可少的。凡是注日期的引用文件，仅注日期的版本适用于本文件。凡是不注日期的引用文件，其最新版本（包括所有的修改单）适用于本文件。

GB 17378.2—2007　海洋监测规范　第2部分：数据处理与分析质量控制

GB 17378.3—2007　海洋监测规范　第3部分：样品采集、贮存与运输

GB 17378.4—2007　海洋监测规范　第4部分：海水分析

GB 17378.5—2007　海洋监测规范　第5部分：沉积物分析

3　术语和定义

HY/T ×××的第1部分界定的以及下列术语和定义适用于本文件。

3.1

蒸至白烟冒尽　evaporation to fumeless

溶剂蒸发后的容器，置于室温处时无白烟冒出。

3.2

沾污沉积物　contaminated sediment

含有一定浓度的化学物质，已对或怀疑可能会对水生生物、野生生物或人类健康造成危害的沉积物。

4　一般规定

4.1　样品采集

4.1.1　采样设备

沉积物采样设备包括：

——掘式采泥器、锥式采泥器或管式采泥器；

——电动或手摇绞车，附有直径4 mm～6 mm钢丝绳，负荷50 kg～300 kg，带有变速装置；

——电动绞车或吊杆，采柱状样时使用，钢丝绳直径8 mm～9 mm，负荷不低于300 kg；

——木质正方形或长方形接样盘；

——不锈钢勺。

4.1.2　样品容器

沉积物样品容器可以是下列容器中的一种：

——衬洁净铝箔或聚四氟乙烯螺旋盖的广口玻璃瓶；

——聚乙烯盒或聚乙烯袋。

4.1.3 容器的洗涤

沉积物样品容器应按下述步骤清洗：

——容器盖和盖衬先用洗涤剂清洗；

——用自来水冲洗 2～3 次；

——用纯水或去离子水冲洗 2～3 次；

——自然晾干或烘干；

——特殊项目按要求进行洗涤。

4.1.4 采样操作原则

沉积物样品采集应遵循下列原则：

a）采样前，应除去采样器具的油脂并清洗干净；

b）采泥器采集表层样品时，若厚度未超过 5 cm，应重采。在同一站位，应在站周围采样 2～3 次，将各次样品混合后分装；

c）采样器提升时，如发现采集底质样品因障碍物导致采泥器斗壳不稳定、不紧密或壳口处夹有卵石和其他杂物，样品流失过多，或因泥质太软从采样器耳盖等处流失时，应重新采样。

4.1.5 沉积物样品采集中的质量保证与质量控制

沉积物样品采集时的质量保证与质量控制措施包括：

a）每次采集沉积物样品，至少采集 1 个平行样，平行样分析应控制在允许误差范围内；

b）每次应加 1 个现场基体空白，一个现场加标质控样，在现场与样品相同条件下包装、保存和运输，直至交给实验室分析，空白沾污要低于样品值的 10%；

c）当使用新采样设备、新容器和新材料时，要进行设备材料的空白试验；

d）现场空白大于样品含量的 30% 时，应对实验室、采样、运输和贮存等步骤做仔细审查；

e）现场质控样超出控制线时，要查找原因，在未找出原因之前不得分析样品。

4.2 样品贮存与运输

沉积物样品的贮存与运输应注意以下事项：

a）沉积物样品应在 4℃ 以下贮存；

b）样品容器应密封好，用洁净的聚乙烯袋包裹后稳定在包装箱内；

c）样品包裹要严密，装运过程要耐颠簸；

d）不同季节应采取不同的保护措施，保证样品运输中不被损坏。

4.3 实验器皿、水和试剂

实验用品、水和试剂应符合下述要求：

a）实验用带刻度试管、浓缩瓶、移液管、容量瓶等在使用前，应进行校准；

b）玻璃容器、用具要用水冲洗，用洗涤剂洗涤，再用纯水或去离子水洗净，烘干或自然晾干；

c）试剂、有机溶剂按要求进行纯化；

d）所用试剂最好是同一厂家生产的同类产品；

e）为保证实验的重现性和再现性，重蒸馏有机试剂应混匀，实验条件要一致；

f）水要符合测项的要求。

4.4 样品测试

样品测试原则及注意事项：

a）分析人员可根据情况选用绘制质控图、插入明码质控样或做加标回收等方法进行自控；

b）质控人员应编入 5%～10% 的密码平行样或质控样；

c）分析空白一般要占样品总数的 5%，样品少于 20 个时，每批至少带一个分析空白，分析空白值低于方法检出限；样品不足 10 个时，应做 20% 密码平行样或质控样；

d）每批样品至少进行一个标准物质分析，一般要占样品总数的2%；

e）分析空白大于样品的30%时，应对实验室分析进行仔细核查；

f）质控样和加标回收样超出控制线时，要查找原因，在未找出原因之前不得分析样品。

4.5 实验室常规设备

实验室常用设备如下：

——冰箱；

——冰柜；

——可调温的电加热板（或电炉）；

——分析天平或高精度电子天平（感量为0.1 mg）；

——高精度微量移液器；（10.0 μL～100.0 μL，100 μL～1 000 μL）；

——微波炉；

——马弗炉；

——超纯水系统；

——石英亚沸蒸馏器；

——离心机；

——真空抽滤泵；

——过滤装置。

5 分析方法

5.1 原子吸收分光光度法

5.1.1 铜（火焰原子吸收分光光度法）

5.1.1.1 方法原理

沉积物样品经硝酸－高氯酸消化，在稀硝酸介质中，用乙炔火焰原子化，于铜的特征吸收波长（324.7 nm）处，测定原子吸光值。

5.1.1.2 试剂及其配制

除非另有说明，所有试剂均为优级纯。

5.1.1.2.1 水：取自超纯水制备系统，电阻率≥18.2 MΩ·cm（25℃）。

5.1.1.2.2 硝酸（HNO_3）：ρ＝1.42 g/mL，优级纯，经石英亚沸蒸馏器蒸馏纯化。

5.1.1.2.3 硝酸溶液a：体积分数为50%，将50 mL硝酸（5.1.1.2.2）用水（5.1.1.2.1）稀释至100 mL。

5.1.1.2.4 硝酸溶液b：体积分数为5%，将5 mL硝酸（5.1.1.2.2）用水（5.1.1.2.1）稀释至100 mL。

5.1.1.2.5 硝酸溶液c：体积分数为1%，将5 mL硝酸（5.1.1.2.2）用水（5.1.1.2.1）稀释至500 mL。

5.1.1.2.6 高氯酸（$HClO_4$）：ρ＝1.67 g/mL，优级纯。

5.1.1.2.7 金属铜（粉状，Cu）：纯度为99.99%。

5.1.1.2.8 铜标准贮备溶液：ρ＝1.000 mg/mL，称取0.100 0 g金属铜（5.1.1.2.7）于50.0 mL烧杯中，用适量硝酸溶液a（5.1.1.2.3）溶解，用水（5.1.1.2.1）定容至100.0 mL容量瓶中，混匀。

5.1.1.2.9 铜标准中间溶液：ρ＝100 μg/mL，量取10.0 mL铜标准贮备溶液（5.1.1.2.8）于100.0 mL容量瓶内，用硝酸溶液c（5.1.1.2.5）定容，混匀。

5.1.1.2.10 铜标准使用溶液：ρ＝5.00 μg/mL，量取5.00 mL铜标准中间溶液（5.1.1.2.9）于100.0 mL容量瓶内，用硝酸溶液c（5.1.1.2.5）定容，混匀。

5.1.1.3 仪器与设备

5.1.3.3.1 原子吸收分光光度计

原子吸收分光光度计包括：

——具有火焰原子化器；

——铜空心阴极灯；

——钢瓶乙炔气（纯度为99.9%以上）；

——空气压缩机。

5.1.3.3.2 其他设备

其他设备包括：

——移液管：1.00 mL、2.00 mL、5.00 mL和10.0 mL；

——玛瑙研钵或玛瑙球磨机；

——聚四氟乙烯坩埚或聚四氟乙烯杯；

——160目尼龙筛；

——冷冻干燥机。

5.1.1.4 分析步骤

5.1.1.4.1 样品制备

将采集的供重金属测定的沉积物湿样装入聚乙烯塑料袋中，剔除砾石和动植物残骸，并用玻璃棒或聚乙烯棒搅拌均匀。用塑料刀或勺移取约50 g沉积物湿样铺展于编号的蒸发皿上，并置于烘箱内，于80℃～100℃下烘干（烘干期间，不时用玻璃棒翻动样品和压碎结块）。将全部烘干样品转移入玛瑙研钵或玛瑙球磨机中研磨，用160目尼龙筛加盖过筛，严防样品逸出，将过筛后的样品装入编号的称量瓶中，充分搅匀，置于干燥器内，待用。

5.1.1.4.2 样品消解

沉积物干样烘干至恒重后，称取0.500 g±0.005 g搅拌均匀的样品于30 mL聚四氟乙烯坩埚或聚四氟乙烯杯中，用少许水（5.1.1.2.1）润湿样品，加入12.5 mL硝酸（5.1.1.2.2），置于电热板上由低温升至170℃～180℃，蒸至近干，加入3.00 mL高氯酸（5.1.1.2.6），蒸至近干，白烟冒尽，取下稍冷，加5.00 mL硝酸溶液b（5.1.1.2.4），微热提取，多次淋洗后，用水（5.1.1.2.1）定容至25.0 mL容量瓶中，混匀，澄清，上清液待测。

同时制备分析空白试液。

5.1.1.4.3 标准曲线

按照下述步骤绘制工作曲线：

a）取7个50.0 mL容量瓶，分别加入0.00 mL、0.50 mL、1.00 mL、2.00 mL、3.00 mL、5.00 mL、10.0 mL铜标准使用溶液（5.1.1.2.10），用硝酸溶液c（5.1.1.2.5）定容，此标准系列各点含铜0.000 mg/L、0.050 mg/L、0.100 mg/L、0.200 mg/L、0.300 mg/L、0.500 mg/L、1.00 mg/L。

b）按仪器工作条件测定吸光值A_w。

c）以吸光值为纵坐标，铜的浓度（mg/L）为横坐标，根据测得的吸光值$A_w - A_o$（标准空白）及相应的铜浓度（mg/L），按方程$y = a + bx$线性回归，记入表D.1.2.2。

5.1.1.4.4 样品测定

将样品消化溶液，按标准曲线分析步骤（5.1.1.4.3，b）测定样品吸光值A_w，同时按同样的步骤测定分析空白的吸光值A_b。

5.1.1.5 记录与计算

将测得数据记入表D.1.2.3中，由以下公式（1.2.1），计算得到沉积物干样中铜的含量：

$$\omega_{Cu} = [(A_w - A_b) - a] \times V / (b \times M) \quad (1.2.1)$$

式中：

ω_{Cu}——沉积物干样中铜的含量，单位为$\times 10^{-6}$；

A_w——样品的吸光值；

A_b——分析空白的吸光值；

a——工作曲线的截距；

V——样品消化液的体积，单位为毫升（mL）；

b——工作曲线的斜率；

M——样品的称取量，单位为克（g）。

5.1.1.6 测定下限、精密度和准确度

本方法的测定下限、准确度和精密度，由7家实验室同样测定的统计结果如下：

测定下限：1.66×10^{-6}。

准确度：浓度为28.0×10^{-6}时，相对误差为±7.8%；浓度为53.0×10^{-6}时，相对误差为±4.1%。

精密度：浓度为46.0×10^{-6}时，相对标准偏差为±2.7%，浓度为53.0×10^{-6}时，相对标准偏差为±1.8%。

5.1.1.7 注意事项

本方法使用时应注意以下事项：

a）样品中铜的含量超出标准曲线范围时，可通过稀释样品消化溶液或扩大标准曲线来测定。

b）不同型号仪器可自选最佳条件。本方法采用仪器工作条件见表1.2.1。

表1.2.1 仪器工作条件

工作灯电流 mA	光通带宽 nm	负高压 V	燃气流量 mL/min	燃烧器高度 mm
3.0	0.4	300	1 600 – 1 700	8.0

5.1.2 铅（无火焰原子吸收分光光度法）

5.1.2.1 方法原理

沉积物样品经硝酸–高氯酸消化，在稀硝酸介质中，用石墨炉原子化，于铅的特征吸收波长处（283.3 nm）测定原子吸光值。

5.1.2.2 试剂及其配制

除非另有说明，所有试剂均为优级纯。

5.1.2.2.1 水：取自超纯水制备系统，电阻率≥18.2 MΩ·cm（25℃）。

5.1.2.2.2 硝酸（HNO_3）：$\rho=1.42$ g/mL，优级纯，经石英亚沸蒸馏器蒸馏纯化。

5.1.2.2.3 硝酸溶液a：体积分数为50%，将50 mL硝酸（5.1.2.2.2）用水（5.1.2.2.1）稀释至100 mL。

5.1.2.2.4 硝酸溶液b：体积分数为5%，将5 mL硝酸（5.1.2.2.2）用水（5.1.2.2.1）稀释至100 mL。

5.1.2.2.5 硝酸溶液c：体积分数为1%，将5 mL硝酸（5.1.2.2.2）用水（5.1.2.2.1）稀释至500 mL。

5.1.2.2.6 高氯酸（$HClO_4$）：$\rho=1.67$ g/mL，优级纯。

5.1.2.2.7 金属铅（粉状，Pb）：纯度为99.99%。

5.1.2.2.8 铅标准贮备溶液：$\rho=1.000$ mg/mL，称取0.100 0 g金属铅（5.1.2.2.7）于50 mL烧杯中，

用适量硝酸溶液 a（5.1.2.2.3）溶解，用水（5.1.2.2.1）定容至100.0 mL容量瓶中，混匀。

5.1.2.2.9 铅标准中间溶液：$\rho = 100$ μg/mL，量取10.0 mL铅标准贮备溶液（5.1.2.2.8）于100.0 mL容量瓶内，用硝酸溶液 c（5.1.2.2.5）定容，混匀。

5.1.2.2.10 铅标准使用溶液：$\rho = 5.00$ μg/mL，量取5.00 mL铅标准中间溶液（5.1.2.2.9）于100.0 mL容量瓶内，用硝酸溶液 c（5.1.2.2.5）定容，混匀。

5.1.2.3 仪器与设备

5.1.2.3.1 原子吸收分光光度计

原子吸收分光光度计包括：

——具有塞曼扣背景模式的石墨炉原子化器；

——铅空心阴极灯；

——配20 μL进样泵的自动进样器或20 μL精密微量移液器；

——钢瓶氩气（纯度为99.9%以上）。

5.1.2.3.2 其他设备

其他设备包括：

——聚四氟乙烯（或聚丙烯）杯：2 mL；

——移液管：1.00 mL、2.00 mL、5.00 mL和10.0 mL；

——玛瑙研钵或玛瑙球磨机；

——聚四氟乙烯坩埚或聚四氟乙烯杯；

——160目尼龙筛；

——冷冻干燥机。

5.1.2.4 分析步骤

5.1.2.4.1 样品制备

将采集的供重金属测定的沉积物湿样装入聚乙烯塑料袋中，剔除砾石和动植物残骸，并用玻璃棒或聚乙烯棒搅拌均匀。用塑料刀或勺移取约50 g沉积物湿样铺展于编号的蒸发皿上，并置于烘箱内，于80℃～100℃下烘干2 h（烘干期间，不时用玻璃棒翻动样品和压碎结块）。将全部烘干样品转移入玛瑙研钵或玛瑙球磨机中研磨，用160目尼龙筛加盖过筛，严防样品逸出，将过筛后的样品装入编号的称量瓶中，充分搅匀，置于干燥器内，待用。

5.1.2.4.2 样品消解

沉积物干样烘干至恒重后，称取0.500 g±0.005 g搅拌均匀的样品于30 mL聚四氟乙烯坩埚或聚四氟乙烯杯中，用少许水（5.1.2.2.1）润湿样品，加入12.5 mL硝酸（5.1.2.2.2），置于电热板上由低温升至170℃～180℃，蒸至近干，加入3.00 mL高氯酸（5.1.2.2.6），蒸至近干，白烟冒尽，加5.00 mL硝酸溶液 c（5.1.2.2.5），微热提取，多次淋洗后，用水（5.1.2.2.1）定容至25.0 mL容量瓶中，混匀，澄清，上清液待测。

同时制备分析空白试液。

5.1.2.4.3 标准溶液

取5个50.0 mL容量瓶，分别加入0.00 mL、1.00 mL、3.00 mL、5.00 mL、10.0 mL铅标准使用溶液（5.1.2.2.10），用硝酸溶液 c（5.1.2.2.5）定容，此标准系列各点含铅0 μg/L、100 μg/L、300 μg/L、500 μg/L、1 000 μg/L。

5.1.2.4.4 样品测定

样品消化溶液，稀释20倍后，按仪器工作条件测定吸光值 A_w。以吸光值相对较低及背景值较低的1个样品为本底，取该样品5个，每个均为900 μL，分别加入5.1.2.4.3中的系列标准溶液各100 μL，使标准添加工作曲线的点为0.00 μg/L、10.0 μg/L、30.0 μg/L、50.0 μg/L、100 μg/L，并分别测定其吸光值，记为A_{w0}、A_{w1}、A_{w2}、A_{w3}、A_{w4}，根据各点添加的浓度及（$A_{w0}-A_{w0}$）、（$A_{w1}-A_{w0}$）、（$A_{w2}-A_{w0}$）、（$A_{w3}-A_{w0}$）、（$A_{w4}-A_{w0}$），按方程$y=a+bx$线性回归，记入表D.1.2.4。

同时按同样的步骤测定分析空白的吸光值A_b。

5.1.2.5 记录与计算

将测得数据记入表D.1.2.5中，由以下公式（1.2.2），计算得到沉积物干样中铅的含量：

$$\omega_{Pb}=[(A_w-A_b)-a]\times 20\times V/(1\,000\times b\times M) \quad \cdots\cdots (1.2.2)$$

式中：

ω_{Pb}——沉积物干样中铅的含量，单位为$\times 10^{-6}$；

A_w——样品的吸光值；

A_b——分析空白的吸光值；

a——工作曲线的截距；

20——稀释倍数；

V——样品消化液的体积，单位为毫升（mL）；

1 000——单位换算值；

b——工作曲线的斜率；

M——样品的称取量，单位为克（g）。

5.1.2.6 测定下限、精密度和准确度

本方法的测定下限、准确度和精密度，由7家实验室同样测定的统计结果如下：

测定下限：0.643×10^{-6}。

准确度：浓度为23.0×10^{-6}时，相对误差为±8.3%；浓度为79.0×10^{-6}时，相对误差为±9.7%。

精密度：浓度为23.0×10^{-6}时，相对标准偏差为±4.7%，浓度为79.0×10^{-6}时，相对标准偏差为±3.3%。

5.1.2.7 注意事项

本方法使用时应注意以下事项：

a）样品中铅的含量超出标准曲线范围时，可通过加倍稀释样品消化溶液或扩大标准曲线来测定。

b）不同型号仪器可自选最佳条件。本方法采用的仪器工作条件见表1.2.2。

表1.2.2 仪器工作条件

过程	温度 ℃	升温 ℃/s	保持时间 s
干燥	90	10	5
干燥	105	5	5
干燥	110	2	10
灰化	800	250	10
原子化	1 500	1 400	4
除残	2 000	500	4

5.1.3 锌（火焰原子吸收分光光度法）

5.1.3.1 方法原理

沉积物样品经硝酸－高氯酸消化，在稀硝酸介质中，用乙炔火焰原子化，于锌的特征吸收波长（213.9 nm）处，测定原子吸光值。

5.1.3.2 **试剂及其配制**

除非另有说明，所有试剂均为优级纯。

5.1.3.2.1 水：取自超纯水制备系统，电阻率≥18.2 MΩ·cm（25℃）。

5.1.3.2.2 硝酸（HNO_3）：ρ = 1.42 g/mL，优级纯。经石英亚沸蒸馏器蒸馏纯化。

5.1.3.2.3 硝酸溶液 a：体积分数为 50%，将 50 mL 硝酸（5.1.3.2.2）用水（5.1.3.2.1）稀释至 100 mL。

5.1.3.2.4 硝酸溶液 b：体积分数为 5%，将 5 mL 硝酸（5.1.3.2.2）用水（5.1.3.2.1）稀释至 100 mL。

5.1.3.2.5 硝酸溶液 c：体积分数为 1%，将 5 mL 硝酸（5.1.3.2.2）用水（5.1.3.2.1）稀释至 500 mL。

5.1.3.2.6 高氯酸（$HClO_4$）：ρ = 1.67 g/mL，优级纯。

5.1.3.2.7 金属锌（粉状，Zn）：纯度为 99.99%。

5.1.3.2.8 锌标准贮备溶液：ρ = 1.000 mg/mL。称取 0.100 0 g 金属锌（5.1.3.2.7）于 50 mL 烧杯中，用适量硝酸溶液 a（5.1.3.2.3）溶解，用水（5.1.3.2.1）定容至 100.0 mL，混匀。

5.1.3.2.9 锌标准中间溶液：ρ = 100 μg/mL，量取 10.0 mL 锌标准贮备溶液（5.1.3.2.8）于 100.0 mL 容量瓶内，用硝酸溶液 c（5.1.3.2.5）定容，混匀。

5.1.3.2.10 锌标准使用溶液：ρ = 5.00 μg/mL，量取 5.00 mL 锌标准中间溶液（5.1.3.2.9）于 100.0 mL 容量瓶内，用硝酸溶液 c（5.1.3.2.5）定容，混匀。

5.1.3.3 **仪器与设备**

5.1.3.3.1 **原子吸收分光光度计**

原子吸收分光光度计包括：

——具有火焰原子化器；

——锌空心阴极灯；

——钢瓶乙炔气（纯度为 99.9% 以上）；

——空气压缩机。

5.1.3.3.2 **其他设备**

其他设备包括：

——移液管：1.00 mL、2.00 mL、5.00 mL 和 10.0 mL；

——玛瑙研钵或玛瑙球磨机；

——聚四氟乙烯坩埚或聚四氟乙烯杯；

——160 目尼龙筛；

——冷冻干燥机。

5.1.3.4 **分析步骤**

5.1.3.4.1 **样品制备**

将采集的供重金属测定的沉积物湿样装入聚乙烯塑料袋中，剔除砾石和动植物残骸，并用玻璃棒或聚乙烯棒搅拌均匀。用塑料刀或勺移取约 50 g 沉积物湿样铺展于编号的蒸发皿上，并置于烘箱内，于 80℃ ~100℃下烘干 2 h（烘干期间，不时用玻璃棒翻动样品和压碎结块）。将全部烘干样品转移入玛瑙研钵或玛瑙球磨机中研磨，用 160 目尼龙筛加盖过筛，严防样品逸出，将过筛后的样品装入编号的称量瓶中，充分搅匀，置于干燥器内，待用。

5.1.3.4.2 **样品消解**

沉积物干样烘干至恒重后，称取 0.500 g ±0.005 g 搅拌均匀的样品于 30 mL 聚四氟乙烯坩埚或聚四氟乙烯杯中，用少许水（5.1.3.2.1）润湿样品，加入12.5 mL硝酸（5.1.3.2.2），置于电热板上由低温升至170℃～180℃，蒸至近干，加入3.00 mL高氯酸（5.1.3.2.6），蒸至近干，白烟冒尽，加5.00 mL硝酸溶液b（5.1.3.2.4），微热提取，多次淋洗后，用水（5.1.3.2.1）定容至25.0 mL容量瓶中，混匀，澄清，上清液待测。

同时制备分析空白试液。

5.1.3.4.3 标准曲线

按照下述步骤绘制工作曲线：

a）取6个50.0 mL容量瓶，分别加入0.00 mL、0.50 mL、1.00 mL、2.00 mL、3.00 mL、5.00 mL锌标准使用溶液（5.1.3.2.10），用硝酸溶液c（5.1.3.2.5）定容，此标准系列各点含锌0.00 μg/mL、0.050 mg/L、0.100 mg/L、0.200 mg/L、0.300 mg/L、0.500 mg/L。

b）按仪器工作条件测定吸光值A_w。

c）以吸光值为纵坐标，锌的浓度（mg/L）为横坐标，根据测得的吸光值$A_w - A_o$（标准空白）及相应的锌浓度（mg/L），按方程$y = a + bx$线性回归，记入表D.1.2.2。

5.1.3.4.4 样品测定

将样品消化溶液稀释20倍后，按标准曲线分析步骤（5.1.3.4.3，b）测定样品吸光值A_w，同时按同样的步骤测定分析空白的吸光值A_b。

5.1.3.5 记录与计算

将测得数据记入表D.1.2.3中，由以下公式（1.2.3），计算得到沉积物干样中锌的含量：

$$\omega_{Zn} = [(A_w - A_b) - a] \times 20 \times V/(b \times M) \qquad (1.2.3)$$

式中：

ω_{Zn}——沉积物干样中锌的含量，单位为$\times 10^{-6}$；

A_w——样品的吸光值；

A_b——分析空白的吸光值；

a——工作曲线的截距；

20——稀释倍数；

V——样品消化液的体积，单位为毫升（mL）；

b——工作曲线的斜率；

M——样品的称取量，单位为克（g）。

5.1.3.6 测定下限、精密度和准确度

本方法的测定下限、准确度和精密度，由7家实验室同样测定的统计结果如下：

检出下限：5.51×10^{-6}。

测定下限：18.4×10^{-6}。

准确度：浓度为77.0×10^{-6}时，相对误差为±9.7%；浓度为251.0×10^{-6}时，相对误差为±5.7%。

精密度：浓度为77.0×10^{-6}时，相对标准偏差为±1.5%，浓度为251.0×10^{-6}时，相对标准偏差为±2.1%

5.1.3.7 注意事项

本方法使用时应注意以下事项：

a）样品中锌的含量超出标准曲线范围时，可通过加倍稀释样品消化溶液或扩大标准曲线来测定。

b）不同型号仪器可自选最佳条件。本方法采用的仪器工作条件见表1.2.3。

表 1.2.3 仪器工作条件

工作灯电流 mA	光通带宽 nm	负高压 V	燃气流量 mL/min	燃烧器高度 mm
3.0	0.4	300	1 800 ~ 2 000	6.0

5.1.4 镉（无火焰原子吸收分光光度法）

5.1.4.1 方法原理

沉积物样品经硝酸－高氯酸消化，在稀硝酸介质中，用石墨炉原子化，于镉的特征吸收波长处（228.8 nm）测定原子吸光值。

5.1.4.2 试剂及其配制

除非另有说明，所有试剂均为优级纯。

5.1.4.2.1 水：取自超纯水制备系统，电阻率≥18.2 MΩ·cm（25℃）。

5.1.4.2.2 硝酸（HNO_3）：ρ = 1.42 g/mL，优级纯，经石英亚沸蒸馏器蒸馏纯化。

5.1.4.2.3 硝酸溶液 a：体积分数为 50%，将 50 mL 硝酸（5.1.4.2.2）用水（5.1.4.2.1）稀释至 100 mL。

5.1.4.2.4 硝酸溶液 b：体积分数为 5%，将 5 mL 硝酸（5.1.4.2.2）用水（5.1.4.2.1）稀释至 100 mL。

5.1.4.2.5 硝酸溶液 c：体积分数为 1%，将 5 mL 硝酸（5.1.4.2.2）用水（5.1.4.2.1）稀释至 500 mL。

5.1.4.2.6 高氯酸（$HClO_4$）：ρ = 1.67 g/mL，优级纯。

5.1.4.2.7 金属镉（粉状，Cd）：纯度为 99.99%。

5.1.4.2.8 镉标准贮备溶液：ρ = 1.000 mg/mL，称取 0.100 0 g 金属镉（5.1.4.2.7）于 50 mL 烧杯中，用适量硝酸溶液 a（5.1.4.2.3）溶解，用水（5.1.4.2.1）定容至 100.0 mL 容量瓶中，混匀。

5.1.4.2.9 镉标准中间溶液：ρ = 100 μg/mL，量取 10.0 mL 镉标准贮备溶液（5.1.4.2.8）于 100.0 mL 容量瓶内，用硝酸溶液 c（5.1.4.2.5）定容，混匀。

5.1.4.2.10 镉标准使用溶液：ρ = 1.00 μg/mL，量取 1.00 mL 镉标准中间溶液（5.1.4.2.9）于 100.0 mL 容量瓶内，用硝酸溶液 c（5.1.4.2.5）定容，混匀。

5.1.4.3 仪器及设备

5.1.4.3.1 原子吸收分光光度计

原子吸收分光光度计包括：

——具有塞曼扣背景模式的石墨炉原子化器；

——镉空心阴极灯；

——配 20 μL 进样泵的自动进样器或 20 μL 精密微量移液器；

——钢瓶氩气（纯度为 99.9% 以上）。

5.1.4.3.2 其他设备

其他设备包括：

——聚四氟乙烯（或聚丙烯）杯：2 mL；

——移液管：1.00 mL、2.00 mL、5.00 mL 和 10.0 mL；

——玛瑙研钵或玛瑙球磨机；

——聚四氟乙烯坩埚或聚四氟乙烯杯；

——160 目尼龙筛；

——冷冻干燥机。

5.1.4.4 分析步骤

5.1.4.4.1 样品制备

将采集的供重金属测定的沉积物湿样装入聚乙烯塑料袋中，剔除砾石和动植物残骸，并用玻璃棒或聚乙烯棒搅拌均匀。用塑料刀或勺移取约 50 g 沉积物湿样铺展于编号的蒸发皿上，并置于烘箱内，于 80℃ ~100℃下烘干 2 h（烘干期间，不时用玻璃棒翻动样品和压碎结块）。将全部烘干样品转移入玛瑙研钵或玛瑙球磨机中研磨，用 160 目尼龙筛加盖过筛，严防样品逸出，将过筛后的样品装入编号的称量瓶中，充分搅匀，置于干燥器内，待用。

5.1.4.4.2 样品消解

沉积物干样烘干至恒重后，称取 0.500 g ±0.005 g 搅拌均匀的样品于 30 mL 聚四氟乙烯坩埚或聚四氟乙烯杯中，用少许水（5.1.4.2.1）润湿样品，加入 12.5 mL 硝酸（5.1.4.2.2），置于电热板上由低温升至 170℃ ~180℃，蒸至近干，加入 3.00 mL 高氯酸（5.1.4.2.6），蒸至近干，白烟冒尽，取下稍冷，加 5.00 mL 硝酸溶液 b（5.1.4.2.4），微热提取，多次淋洗后，用水（5.1.4.2.1）定容至 25.0 mL 容量瓶中，混匀，澄清，上清液待测。

同时制备分析空白试液。

5.1.4.4.3 标准溶液

取 5 个 50.0 mL 容量瓶，分别加入 0.00 mL、0.25 mL、0.50 mL、1.00 mL、2.00 mL 镉标准使用溶液（5.1.4.2.10），用硝酸溶液 c（5.1.4.2.5）定容，此标准系列各点含镉 0.0 μg/L、5.0 μg/L、10.0 μg/L、20.0 μg/mL、40.0 μg/mL。

5.1.4.4.4 样品测定

样品消化溶液，按仪器工作条件测定吸光值 A_w。以吸光值相对较低及背景值较低的 1 个样品为本底，取该样品 5 个，每个均为 900 μL，分别加入系列标准溶液（5.1.4.4.3）各 100 μL，使标准添加工作曲线的点为 0.00 μg/L、0.50 μg/L、1.00 μg/L、2.00 μg/L、4.00 μg/L，并分别测定其吸光值，记为 A_{w0}、A_{w1}、A_{w2}、A_{w3}、A_{w4}，根据各点添加的浓度及（$A_{w0}-A_{w0}$）、（$A_{w1}-A_{w0}$）、（$A_{w2}-A_{w0}$）、（$A_{w3}-A_{w0}$）、（$A_{w4}-A_{w0}$），按方程 $y=a+bx$ 线性回归，记入表 D.1.2.4。

同时按同样的步骤测定分析空白的吸光值 A_b。

5.1.4.5 记录与计算

将测得数据记入表 D.1.2.5 中，由以下公式（1.2.4），计算得到沉积物干样中镉的含量：

$$\Omega_{Cd} = [(A_w - A_b) - a] \times V / (1\,000 \times b \times M) \quad \cdots\cdots (1.2.4)$$

式中：

ω_{Cd}——沉积物干样中镉的含量，单位为 $\times 10^{-6}$；

A_w——样品的吸光值；

A_b——分析空白的吸光值；

a——工作曲线的截距；

V——样品消化液的体积，单位为毫升（mL）；

1 000——单位换算值；

b——工作曲线的斜率；

M——样品的称取量，单位为克（g）。

5.1.4.6 测定下限、精密度和准确度

本方法的测定下限、准确度和精密度，由 7 家实验室同样测定的统计结果如下：

测定下限：$0.003\,0 \times 10^{-6}$。

准确度：浓度为0.17 $\times 10^{-6}$时，相对误差为 ±11.1%；浓度为2.45 $\times 10^{-6}$时，相对误差为 ±7.0%。

精密度：浓度为0.17 $\times 10^{-6}$时，相对标准偏差为 ±4.3%，浓度为2.45 $\times 10^{-6}$时，相对标准偏差为 ±2.9%。

5.1.4.7 注意事项

本方法使用时应注意以下事项：

a）样品中镉的含量超出标准曲线范围时，可通过加倍稀释样品消化溶液或扩大标准曲线来测定。

b）不同型号仪器可自选最佳条件。本方法采用的仪器工作条件见表1.2.4。

表1.2.4 仪器工作条件

过程	温度 ℃	升温 ℃/s	保持时间 s
干燥	90	10	5
干燥	105	5	5
干燥	110	2	10
灰化	300	250	10
原子化	1 400	1 500	4
除残	1 700	500	4

5.1.5 铬（无火焰原子吸收分光光度法）

5.1.5.1 方法原理

沉积物样品经硝酸－高氯酸消化，在稀硝酸介质中，用石墨炉原子化，于铬的特征吸收波长处（357.9 nm）测定原子吸光值。

5.1.5.2 试剂及其配制

除非另有说明，所有试剂均为优级纯。

5.1.5.2.1 水：取自超纯水制备系统，电阻率≥18.2 MΩ·cm（25℃）。

5.1.5.2.2 硝酸（HNO_3）：ρ = 1.42 g/mL，优级纯，经石英亚沸蒸馏器蒸馏纯化。

5.1.5.2.3 硝酸溶液a：体积分数为50%，将50 mL硝酸（5.1.5.2.2）用水（5.1.5.2.1）稀释至100 mL。

5.1.5.2.4 硝酸溶液b：体积分数为5%，将5 mL硝酸（5.1.5.2.2）用水（5.1.5.2.1）稀释至100 mL。

5.1.5.2.5 硝酸溶液c：体积分数为1%，将5 mL硝酸（5.1.5.2.2）用水（5.1.5.2.1）稀释至500 mL。

5.1.5.2.6 高氯酸（$HClO_4$）：ρ = 1.67 g/mL，优级纯。

5.1.5.2.7 重铬酸钾（$K_2Cr_2O_7$）：优级纯。

5.1.5.2.8 铬标准贮备溶液：ρ = 1.000 mg/mL，称取重铬酸钾（5.1.5.2.7）0.282 9 g溶于水（5.1.5.2.1）中，全量转入100.0 mL容量瓶中，加入1 mL硝酸（5.1.5.2.2），定容，混匀。

5.1.5.2.9 铬标准中间溶液：ρ = 100.0 μg/mL，量取10.0 mL铬标准贮备溶液（5.1.5.2.8）于100.0 mL容量瓶内，用硝酸溶液c（5.1.5.2.5）定容，混匀。

5.1.5.2.10 铬标准使用溶液：ρ = 5.00 μg/mL，量取5.00 mL铬标准中间溶液（5.1.5.2.9）于100.0 mL容量瓶内，用硝酸溶液c（5.1.5.2.5）定容，混匀。

5.1.5.3 仪器与设备

5.1.5.3.1 原子吸收分光光度计

原子吸收分光光度计包括：

——具有塞曼扣背景模式的石墨炉原子化器；
——铬空心阴极灯；
——配 20 μL 进样泵的自动进样器或 20 μL 精密微量移液器；
——钢瓶氩气（纯度为 99.9% 以上）。

5.1.5.3.2 其他设备

其他设备包括：
——聚四氟乙烯（或聚丙烯）杯：2 mL；
——移液管：1.00 mL、2.00 mL、5.00 mL 和 10.0 mL；
——玛瑙研钵或玛瑙球磨机；
——聚四氟乙烯坩埚或聚四氟乙烯杯；
——160 目尼龙筛；
——冷冻干燥机。

5.1.5.4 分析步骤

5.1.5.4.1 样品制备

将采集的供重金属测定的沉积物湿样装入聚乙烯塑料袋中，剔除砾石和动植物残骸，并用玻璃棒或聚乙烯棒搅拌均匀。用塑料刀或勺移取约 50 g 沉积物湿样铺展于编号的蒸发皿上，并置于烘箱内，于 80℃ ~100℃ 下烘干 2 h（烘干期间，不时用玻璃棒翻动样品和压碎结块）。将全部烘干样品转移入玛瑙研钵或玛瑙球磨机中研磨，用 160 目尼龙筛加盖过筛，严防样品逸出，将过筛后的样品装入编号的称量瓶中，充分搅匀，置于干燥器内，待用。

5.1.5.4.2 样品消解

沉积物干样烘干至恒重后，称取 0.500 g ±0.005 g 搅拌均匀的样品于 30 mL 聚四氟乙烯坩埚或聚四氟乙烯杯中，用少许水（5.1.5.2.1）润湿样品，加入 12.5 mL 硝酸（5.1.5.2.2），置于电热板上由低温升至 170℃ ~180℃，蒸至近干，加入 3.00 mL 高氯酸（5.1.5.2.6），蒸至近干，白烟冒尽，取下稍冷，加 5.00 mL 硝酸溶液 b（5.1.5.2.4），微热提取，多次淋洗后，用水（5.1.5.2.1）定容至 25.0 mL 容量瓶中，混匀，澄清，上清液待测。

同时制备分析空白试液。

5.1.5.4.3 标准溶液

取 5 个 50.0 mL 容量瓶，分别加入 0.00 mL、0.50 mL、1.00 mL、3.00 mL、5.00 mL 铬标准使用溶液（5.1.5.2.10），用硝酸溶液 c（5.1.5.2.5）定容，此标准系列各点含铬 0 μg/L、50 μg/L、100 μg/L、300 μg/L、500 μg/L。

5.1.5.4.4 样品测定

样品消化溶液，稀释 20 倍后，按仪器工作条件测定吸光值 A_w。以吸光值相对较低及背景值较低的 1 个样品为本底，取该样品 5 个，每个均为 900 μL，分别加入系列标准溶液（5.1.5.4.3）各 100 μL，使标准曲线的点为 0.0 μg/L、5.0 μg/L、10.0 μg/L、30.0 μg/L、50.0 μg/L，并分别测定其吸光值，记为 A_{w0}、A_{w1}、A_{w2}、A_{w3}、A_{w4}，根据各点添加的浓度及（$A_{w0}-A_{w0}$）、（$A_{w1}-A_{w0}$）、（$A_{w2}-A_{w0}$）、（$A_{w3}-A_{w0}$）、（$A_{w4}-A_{w0}$），按方程 $y=a+bx$ 线性回归，记入表 D.1.2.4。

同时按同样的步骤测定分析空白的吸光值 A_b。

5.1.5.5 记录与计算

将测得数据记入表 D.1.2.5 中，由以下公式（1.2.5），计算得到沉积物干样中铬的含量：

$$\omega_{Cr}=[(A_w-A_b)-a]\times 20\times V/(1\,000\times b\times M) \quad \cdots\cdots\cdots\cdots (1.2.5)$$

式中：

ω_{Cr}——沉积物干样中铬的含量，单位为 $\times 10^{-6}$；
A_w——样品的吸光值；
A_b——分析空白的吸光值；
a——工作曲线的截距；
20——稀释倍数；
V——样品消化液的体积，单位为毫升（mL）；
1 000——单位换算值；
b——工作曲线的斜率；
M——样品的称取量，单位为克（g）。

5.1.5.6　测定下限、精密度和准确度

本方法的测定下限、准确度和精密度，由 7 家实验室同样测定的统计结果如下：

检出下限：0.113×10^{-6}。

测定下限：0.376×10^{-6}。

准确度：浓度为 46.0×10^{-6} 时，相对误差为 ±5.1%；浓度为 90.0×10^{-6} 时，相对误差为 ±3.7%。

精密度：浓度为 46.0×10^{-6} 时，相对标准偏差为 ±3.0%，浓度为 90.0×10^{-6} 时，相对标准偏差为 ±2.7%。

5.1.5.7　注意事项

本方法使用时应注意以下事项：

a）样品中铬的含量超出标准曲线范围时，可通过加倍稀释样品消化溶液或扩大标准曲线来测定。

b）不同型号仪器可自选最佳条件。本方法采用的仪器工作条件见表 1.2.5。

表 1.2.5　仪器工作条件

过程	温度 ℃	升温 ℃/s	保持时间 s
干燥	90	10	5
干燥	105	5	5
干燥	110	2	10
灰化	950	250	10
原子化	2 450	FP	5
除残	2 550	500	4

5.2　原子荧光光度法

5.2.1　汞

5.2.1.1　方法原理

沉积物样品经王水溶液在沸水浴中消化，汞以离子态全量进入溶液。在还原剂硼氢化钾的作用下，汞离子被还原成汞原子，利用氩气将汞原子汽化，并作为载气将其带入原子荧光光度计的检测器中，以汞空心阴极灯（波长 253.7 nm）作为激发光源，测定汞的荧光值。

5.2.1.2　试剂及其配制

除非另有说明，所有试剂均为分析纯，水为超纯水。

5.2.1.2.1　水：取自超纯水制备系统，电阻率≥18.2 MΩ·cm（25℃）。

5.2.1.2.2　硝酸（HNO_3）：$\rho = 1.42$ g/mL，优级纯。

5.2.1.2.3　硝酸溶液：体积分数为 5%，将 50 mL 硝酸（5.2.1.2.2）用水（5.2.1.2.1）稀释至

1 000 mL。

5.2.1.2.4 盐酸（HCl）：ρ = 1.19 g/mL，优级纯。

5.2.1.2.5 王水溶液（$HCl + HNO_3$）：体积分数为 50%，1 体积硝酸（5.2.1.2.2）与 3 体积盐酸（5.2.1.2.4）混合，再与 4 体积的水（5.2.1.2.1）混合而成的溶液。

5.2.1.2.6 高锰酸钾（$KMnO_4$）：分析纯。

5.2.1.2.7 高锰酸钾溶液：ρ = 10 g/L，称取 5 g 高锰酸钾（5.2.1.2.6）溶解于 500 mL 水（5.2.1.2.1）中，置于棕色试剂瓶中保存。

5.2.1.2.8 草酸（$C_2H_2O_4 \cdot 2H_2O$）：优级纯。

5.2.1.2.9 草酸溶液：ρ = 10 g/L，称取 10 g 草酸（5.2.1.2.8）溶解于 1 000 mL 水（5.2.1.2.1）中。

5.2.1.2.10 硼氢化钾（KBH_4）：优级纯。

5.2.1.2.11 氢氧化钾（KOH）：优级纯。

5.2.1.2.12 硼氢化钾溶液：ρ = 0.1 g/L，称取 5 g 氢氧化钾（5.2.1.2.11）溶于约 200 mL 水（5.2.1.2.1）中，加入 0.1 g 硼氢化钾（5.2.1.2.10），待溶解后，用水（5.2.1.2.1）稀释至 1 000 mL。

5.2.1.2.13 氯化汞（$HgCl_2$）：优级纯，预先在硫酸干燥器中放置 24 h 以上。

5.2.1.2.14 汞标准贮备溶液：ρ = 1.00 g/L，准确称取 0.135 4 g 氯化汞（5.2.1.2.13）于 50 mL 烧杯中，用少量硝酸溶液（5.2.1.2.3）溶解后，全量转入 100.0 mL 容量瓶中，以硝酸溶液（5.2.1.2.3）稀释至标线，混匀。

5.2.1.2.15 汞标准中间溶液 A：ρ = 10.0 mg/L，移取 1.00 mL 汞标准贮备溶液（5.2.1.2.14）置于 100.0 mL 容量瓶中，以硝酸溶液（5.2.1.2.3）稀释至标线，混匀。

5.2.1.2.16 汞标准中间溶液 B：ρ = 0.100 mg/L，移取 1.00 mL 汞标准中间液 A（5.2.1.2.15）置于 100.0 mL 容量瓶中，以硝酸溶液（5.2.1.2.3）稀释至标线，混匀。

5.2.1.2.17 汞标准使用溶液：ρ = 10.0 μg/L，移取 10.00 mL 汞标准中间液 B（5.2.1.2.16）置于 100.0mL 容量瓶中，以硝酸溶液（5.2.1.2.3）稀释至标线，混匀（使用时配制）。

5.2.1.3 仪器与设备

5.2.1.3.1 原子荧光光度计

原子荧光光度计包括：

——汞空心阴极灯；

——钢瓶高纯氩气（纯度为 99.99% 以上）。

5.2.1.3.2 其他设备

其他设备包括：

——容量瓶：100.0 mL ± 0.1 mL；

——具塞比色管：50.0 mL；

——移液管：1.00 mL、2.00 mL、5.00 mL、10.00 mL；

——烧杯：50 mL、500 mL、1 000 mL；

——玛瑙研钵；

——80 目尼龙筛；

——分析天平；

——水浴锅。

5.2.1.4 分析步骤

5.2.1.4.1 绘制工作曲线

按照下述步骤绘制工作曲线：

a）取 7 个 100.0 mL 容量瓶，分别加入约 50 mL 水（5.2.1.2.1），后加入 10 mL 硝酸（5.2.1.2.2）

和10 mL盐酸（5.2.1.2.4），再分别加入汞标准使用溶液（5.2.1.2.17）0.00 mL，0.25 mL，0.50 mL，1.00 mL，2.00 mL，4.00 mL，8.00 mL，用水（5.2.1.2.1）稀释至刻度，混均。此标准系列各点汞的浓度分别为0.000 μg/L，0.025 μg/L，0.050 μg/L，0.100 μg/L，0.200 μg/L，0.400 μg/L，0.800 μg/L。

b）分别取2.00 mL于原子荧光光度计的检测器中，测定荧光值（F_i）。

c）以荧光值F为纵坐标，汞浓度ρ（μg/L）为横坐标，根据测得的荧光值$F_i - F_0$（标准空白）及相应的汞浓度ρ（μg/L），绘制工作曲线，线性回归，得到方程$y = a + bx$。记入表D.1.2.6。

5.2.1.4.2 样品制备

将采集的供汞测定的沉积物湿样装入聚乙烯塑料袋中，剔除砾石和动植物残骸，并用玻璃棒或聚乙烯棒搅拌均匀。用塑料刀或勺移取约50 g沉积物湿样铺展于编号的蒸发皿上，40℃～60℃条件下烘干（干燥期间，不时用玻璃棒翻动样品和压碎结块）。将全部干燥样品转移入玛瑙研钵中研磨，用80目或160目尼龙筛加盖过筛，严防样品逸出，将过筛后的样品装入编号的称量瓶中，充分搅匀，置于干燥器内，待用。

5.2.1.4.3 样品消化

准确称取0.250 g ± 0.005 g沉积物干样，置于50.0 mL具塞比色管中。加入10 mL王水溶液（5.2.1.2.5），摇动比色管使其混合均匀。置于沸水浴中加热1 h（其间取出摇晃一次）。取下冷却至室温，加入1 mL高锰酸钾溶液（5.2.1.2.7），摇匀后放置20 min。再用草酸溶液（5.2.1.2.9）稀释至刻度，摇匀后放置澄清30 min。同时按上步骤制备分析空白消化液。

5.2.1.4.4 样品测定

用原子荧光光度计分别对分析空白液和样品消化液（5.2.1.4.3）进样2.00 mL，用硼氢化钾溶液（5.2.1.2.12）作为载液，依次测定分析空白荧光值（F_0）和样品消化液的荧光值（F_i）。

5.2.1.5 记录与计算

将测得数据记入表D.1.2.7中，按以下公式（1.2.6），计算出海洋沉积物干样中汞的含量：

$$W_{Hg} = [(F_i - F_0) - a] \times V / (1\,000 \times b \times M) \qquad (1.2.6)$$

式中：

W_{Hg}——沉积物干样中汞的含量，单位为$\times 10^{-6}$；

F_i——样品的荧光值；

F_0——分析空白的荧光值；

a——工作曲线的截距；

V——样品消化液的体积，单位为毫升（mL）；

b——工作曲线的斜率；

M——样品的称取量，单位为克（g）。

5.2.1.6 测定下限、精密度和准确度

本方法的测定下限、准确度和精密度，由7家实验室同样测定的统计结果如下：

测定下限：0.007×10^{-6}。

准确度：浓度为0.048×10^{-6}时，相对误差为±13%；浓度为0.22×10^{-6}时，相对误差为±14%。

精密度：浓度为0.048×10^{-6}时，相对标准偏差为±4%；浓度为0.22×10^{-6}时，相对标准偏差为±6%。

5.2.1.7 注意事项

本方法使用时应注意以下事项：

a）测试使用的所有器皿必须在硝酸溶液（体积分数为25%）中浸泡24 h后，再用去离子水冲洗干净方可使用。

b）实验过程中要防止汞蒸汽的逸出，要防止空气中汞对试样和试剂的沾污。试样和分析空白的消化条件要一致，要防止试剂与空气的接触。所配试剂的使用时间不宜过长。

c）为保证分析结果准确，可适当地调节试样的称取量，使得测得值在标准曲线范围内。

d）由于各种元素的气体发生条件与所在基体溶液的化学组成有一定关系，所以制作工作曲线用的基体溶液组成应尽可能与试样消化液的基体组成相近。

e）所用试剂，特别是盐酸和硝酸，在使用前必须做空白试验。空白高的酸将严重影响方法的测定下限和准确度。

f）为使测定试样均匀，建议沉积物湿样先在室温条件下自然风干研磨后，再进行消化测定，或者冷冻干燥。

g）不同型号的仪器可自选最佳测定条件，本方法采用的仪器工作条件见表 1.2.6。

表 1.2.6　仪器工作条件

总电流 mA	主电流/辅助电流 mA	负高压 V	原子化器高度 mm	载气流量 mL/min	辅助气流量 mL/min	原子化方式
45	45/0	290	8	400	800	冷原子

5.2.2　砷

5.2.2.1　方法原理

沉积物样品经王水溶液在沸水浴中消化，用硼氢化钾将三价砷转化为砷化氢气体，由氩气作为载气将其导入原子荧光光度计的原子化器中进行原子化，以砷空心阴极灯（波长 193.7 nm）作为激发光源，测定砷的荧光值。

5.2.2.2　试剂及其配制

除非另有说明，所有试剂均为分析纯，水为超纯水。

5.2.2.2.1　水：取自超纯水制备系统，电阻率≥18.2 MΩ·cm（25℃）。

5.2.2.2.2　盐酸（HCl）：ρ = 1.19 g/mL，优级纯。

5.2.2.2.3　盐酸溶液：体积分数为 50%，等体积的盐酸（5.2.2.2.2）和水（5.2.2.2.1）混合。

5.2.2.2.4　硝酸（HNO_3）：ρ = 1.42 g/mL，优级纯。

5.2.2.2.5　王水溶液（HCl + HNO_3）：体积分数为 50%，1 体积硝酸（5.2.2.2.4）与 3 体积盐酸（5.2.2.2.2）混合，再与 4 体积的纯水（5.2.2.2.1）混合而成的溶液。

5.2.2.2.6　氢氧化钠（NaOH）：优级纯。

5.2.2.2.7　氢氧化钠溶液：ρ = 40 g/L，称取 4.0 g 氢氧化钠（5.2.2.2.6），溶于 100 mL 水（5.2.2.2.1）中。

5.2.2.2.8　硫脲（CH_4N_2S）：分析纯。

5.2.2.2.9　抗坏血酸（$C_6H_8O_6$）：分析纯。

5.2.2.2.10　硫脲 - 抗坏血酸还原剂：$CH_4N_2S - C_6H_8O_6$，称取 5.0 g 硫脲（5.2.2.2.8）和 5.0 g 抗坏血酸（5.2.2.2.9）用水（5.2.2.2.1）溶解，并稀释至 100 mL（使用前配制）。

5.2.2.2.11　硼氢化钾（KBH_4）：优级纯。

5.2.2.2.12　氢氧化钾（KOH）：优级纯。

5.2.2.2.13　硼氢化钾溶液：ρ = 10 g/L，称取 5 g 氢氧化钾（5.2.2.2.12）溶于约 200 mL 水（5.2.2.2.1）中，加入 10 g 硼氢化钾（5.2.2.2.11），待溶解后，用水（5.2.2.2.1）稀释至 1 000 mL。

5.2.2.2.14　三氧化二砷（As_2O_3）：优级纯，经 150℃烘干 2 h，置于干燥器中保存。

5.2.2.2.15　砷标准贮备溶液：ρ = 100.0 μg/mL，准确称取 0.133 3 g 三氧化二砷（5.2.2.2.14）于 25 mL 烧杯中，用 10 mL 氢氧化钠溶液（5.2.2.2.7）溶解后，转移到已加入 10 mL 盐酸溶液（5.2.2.2.3）的

1 000.0 mL 容量瓶中，加水（5.2.2.2.1）稀释至标线，混匀。

5.2.2.2.16　砷标准中间溶液：ρ = 1.00 μg/mL，量取 1.00 mL 砷标准贮备溶液（5.2.2.2.15），移入已加入盐酸溶液（5.2.2.2.3）的 100 .0 mL 容量瓶中，加水（5.2.2.2.1）稀释至标线，混匀。

5.2.2.2.17　砷标准使用溶液：ρ = 0.100 μg/mL，量取 10.0 mL 砷标准中间溶液（5.2.2.2.16），移入 100.0 mL 已加入 10 mL 盐酸溶液（5.2.2.2.3）的容量瓶中，加水（5.2.2.2.1）稀释至标线，混匀。

5.2.2.3　仪器与设备

5.2.2.3.1　原子荧光光度计

原子荧光光度计包括：

——砷空心阴极灯；

——钢瓶高纯氩气（纯度为 99.99% 以上）。

5.2.2.3.2　其他设备

其他设备包括：

——容量瓶：100.0 mL ± 0.1 mL、1 000.0 mL ± 0.4 mL；

——具塞比色管：25.0 mL；

——移液管：1.00 mL、2.00 mL、5.00 mL、10.00 mL；

——烧杯：25 mL、100 mL、1 000 mL；

——玛瑙研钵；

——80 目尼龙筛；

——分析天平；

——水浴锅。

5.2.2.4　分析步骤

5.2.2.4.1　绘制工作曲线

按照下述步骤绘制工作曲线：

a）取 7 个 100.0 mL 容量瓶，提前加入 10 mL 盐酸（5.2.2.2.2）和 5 mL 硫脲 - 抗坏血酸还原剂（5.2.2.2.10），分别加入 0.00 mL、0.50 mL、1.00 mL、2.00 mL、4.00 mL、8.00 mL、10.00 mL 砷标准使用溶液（5.2.2.2.17），用水（5.2.2.2.1）稀释至标线，混匀，此标准系列各点砷浓度分别为 0.00 μg/L、0.50 μg/L、1.00 μg/L、2.00 μg/L、4.00 μg/L、8.00 μg/L、10.00 μg/L。

b）分别取 2.00 mL 于原子荧光光度计的检测器中，测定荧光值（F_i）。

c）以荧光值 F 为纵坐标，汞浓度 ρ（μg/L）为横坐标，根据测得的荧光值 $F_i - F_0$（标准空白）及相应的汞浓度 ρ（μg/L），绘制标准曲线，线性回归，得到方程 $y = a + bx$。记入表 D.1.2.6。

5.2.2.4.2　样品制备

将采集的供重金属测定的沉积物湿样装入聚乙烯塑料袋中，剔除砾石和动植物残骸，并用玻璃棒或聚乙烯棒搅拌均匀。用塑料刀或勺移取约 50 g 沉积物湿样铺展于编号的蒸发皿上，并置于烘箱内，于 80℃ ~100℃ 下烘干（烘干期间，不时用玻璃棒翻动样品和压碎结块）。将全部烘干样品转移入玛瑙研钵中研磨，用 80 目或 160 目尼龙筛加盖过筛，严防样品逸出，将过筛后的样品装入编号的称量瓶中，充分搅匀，置于干燥器内，待用。

5.2.2.4.3　样品消化

准确称取 0.250 g ± 0.005 g 海洋沉积物干样于 25.0 mL 比色管中，加几滴水（5.2.2.2.1）润湿样品。加入 10 mL 王水溶液（5.2.2.2.5），摇动比色管使其混合均匀，在水浴上加热 1 h（其间取出摇晃一次）。取下冷却至室温，加水（5.2.2.2.1）溶解并稀释至标线。放置澄清 20 min。吸取 2.0 mL 上清液于 100 mL 容量瓶中，加入 10 mL 盐酸溶液（5.2.2.2.3）及 5 mL 硫脲 - 抗坏血酸还原剂（5.2.2.2.10），用水（5.2.2.2.1）稀释至标线，摇匀，此为样品消化液。同时按上步骤制备分析空白消化液。

5.2.2.4.4 样品测定

用原子荧光光度计分别对分析空白液和样品消化液（5.2.2.4.3）进样 2.00 mL，用硼氢化钾溶液（5.2.2.2.13）作为载液，依次测定分析空白荧光值（F_b）和样品消化液的荧光值（F_i）。

5.2.2.5 记录与计算

将测得数据记入表 D.1.2.7 中，按以下公式（1.2.7），计算出海洋沉积物干样中砷的含量：

$$W_{As} = [(F_i - F_0) - a] \times V/(1\,000 \times b \times M) \quad \cdots\cdots (1.2.7)$$

式中：

W_{As}——沉积物干样中砷的含量，单位为 $\times 10^{-6}$；

F_i——样品的荧光值；

F_0——分析空白的荧光值；

a——工作曲线的截距；

V——样品消化液的体积，单位为毫升（mL）；

b——工作曲线的斜率；

M——样品的称取量，单位为克（g）。

5.2.2.6 测定下限、精密度和准确度

本方法测定下限、精密度和准确度如下：

测定下限：0.038×10^{-6}。

精密度：浓度为 10.3×10^{-6} 时，相对标准偏差为 ±4%；浓度为 56.0×10^{-6} 时，相对标准偏差为 ±4%。

准确度：浓度为 10.3×10^{-6} 时，相对误差为 ±4%；浓度为 56.0×10^{-6} 时，相对误差为 ±5%。

5.2.2.7 注意事项

本方法使用时应注意以下事项：

a）测试使用的所有器皿必须在硝酸溶液（体积分数为 25%）中浸泡 24 h 后，再用去离子水冲洗干净方可使用。

b）试样和分析空白的消化条件要一致，要防止试剂与空气的接触。所配试剂的使用时间不宜过长。

c）为保证分析结果准确，可适当地调节试样的称取量，使得测得值在标准曲线范围内。

d）由于各种元素的气体发生条件与所在基体溶液的化学组成有一定关系，所以制作工作曲线用的基体溶液组成应尽可能与试样消化液的基体组成相近。

e）所用试剂，特别是盐酸和硝酸，在使用前必须做空白试验。空白高的酸将严重影响方法的测定下限和准确度。

f）为使测定试样均匀，建议沉积物湿样先在 80℃～100℃ 条件下烘干研磨后，再进行消化测定。

g）不同型号的仪器可自选最佳测定条件，本方法采用的仪器工作条件见表 1.2.7。

表 1.2.7 仪器工作条件

总电流 mA	主电流/辅助电流 mA	负高压 V	原子化器高度 mm	载气流量 mL/min	辅助气流量 mL/min	原子化方式
60	30/30	270	8	400	800	火焰法

5.3 电感耦合等离子质谱法（连续测定铜、铅、锌、镉、铬和砷）

5.3.1 适用范围

本方法适用于大洋、近海、河口、港湾的沉积物、疏浚物及倾倒物中铜、铅、锌、镉、铬和砷元素

的测定。

5.3.2 方法原理

海洋沉积物样品经消解后，所得酸性消化液经由蠕动泵提升进入电感耦合等离子体质谱仪（ICP－MS），样品经雾化器雾化后以气溶胶的形式进入等离子体区域，在离子体高能量源的激发下，样品经过蒸发、解离、原子化、电离等过程，待测离子被提取出来，通过质子检定器，检测待测离子数量即可测定样品中微量重金属元素的浓度。

5.3.3 试剂及其配制

除非另有说明，所有试剂均为优级纯。

5.3.3.1 水：取自超纯水制备系统，电阻率≥18.2 MΩ·cm（25℃）。

5.3.3.2 硝酸（HNO_3）：ρ＝1.42 g/mL，经亚沸蒸馏器纯化。

5.3.3.3 硝酸溶液 a：体积分数为50%，将50 mL硝酸（5.3.3.2）用水（5.3.3.1）稀释至100 mL。

5.3.3.4 硝酸溶液 b：体积分数为5%，将5 mL硝酸（5.3.3.2）用水（5.3.3.1）稀释至100 mL。

5.3.3.5 硝酸溶液 c：体积分数为1%，将5 mL硝酸（5.3.3.2）用水（5.3.3.1）稀释至500 mL。

5.3.3.6 高氯酸（$HClO_4$）：ρ＝1.67 g/mL。

5.3.3.7 盐酸（HCl）：体积分数为36%～38%。

5.3.3.8 多元素混合调谐溶液：10.0 mg/L，^{7}Li、^{59}Co、^{89}Y、^{137}Ba、^{140}Ce、^{205}Tl元素浓度均为10.0 mg/L的商品化溶液。

5.3.3.9 多元素内标校正贮备溶液：ρ＝100.0 mg/L，含有^{45}Sc、^{89}Y、^{115}In、^{209}Bi元素，各浓度均为100.0 mg/L的商品化溶液。

5.3.3.10 多元素内标校正中间溶液：ρ＝10.0 mg/L，移取10.0 mL多元素内标校正贮备液（5.3.3.9）于100.0 mL容量瓶中，用水定容。

5.3.3.11 多元素内标校正使用溶液：ρ ＝ 400.0 μg/L，移取 4.00 mL 多元素内标校正中间液（5.3.3.10）于100.0 mL容量瓶中，用水定容。

5.3.3.12 金属铜（粉状，Cu）：纯度为99.99%。

5.3.3.13 金属铅（粉状，Pb）：纯度为99.99%。

5.3.3.14 金属锌（粉状，Zn）：纯度为99.99%。

5.3.3.15 金属镉（粉状，Cd）：纯度为99.99%。

5.3.3.16 重铬酸钾（$K_2Cr_2O_7$）：优级纯。

5.3.3.17 三氧化二砷（As_2O_3）：经150℃烘干2 h，置于干燥器中保存。

5.3.3.18 氢氧化钠（NaOH）：优级纯。

5.3.3.19 氢氧化钠溶液（40 g/L）：称取4.0 g氢氧化钠（5.3.3.18），用水（5.3.3.1）稀释至100 mL。

5.3.3.20 盐酸（HCl）：ρ＝1.19 g/mL，优级纯。

5.3.3.21 盐酸溶液：体积分数为50%，将50 mL盐酸（5.3.3.20）用水（5.3.3.1）稀释至100.0 mL。

5.3.3.22 标准溶液

5.3.3.22.1 铜标准贮备溶液：ρ＝1.000 mg/mL，称取0.100 0 g金属铜（5.3.3.12）于50 mL烧杯中，用适量硝酸溶液 a（5.3.3.3）溶解，用水（5.3.3.1）定容至100.0 mL容量瓶中，混匀。

5.3.3.22.2 铅标准贮备溶液：ρ＝1.000 mg/mL，称取0.100 0 g金属铅（5.3.3.13）于50 mL烧杯中，用适量硝酸溶液 a（5.3.3.3）溶解，用水（5.3.3.1）定容至100.0 mL容量瓶中，混匀。

5.3.3.22.3 锌标准贮备溶液：ρ＝1.000 mg/mL，称取0.100 0 g金属锌（5.3.3.14）于50 mL烧杯中，用适量硝酸溶液 a（5.3.3.3）溶解，用水（5.3.3.1）定容至100.0 mL，混匀。

5.3.3.22.4 镉标准贮备溶液：ρ＝1.000 mg/mL，称取0.100 0 g金属镉（5.3.3.15）于50 mL烧杯中，用适量硝酸溶液 a（5.3.3.3）溶解，用水（5.3.3.1）定容至100.0 mL容量瓶中，混匀。

5.3.3.22.5　铬标准贮备溶液：ρ = 1.000 mg/mL，称取重铬酸钾（5.3.3.16）0.282 9 g 溶于水（5.3.3.1）中，全量转入100.0 mL容量瓶中，加入1 mL硝酸（5.3.3.2），定容，混匀。

5.3.3.22.6　砷标准贮备溶液：ρ =0.100 mg/mL，准确称取0.132 0 g三氧化二砷（5.3.3.17）于25 mL烧杯中，用10 mL氢氧化钠溶液（5.3.3.19）溶解后，转移到加入10 mL盐酸溶液（5.3.3.21）的1 000 mL容量瓶中，用水（5.3.3.1）稀释至标线，混匀。

5.3.3.22.7　多元素标准中间溶液：分别移取铜标准贮备溶液（5.3.3.22.1）、铅标准贮备溶液（5.3.3.22.2）、锌标准贮备溶液（5.3.3.22.3）、镉标准贮备溶液（5.3.3.22.4）、铬标准贮备溶液（5.3.3.22.5）和砷标准贮备溶液（5.3.3.22.6）各5.00 mL于100.0 mL容量瓶中，用硝酸溶液c（5.3.3.5）定容。此溶液中铜、铅、锌、镉和铬元素的浓度均为50.0 mg/L，砷元素浓度为5.00 mg/L。

5.3.3.22.8　多元素标准使用溶液：移取2.00 mL多元素标准中间溶液（5.3.3.22.7）于100.0 mL容量瓶中，用硝酸溶液c（5.3.3.5）定容。此溶液中铜、铅、锌、镉和铬元素的浓度均为1.00 mg/L，砷元素的浓度为0.10 mg/L。

5.3.4　仪器与设备

5.3.4.1　电感耦合等离子体质谱仪（ICP－MS）

电感耦合等离子体质谱仪（ICP－MS）主要配件：

——样品引入系统；

——ICP离子源；

——接口及离子聚焦系统；

——质量分析器；

——检测器；

——钢瓶氩气（纯度为99.999%）；

——钢瓶氦气（纯度为99.999%），针对具有氦气碰撞反应池的设备；

——软件控制及数据记录设备。

5.3.4.2　其他设备

其他设备包括：

——分析天平：感量为0.1 mg或0.01 mg；

——移液管，10.0 mL、5.00 mL、1.00 mL；

——玛瑙研钵或玛瑙球磨机；

——聚四氟乙烯坩埚或聚四氟乙烯杯；

——160目尼龙筛；

——冷冻干燥机；

——微波消解罐。

5.3.5　分析步骤

5.3.5.1　样品制备

将采集的供重金属测定的沉积物湿样装入聚乙烯塑料袋中，剔除砾石和动植物残骸，并用玻璃棒或聚乙烯棒搅拌均匀。用塑料刀或勺移取约50 g沉积物湿样铺展于编号的蒸发皿上，并置于烘箱内，于80℃～100℃下烘干（烘干期间，不时用玻璃棒翻动样品和压碎结块）。将全部烘干样品转移入玛瑙研钵或玛瑙球磨机中研磨，用160目尼龙筛加盖过筛，严防样品逸出，将过筛后的样品装入编号的称量瓶中，充分搅匀，置于干燥器内，待用。

5.3.5.2　样品消解

5.3.5.2.1　电热板消解

沉积物干样烘干至恒重后，称取0.500 g±0.005 g搅拌均匀的样品于30 mL聚四氟乙烯坩埚或聚四氟乙烯杯中，记录其准确质量 M。用少许水（5.3.3.1）润湿样品，加入12.5 mL 硝酸（5.3.3.2），置于电热板上由低温升至170℃～180℃，蒸至近干，加入3.0 mL 高氯酸（5.3.3.6），蒸至近干，白烟冒尽，取下稍冷，加5.0 mL 硝酸溶液 b（5.3.3.4），微热提取，多次淋洗后，用水（5.3.3.1）定容至25 mL，混匀，澄清，上清液待测。

同时制备分析空白试液。

5.3.5.2.2 微波消解

称取0.100 g±0.005 g 海洋沉积物干样于聚四氟乙烯微波消解罐中，记录其准确质量 M。加少许水润湿，加入6.0 mL 硝酸（5.3.3.2），3.0 mL 盐酸（5.3.3.7），待反应平稳后，旋紧瓶盖，放入微波消解仪中，按选定的微波工作条件步骤1和步骤2（表1.2.8）消解，消解完毕，待冷却至室温后取出。小心拧下盖子后，将消解罐置于赶酸装置上，加热赶酸；若没有相应的赶酸装置，将消解溶液全量转移至聚四氟乙烯坩埚中，置于电热板上加热，待加热至溶液近干时，加1.0 mL 硝酸溶液 a（5.3.3.3），微热浸提，用纯净水（5.3.3.1）定容至50 mL，混匀后静置，取上清液待测，同时制备分析空白溶液。

表1.2.8 微波消解工作条件

步骤	功率 W	百分比 %	升温时间 min	温度 ℃	保持时间 min
1	1 200	100	6	120	6
2	1 200	100	6	180	15

5.3.5.3 仪器工作条件优化

仪器运行稳定后，引入多元素混合调谐溶液（5.3.3.8）调节仪器的各项参数，选择低、中、高质量数元素对仪器的灵敏度以及氧化物、双电荷等指标进行调谐，至满足分析测试的要求。仪器调谐完成后，方可进行正常的分析工作，用高纯氩气（99.999%）作为载气。

5.3.5.4 干扰及其消除

ICP－MS 分析测定过程，可通过采取如下措施降低或消除干扰：

a）选取不受干扰的同位素元素；

b）采用干扰校正方程；

c）采用碰撞/反应池技术消除干扰。

5.3.5.5 绘制标准曲线

取6个100 mL 容量瓶，分别加入0.00 mL、0.50 mL、1.00 mL、3.00 mL、5.00 mL、10.00 mL 多元素标准使用液（5.3.3.22.8）分别用硝酸溶液 c（5.3.3.5）稀释至标线。配制铜、铅、锌、镉和铬各标准系列均为0.0 μg/L、5.0 μg/L、10.0μg/L、30.0 μg/L、50.0 μg/L、100.0 μg/L，砷标准系列为0.00 μg/L、0.50 μg/L、1.00 μg/L、3.00 μg/L、5.00 μg/L、10.0 μg/L。按仪器设定的条件对标准系列溶液进行测定，分别记录各元素信号值为 A_i，并测定标准空白，记录为 A_0，同时测定内标溶液（5.3.3.9），以各元素信号值为纵坐标，标准溶液浓度（μg/L）为横坐标，用以上测定点（$A_i - A_0$）绘制标准曲线，线性回归，分别得到铜、铅、锌、镉、铬和砷的方程 $y = a + bx$，记入表 D.1.2.9 中。

5.3.5.6 样品的测定

用硝酸溶液 b（5.3.3.4）将样品消解液稀释20倍后，以5.3.5.3 中仪器条件测定，记录信号值 A_s 同时测定空白溶液，记录信号值 A_b。

5.3.6 记录与计算

将测得数据记入表 D.1.2.10 中，由以下公式（1.2.8），计算沉积物样品中重金属元素的含量。

$$\omega = (A_s - A_b) \times 20 \times V / (1\,000 \times b \times M) \quad \cdots\cdots (1.2.8)$$

式中：
ω——沉积物干样中待测元素的含量，单位为 $\times10^{-6}$；
As——样品的吸光值；
A_b——分析空白的吸光值；
V——沉积物样品消解溶液的体积，单位为毫升（mL）；
b——曲线斜率；
M——沉积物样品的称取量，单位为克（g）。

5.3.7 测定下限、精密度和准确度

5.3.7.1 测定下限

铜元素：$0.006\,4\times10^{-6}$；
铅元素：$0.019\,3\times10^{-6}$；
锌元素：0.137×10^{-6}；
镉元素：$0.000\,9\times10^{-6}$；
铬元素：$0.003\,9\times10^{-6}$；
砷元素：$0.009\,4\times10^{-6}$。

5.3.7.2 精密度

铜元素浓度为 28.0×10^{-6} 时，相对标准偏差为 ±3.3%；浓度为 53.0×10^{-6} 时，相对标准偏差为 ±2.0%；

铅元素浓度为 23.0×10^{-6} 时，相对标准偏差为 3.6%；浓度为 79.0×10^{-6} 时，相对标准偏差为 1.6%；

锌元素浓度为 77.0×10^{-6} 时，相对标准偏差为 1.7%；浓度为 251.0×10^{-6} 时，相对标准偏差为 1.6%；

镉元素浓度为 0.17×10^{-6} 时，相对标准偏差为 4.6%；浓度为 2.45×10^{-6} 时，相对标准偏差为 2.8%；

铬元素浓度为 46.0×10^{-6} 时，相对标准偏差为 1.6%；浓度为 90.0×10^{-6} 时，相对标准偏差为 1.6%；

砷元素浓度为 10.3×10^{-6} 时，相对标准偏差为 3.0%；浓度为 56.0×10^{-6} 时，相对标准偏差为 1.2%。

5.3.7.3 准确度

铜元素浓度为 28.0×10^{-6} 时，相对误差为 ±5.6%；浓度为 53.0×10^{-6} 时，相对误差为 ±4.3%；
铅元素浓度为 23.0×10^{-6} 时，相对误差为 ±5.0%；浓度为 79.0×10^{-6} 时，相对误差为 ±8.2%；
锌元素浓度为 77.0×10^{-6} 时，相对误差为 ±7.2%；浓度为 251.0×10^{-6} 时，相对误差为 ±11.9%；
镉元素浓度为 0.17×10^{-6} 时，相对误差为 ±12.9%；浓度为 2.45×10^{-6} 时，相对误差为 ±7.3%；
铬元素浓度为 46.0×10^{-6} 时，相对误差为 ±3.0%；浓度为 90.0×10^{-6} 时，相对误差为 ±5.5%；
砷元素浓度为 10.3×10^{-6} 时，相对误差为 ±3.3%；浓度为 56.0×10^{-6} 时，相对误差为 ±9.4%。

5.3.8 注意事项

本方法执行时应注意以下事项：
——器皿应用硝酸浸泡溶液（1+3）浸泡 24 h 以上，再用超纯水冲洗 3 次方可使用；
——若样品消解空白过高，应对试剂空白及样品分析测试过程中可能带来的沾污进行检查，选用纯度更高的试剂或对试剂进行提纯处理，避免样品分析测试过程中受到沾污；
——样品消化时，可根据样品量适当增减酸的用量；
——根据样品浓度大小的不同，可通过提高工作曲线范围，或对样品进行一定的稀释后进行测定，

确保样品浓度在所绘制的工作曲线范围之内；

——若沉积物样品有机物含量较高，应反复用硝酸消化，使大部分有机物分解，方能加高氯酸，以防发生爆炸；

——样品消解过程中可通过加入沉积物标准参考物质来对消解过程的准确性进行控制，对于不同海区沉积物，采用不同的沉积物标准参考物质；

——分析过程中，采用内标元素进行校正时，内标元素的选择应遵循以下几个原则：

a）内标元素不存在于样品中；

b）待测元素的质量数和电离能应尽可能与内标元素接近；

c）内标元素应不受同质异位素或多原子离子的干扰或对被测元素的同位素测定产生干扰；

d）内标元素应当具有较好的测试灵敏度。

6 调查资料处理和汇编

6.1 调查资料处理

6.1.1 样品的检测

样品的检测要求如下：

a）应按本规程中规定的方法，技术标准进行分析检测；

b）应在规定的时间内完成样品的检测；

c）应对监测、鉴定结果进行质控程序和误差等质量检查，未按质控程序监测或误差超出规定的范围应重新测定。

6.1.2 数据资料和声像资料的整理

数据资料和声像资料的整理要求如下：

a）以电子介质记录的检测资料原件存档，另用复制件进行整理；

b）现场人工采样记录表、要素分析记录表、值班日志等原始记录，采用A4纸介质载体，记录和分析必须经第二人校核。

6.1.3 报表填写和图件绘制

报表填写和图件绘制要求如下：

a）调查要素的报表，应采用本规程附录规定的标准格式；

b）成果图件采用GIS软件绘制，A4纸张打印，内容包括调查区沉积物中重金属要素的含量平面分布图等；

c）在图件和报表规定的位置上，有关人员应签名。

6.2 质量控制

将原始测试分析报表或电子数据按照资料内容分类整理，并按照统一资料记录格式整编成电子文件。

6.2.1 应严格执行专项技术规程总则中有关质量控制的规定条款。

6.2.2 计量仪器应经计量检定部门检定，并应在有效期内使用。

6.2.3 标准物质应采用国家标准物质，自配的标准溶液应经国家标准物质校准。

6.2.4 现场样品采集、保存、运输与分析质量控制要求如下：

a）开展现场样品采集、保存、运输与实验室内分析过程的样品质量控制，通过沉积物部分测项的自控样和平行样的控制结果。评价各监测单位在监测质量的质量保证情况；

b）平行样控制：每批测试样品应取10%～15%样品做平行样测定，若其结果处于样品含量允许的偏差范围内，则为合格；若个别平行样测定不符合要求，应检查其原因，根据其结果，判定测定失败或合格。

6.2.5 整编资料质量控制要求如下：

a）原始资料为纸质报表的，经录入后，必须不同人员进行三遍以上的人工校对；
b）形成电子文件后，进行质量控制；
c）整编后的资料必须注明资料处理人员、资料审核人员等；
d）对应的资料必须附资料质量评价报告；
e）资料整编时，建立资料整编记录。

6.3 资料验收

6.3.1 验收要求

按照任务书（合同书）、实施方案（计划）以及专项技术规程中规定的技术要求进行验收。

6.3.2 验收内容

验收内容如下：
a）项目任务书、实施方案、航次报告；
b）数据资料以及成果资料，包括现场原始记录、现场分析记录、实验室分析记录、成果图集、调查研究报告等，资料分为纸质资料和电子介质资料；
c）质量控制过程，包括海上监测（分析）仪器设备的检定证书、使用的标准物质证书、人员资质证书以及质控报告。

6.4 资料汇编

6.4.1 原始资料的整理

原始资料整理，即将原始调查、现场记录、分析测试等原始记录资料进行整理装订，形成规范的原始资料档案。对原始电子文件整理并进行标识。

6.4.1.1 整理的原始资料内容

原始资料包括调查实施计划、航次调查报告、站位表、测线布设图、各种现场记录，分析测试鉴定等记录表，图像或图片及文字说明、数据磁带盘记录等。

6.4.1.2 原始资料整理方法

原始资料整理方法如下：
a）原始资料保留原始介质形式和记录格式；
b）纸质材料加装统一格式的封面，封面格式见附录 F 及图 F.1.2.1；电子载体资料在载体上加统一格式的标识，见附录 F 的图 F.1.2.2，在根目录下建立名为 README 文件，对每个电子文件的内容、资料记录格式进行说明；
c）编制原始资料清单目录。

6.4.2 成果资料整编

将原始测试分析报表或电子数据按照资料内容分类整理，并按照统一资料记录格式整编成电子文件。

6.4.2.1 资料整编内容

资料整编内容包括：调查区获取的铜、铅、锌、镉、铬、汞、砷等调查资料。

6.4.2.2 资料记录格式

各类资料整编记录未检出一律以“未”表示。

6.4.2.3 资料载体和文件格式

资料载体和文件格式要求如下：
a）采用光盘、软盘存储，电子文件统一采用 XLS 文件格式。文件名应能反映资料的类型、内容、调查区域和时间等；

b）编制光盘、软盘中的资料文件的目录和说明，以README文件名，存放根目录下；

c）资料光盘、软盘封面按照附录F的图F.1.2.2进行标识。

6.4.3 整编资料元数据提取

应对整编后的数据文件提取相应的元数据。

6.4.3.1 元数据提取内容

主要包括：项目名称（总项目、专题、子项目）和编号、资料名称；资料覆盖区域范围、资料时间范围；调查航次、调查船/平台；采样设备和方法、分析测试及鉴定等的仪器名称和精度；资料要素名称、数据量（站数、记录数）、资料质量评价；调查单位、测试分析单位；有关资料分析、处理负责人；通信地址、联系电话、邮政编码等；元数据对应的数据文件名称和存储位置（电子载体名称/编号、文件目录等）。

6.4.3.2 元数据存放

每一个数据文件提取一条元数据，所有元数据形成一个元数据文件，打印并以光盘或软盘存储，在存储载体上加注“×××元数据”标志。

6.4.4 整编资料目录编制

a）近海沉积物中重金属调查数据集；

b）近海沉积物中重金属要素图集；

c）近海沉积物中重金属航次调查报告；

d）近海沉积物中重金属调查报告。

6.4.5 资料汇交

6.4.5.1 汇交内容

包括整理后的原始资料、整编资料、研究报告和成果图件、资料清单、元数据、资料质量评价报告、资料审核验收报告、资料整理和整编记录。

6.4.5.2 汇交形式

海洋资料载体为电子介质和纸介质两种形式。纸介质载体和采用离线方式汇交的光盘等电子介质载体的制作，应按照HY/T　056—2010的要求执行。纸介质资料为复印件，需加盖报送单位公章。

原始资料汇交复制件或复印件；整编资料汇交光盘或软盘；按资料和成果管理办法规定执行。

7 报告编写

7.1 航次报告

7.1.1 文本格式

7.1.1.1 文本规格

近海沉积物中重金属调查报告文本外形尺寸为A4（210 mm×297 mm）。

7.1.1.2 封面格式

航次调查报告封面格式如下：

——第一行书写：×××海区（一号宋体，加黑，居中）；

——第二行书写：××××航次报告（一号宋体，加黑，居中）；

——落款书写：编制单位全称（如有多个单位可逐一列入，三号宋体，加黑，居中）；

——第四行书写：××××年××月（小三号宋体，加黑，居中）；

——第五行书写：中国，空一格，××（地名，小三号宋体，加黑，居中）。

以上各行间距应适宜，保持封面美观。

7.1.1.3 封里内容

封里中应分行写明：调查项目实施单位全称（加盖公章）；项目负责人、技术总负责人、分项目负责人和主要参加人员姓名；报告书编制单位全称（加盖公章）；编制人、审核人姓名；编制单位地址；通信地址；邮政编码；联系人姓名；联系电话；E－mail 地址等内容。

a）文本规格：

近海沉积物中重金属调查报告文本外形尺寸为 A4（210 mm×297 mm）。

b）封面格式：

近海沉积物中重金属调查报告封面格式如下。

第一行书写：×××海区或省市×××海域（一号宋体，加黑，居中）；

第二行书写：近海沉积物中重金属调查报告（一号宋体，加黑，居中）；

落款书写：编制单位全称（如有多个单位可逐一列入，三号宋体，加黑，居中）；

第四行书写：××××年××月（小三号宋体，加黑，居中）；

第五行书写：中国，空一格，××（地名，小三号宋体，加黑，居中）；

以上各行间距应适宜，保持封面美观。

c）封里内容：

封里中应分行写明：调查项目实施单位全称（加盖公章）；项目负责人、技术总负责人、分项目负责人和主要参加人员姓名；报告书编制单位全称（加盖公章）；编制人、审核人姓名；编制单位地址；通信地址；邮政编码；联系人姓名；联系电话；E－mail 地址等内容。

7.1.2 航次报告章节内容

近海沉积物中重金属航次调查报告应包括调查工作来源或目的、调查任务实施单位、调查时间与航次、调查船只等。

a）调查的目的意义。

b）调查内容：

- 调查海区的区域与范围；
- 调查站位布设及站位图；
- 调查站位类型与说明。

c）现场实施的情况：

- 概述；
- 调查船航行路线图；
- 完成的工作量统计。

d）质量控制的原则与措施：

- 采样与分析过程的质量控制；
- 标准物质；
- 仪器设备的性能和运转条件；
- 人员培训。

e）资料的进展与计划。

f）建议。

7.2 资料处理报告

7.2.1 文本格式

7.2.1.1 文本规格

近海沉积物中重金属调查报告文本外形尺寸为 A4（210 mm×297 mm）。

7.2.1.2 封面格式

近海沉积物中重金属调查报告封面格式如下：

——第一行书写：×××海区（一号宋体，加黑，居中）；

——第二行书写：近海沉积物中重金属调查报告（一号宋体，加黑，居中）；

——落款书写：编制单位全称（如有多个单位可逐一列入，三号宋体，加黑，居中）；

——第四行书写：××××年××月（小三号宋体，加黑，居中）；

——第五行书写：中国，空一格，××（地名，小三号宋体，加黑，居中）。

以上各行间距应适宜，保持封面美观。

7.2.1.3 封里内容

封里中应分行写明：调查项目实施单位全称（加盖公章）；项目负责人、技术总负责人、分项目负责人和主要参加人员姓名；报告书编制单位全称（加盖公章）；编制人、审核人姓名；编制单位地址；通信地址；邮政编码；联系人姓名；联系电话；E-mail 地址等内容。

7.2.2 沉积物化学调查报告章节内容

近海沉积物中重金属调查报告应包括以下全部或部分内容。依据调查目的、内容和具体要求，可对下列章节及内容适当增减：

a）前言：主要包括近海沉积物中重金属调查工作任务来源、调查任务实施单位、调查时间与航次、调查船只与合作单位等的简要说明。

b）自然环境概述。

c）国内外调查研究状况。

d）调查方法和质量保证，主要包括：

- 调查海区的区域与范围；
- 调查站位布设；
- 调查站位图；
- 调查站位类型与说明；
- 调查时间与频率；
- 调查内容与检测分析方法；
- 仪器设备的性能和运转条件；
- 全程的质量控制。

e）调查结果与讨论：

- 近海沉积物中重金属要素的环境行为分析；
- 近海沉积物中重金属调查的数理统计分析；
- 近海沉积物中重金属要素的时空变化特征（平面特征等）。

f）小结。

g）参考文献。

h）附件，主要包括：

- 近海沉积物中重金属要素调查数据报表等；
- 其他的附图、附表、附件（含参考文献）等。

8 资料和成果归档

8.1 归档资料的主要内容

归档资料的主要内容包括：

a）任务书、合同、实施方案（计划）；

b）海上观测及采样记录，实验室分析记录，工作曲线及验收结论；

c）站位实测表、值班日志和航次报告；

d）监测资料成果表、整编资料成果表；

e）成果报告、图集最终稿及印刷件；

f）成果报告鉴定书和验收结论（鉴定或验收后存入）。

8.2 归档要求

按照国家档案法和本单位档案管理规定，将档案材料系统整理编目，经项目负责人审查后签字，由档案管理部门验收后保存。归档要求如下：

a）未完成归档的成果报告，不能鉴定或验收；

b）按资料保密规定，划分密级妥善保管；

c）电子介质载体的归档资料，必须按照载体保存期限及时转录，并在防磁、防潮条件下保管。

附录 A
（规范性附录）
沉积物中甲基汞的测定（乙基化－气相色谱分离－原子荧光光谱法）

警告——本实验操作过程中需接触大量酸，且标准物质或溶液均具有高毒性，因此预处理实验应在通风橱内进行，如果皮肤或眼睛接触到试剂，应立刻用大量水冲洗，并视情况到医院诊治。

A. 1. 2. 1 适用范围

本方法适用于各种沉积物中甲基汞（MeHg）的测定。

A. 1. 2. 2 方法原理

冷冻干燥的沉积物样品加入硫酸溶液和氯化钾溶液蒸馏后，取适量的蒸馏液加入乙基化试剂，其中的甲基汞经乙基化反应，随高纯氮气或氩气气流吹出，被 Tenax 吸附柱捕集。再将吸附柱置入热脱附－气相色谱－热解－原子荧光系统，有机汞化合物经热脱附后由气相色谱柱分离，热解后由原子荧光检测器检测。

A. 1. 2. 3 试剂和材料

除非另有说明，本法中所用试剂均为分析纯，所用水均为超纯水。所配制的试剂溶液在使用前均需测试，不得检出甲基汞。若检出，需要采用纯度更高的试剂，重新配制并测试。测试方法同样品的测定（A. 1. 2. 6. 3）。

A. 1. 2. 3. 1 水：取自超纯水制备系统，电阻率≥18. 2 MΩ · cm（25℃）。

A. 1. 2. 3. 2 盐酸（HCl）：ρ = 1. 19 g/mL，工艺超纯。

A. 1. 2. 3. 3 硫酸（H_2SO_4）：ρ = 1. 84 g/mL。

A. 1. 2. 3. 4 三水合醋酸钠（$CH_3COONa \cdot 3H_2O$）。

A. 1. 2. 3. 5 冰醋酸（CH_3COOH）。

A. 1. 2. 3. 6 溴化钾（KBr）。

A. 1. 2. 3. 7 溴酸钾（$KBrO_3$）。

A. 1. 2. 3. 8 四乙基硼酸钠［$NaB(CH_2CH_3)_4$］。

A. 1. 2. 3. 9 氢氧化钾（KOH）。

A. 1. 2. 3. 10 氯化钾（KCl）。

A. 1. 2. 3. 11 醋酸－醋酸钠缓冲溶液（4 mol/L）：在 100 mL 容量瓶中加入 27. 2 g 三水合醋酸钠（A. 1. 2. 3. 4）和 11. 8 mL 冰醋酸（A. 1. 2. 3. 5），用超纯水（A. 1. 2. 3. 1）溶解并定容至 100 mL。

A. 1. 2. 3. 12 醋酸－盐酸溶液：醋酸－盐酸的混合水溶液，其中冰醋酸（A. 1. 2. 3. 5）的体积分数为 0. 5%，盐酸（A. 1. 2. 3. 2）的体积分数为 0. 2%。

A. 1. 2. 3. 13 氯化溴盐酸溶液：含溴 0. 09 mol/L，在通风橱中，将 5. 4 g 溴化钾（A. 1. 2. 3. 6）加入 500 mL 盐酸（A. 1. 2. 3. 2）中（可直接加入 500 mL 原装盐酸瓶）。用磁力搅拌器搅拌 1 h 后，向溶液中缓慢加入 7. 6 g 溴酸钾（A. 1. 2. 3. 7）并继续搅拌 1 h，盖紧瓶盖，用双层自封袋密封保存。

A. 1. 2. 3. 14 氢氧化钾溶液（0. 02 g/mL）：取 2 g 氢氧化钾（A. 1. 2. 3. 9）溶解于 100 mL 超纯水（A. 1. 2. 3. 1）中，使用前置于冰水混合物中冷却至 0℃。

A. 1. 2. 3. 15 氯化钾溶液（0. 20 g/mL）：取 20 g 氯化钾（A. 1. 2. 3. 10）溶解于 100 mL 超纯水（A. 1. 2. 3. 1）中。

A. 1. 2. 3. 16 硫酸溶液：体积分数为 50%，将硫酸（A. 1. 2. 3. 3）缓慢地加入等体积的超纯水（A. 1. 2. 3. 1）中，混匀。

A. 1. 2. 3. 17 四乙基硼酸钠溶液：质量分数为 1%，1 g 四乙基硼酸钠粉末（A. 1. 2. 3. 8）溶解在 100 mL 0℃的氢氧化钾溶液（A. 1. 2. 3. 14）中，混匀，立即分装在 20 个小玻璃瓶中。分装过程中溶液温度控制在 4℃以下，分装完成后密封避光冰冻保存于冰箱中。使用时，取其中 1 小瓶解冻待用，解冻后的溶液必须时刻避光保存在0℃环境中。

A.1.2.3.18　氯化甲基汞（CH_3HgCl）：纯度大于98%。

A.1.2.3.19　甲基汞标准贮备液（约1 000 mg/L，以汞计）：将0.125 0 g氯化甲基汞（A.1.2.3.18）溶解在100.0 mL醋酸－盐酸溶液（A.1.2.3.12）中，混匀，用双层自封袋密封，4℃低温保存。

A 1.2.3.20　甲基汞标准中间液（约1.00 mg/L，以汞计）：取100 μL甲基汞标准贮备液（A.1.2.3.19）至100.0 mL容量瓶中，用醋酸－盐酸溶液（A.1.2.3.12）定容至标线，混匀，用双层自封袋密封，4℃低温保存。

A.1.2.3.21　甲基汞标准使用液（约1.00 ng/mL，以汞计）：取100 μL甲基汞标准中间液（A.1.2.3.20）至100.0 mL容量瓶中，用醋酸－盐酸溶液（A.1.2.3.12）定容至标线，混匀，用双层自封袋密封，4℃低温保存。该使用液在使用前需要标定，步骤如下：

a）方法空白溶液的配制：向100 mL采样瓶（A.1.2.4.1）内依次加入9.00 mL超纯水（A.1.2.3.1）、1.00 mL氯化溴盐酸溶液（A.1.2.3.13），盖紧瓶盖，待处理；共做4个平行样；

b）测定液的配制：向100 mL采样瓶（A.1.2.4.1）内依次加入8.00 mL超纯水（A.1.2.3.1）、1.00 mL待测的甲基汞标准使用液、1.00 mL氯化溴盐酸溶液（A.1.2.3.13），盖紧瓶盖，待处理；共做4个平行样；

c）将A.1.2.3.21，a、A.1.2.3.21，b所配制的8个溶液放入烘箱内，60℃下加热处理12 h，a组的称为方法空白消解液，b组的称为测定液消解液，均待测；

d）消解液中总汞浓度的测定：利用总汞测定系统测定各消解液中总汞浓度，测定方法见沉积物中总汞的测定方法（5.2.1）；方法空白消解液的测定平均值记为D，测定液消解液的测定平均值记为E；

e）甲基汞标准使用液中无机汞浓度的测定：向吹扫瓶（参见A.1.2.4.3和图A.1.2.2）中加入1.00 mL待测的甲基汞标准使用液，共做4个平行样；不经消解，利用总汞测定系统测定其中无机汞浓度，测定方法见沉积物中总汞的测定方法（5.2.1），测定平均值记为F；

f）甲基汞标准使用液中的甲基汞浓度按以下公式（A.1.2.1）计算：

$$G = E - D - F \qquad (A.1.2.1)$$

式中：

G——甲基汞标准使用液中的甲基汞含量，单位为纳克每毫升（ng/mL，以汞计）；

E——测定液消解液的测定平均值，单位为纳克每毫升（ng/mL，以汞计）；

D——方法空白消解液的测定平均值，单位为纳克每毫升（ng/mL，以汞计）；

F——甲基汞标准使用液中无机汞的测定平均值，单位为纳克每毫升（ng/mL，以汞计）。

A.1.2.3.22　高纯氮气（N_2）：纯度大于99.999%。

A.1.2.3.23　高纯氩气（Ar）：纯度大于99.999%。

A.1.2.3.24　吸附柱填料：Tenax－TA，粒径0.50 mm～0.85 mm。

A.1.2.3.25　色谱柱填料：10% OV－101/Chromosorb P。

A.1.2.3.26　石英棉：经硅烷化处理和不经硅烷化处理各少许。

A.1.2.3.27　实验室常用器皿与小型设备。

A.1.2.4　仪器与设备

仪器与设备如下。

A.1.2.4.1　采样瓶

100 mL（或250 mL）高硼硅玻璃瓶：将采样瓶用自来水和超纯水（A.1.2.3.1）分别清洗3遍以上，在体积分数为20%的盐酸（A.1.2.3.2）溶液中浸泡12 h以上，取出后用超纯水（A.1.2.3.1）清洗3遍以上，向采样瓶里注满体积分数为1.5%的盐酸（A.1.2.3.2），置于烘箱内，60℃加热处理12 h以上。取出后用超纯水（A.1.2.3.1）清洗3遍以上，在洁净处晾干后，用双层自封袋密封保存备用。

A. 1. 2. 4. 2 蒸馏设备

沉积物样蒸馏设备示意图见图 A. 1. 2. 1，包含：电热板；泡沫箱或小冰箱；PFA（可溶性聚四氟乙烯）材质的蒸馏装置若干套，每套包括针阀流量计（可测定范围 50 mL/min ~ 400 mL/min）、蒸馏瓶（60 mL）、接收瓶（60 mL）各一个、用于连接蒸馏瓶和接收瓶的连接管一条（材质 PFA，可溶性聚四氟乙烯）。蒸馏时，将蒸馏瓶放置在 200℃ 电热板上加热，接收瓶放置在盛有冰水浴的泡沫箱或冰箱中。被蒸馏出的甲基汞随着载气氮气（A. 1. 2. 3. 22）或氩气（A. 1. 2. 3. 23）进入接收瓶被冷凝。可同时运行多套该设备。

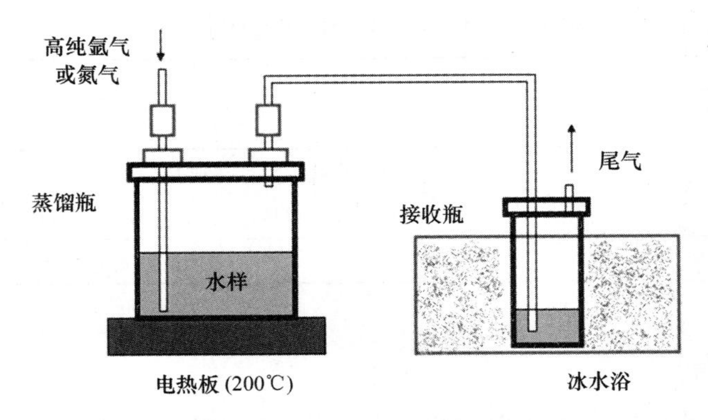

图 A. 1. 2. 1　沉积物样蒸馏装置示意图

A. 1. 2. 4. 3 吹扫 - 捕集设备

吹扫瓶（500 mL）为如图 A. 1. 2. 2 所示的玻璃瓶，进气流路上配针阀流量计（可测定范围 50 mL/min ~ 400 mL/min）。吸附柱：石英玻璃管（长 9 cm，内径 4 mm），装入 100 mg Tenax - TA 填料（A. 1. 2. 3. 24），两端用硅烷化处理过的石英棉（A. 1. 2. 3. 26）堵住；吸附柱两端需做标记，以便识别通过气流的方向。吸附柱用于吸附样品中的甲基汞，一个样品需使用一支吸附柱。吹扫 - 捕集设备连接示意图见图 A. 1. 2. 2，可同时运行多套该设备。采用流速约为 200 mL/min ~ 300 mL/min 的载气氮气（A. 1. 2. 3. 22）或氩气（A. 1. 2. 3. 23），将有机汞化合物吹扫出，后者被吸附柱捕集。吸附柱使用前需在热脱附设备（A. 1. 2. 4. 4）中脱附残留的甲基汞。

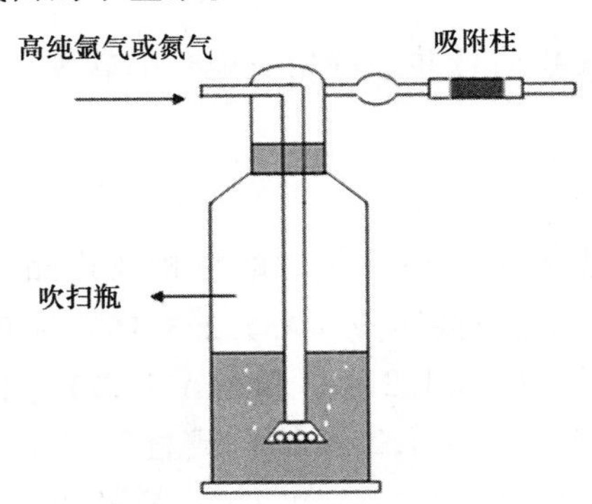

图 A. 1. 2. 2　甲基汞的吹扫 - 捕集设备示意图

A. 1. 2. 4. 4 热脱附设备

热脱附设备配直流开关电源（12 V，50 W）、螺旋状电阻丝（螺旋内径 7 mm，圈距 0. 5 mm，加热长度 2 cm）一条、风扇（3 W 左右）一个。热脱附设备的连接示意图见图 A. 1. 2. 3（气流速在 A. 1. 2. 6. 1 中论述）。螺旋状电阻丝和风扇的运行由单片机控制，其工作步骤参考表 A. 1. 2. 1。

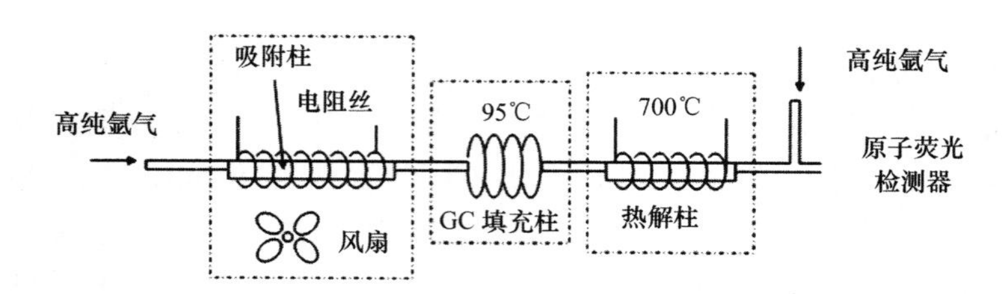

图 A. 1. 2. 3　甲基汞的热脱附、气相色谱分离和热解设备示意图

表 A. 1. 2. 1　吸附柱热脱附装置工作程序

步骤	电阻丝	风扇	时间 s	备注
1	ON	OFF	11	加热，电阻丝温度达到 150℃左右，吸附柱上的挥发性汞化合物脱附
2	ON	ON	3	电阻丝温度保持在 150℃左右，吸附柱上的挥发性汞化合物继续脱附
3	OFF	ON	—	电阻丝降温，等待下一个样品

A. 1. 2. 4. 5　色谱分离设备

气相色谱不锈钢填充柱：填料为 10% OV - 101/Chromosorb P（A. 1. 2. 3. 25），长度 1. 5 m，内径 3 mm；恒温柱温箱，使用温度 95. 0℃。

A. 1. 2. 4. 6　热解设备

热解柱：石英玻璃管（长 15 cm，外径 6 mm，内径 4 mm），填入不经硅烷化处理的石英棉（A. 1. 2. 3. 26），长度 10 cm。热解设备配直流开关电源（36 V，150 W）和螺旋状电阻丝（螺旋内径 7 mm，圈距 0. 5 mm，加热长度 6 cm），加热时螺旋状电阻丝呈橙色，温度达到 700℃以上。热解设备示意图见图 A. 1. 2. 3。

A. 1. 2. 4. 7　原子荧光检测器

原子荧光检测器（或光谱仪），配汞的空心阴极灯（253. 7 nm）。

A. 1. 2. 4. 8　信号采集单元

信号采集单元：可采集荧光峰面积信号并进行相应记录的软硬件，商品原子荧光光谱仪上一般会配置，也可自制或购置。

A. 1. 2. 5　样品预处理

取适量（称准至 0. 000 1 g，记为 m_x）冷冻干燥的沉积物样品至 60 mL 蒸馏瓶中，以称重法加入 23. 00 g 超纯水（A. 1. 2. 3. 1）、1. 00 mL 硫酸溶液（A. 1. 2. 3. 16）和 0. 5 mL 氯化钾溶液（A. 1. 2. 3. 15），溶液应浸没沉积物，摇匀，盖紧瓶盖。按 A. 1. 2. 4. 2 和图 A. 1. 2. 1 连接好蒸馏瓶和接收瓶，在 200℃电热板上蒸馏，同时以流速 60 mL/min 氮气（A. 1. 2. 3. 22）或氩气（A. 1. 2. 3. 23）吹扫，馏分用事先装有 5. 0 mL 超纯水（A. 1. 2. 3. 1）的接收瓶在冰水浴中接收。当样品蒸出量为总体积分数 85% ~90% 时即可取下接收瓶，用称重法（设溶液的比重为 1. 00 g/mL）确定接收瓶中溶液总体积（V_x），此为蒸馏液。盖紧接收瓶盖，密封放置于 4℃冰箱避光保存，48 h 内测定完毕。

A. 1. 2. 6　分析步骤

样品预处理后，按以下步骤进行仪器分析。

A. 1. 2. 6. 1　标准工作曲线系列溶液的配制和测定

如图 A. 1. 2. 2 所示将吸附柱与吹扫瓶连接，在吹扫瓶中依次加入适量超纯水（A. 1. 2. 3. 1）（样品溶液体积与加入的超纯水体积之和约为 100 mL）、0. 4 mL 醋酸 - 醋酸钠缓冲溶液（A. 1. 2. 3. 11），分别量取

0.000 mL、0.025 mL、0.050 mL、0.100 mL、0.200 mL 甲基汞标准使用液（A.1.2.3.21）于各吹扫瓶中。其中，甲基汞标准使用液为 0 mL 的空白样需备 4 份。令甲基汞质量分别为 0.000 ng、0.025 ng、0.050 ng、0.100 ng、0.200 ng（以标定值为准，以汞计）。各加入 0.2 mL 四乙基硼酸钠溶液（A.1.2.3.17），盖紧瓶盖，衍生反应 15 min。开启流量阀，调节氮气（A.1.2.3.22）或氩气（A.1.2.3.23）流速为 150 mL/min，吹扫溶液 15 min，令挥发性的汞化合物由吸附柱捕集。而后取下吸附柱，反向直接接入气路，调节氮气（A.1.2.3.22）或氩气（A.1.2.3.23）流速为 50 mL/min，吹扫干燥 5 min。

将捕集了汞化合物的吸附柱装入热脱附设备（A.1.2.4.4），载气氩气（A.1.2.3.23）流速为 45 mL/min，尾吹气氩气（A.1.2.3.23）流速为 250 mL/min。设置原子荧光检测器的光电倍增管负高压为 240 V，灯电流为 40 mA，测定从吸附柱脱附出的汞化合物（元素态汞、甲基乙基汞和二乙基汞）经热解后所产生的荧光信号，记录色谱图。有机汞化合物的色谱图参见图 A.1.2.4，图中峰 a、b、c 分别为元素态汞、甲基汞和二价汞的响应峰，将甲基汞的响应峰面积记为 R_s。

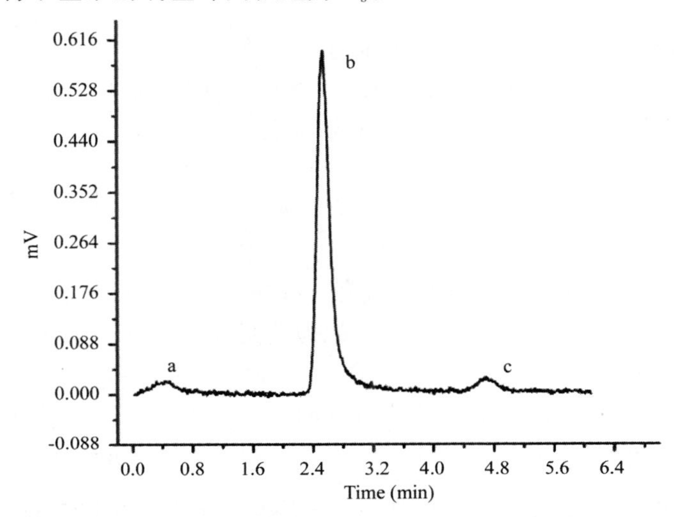

图 A.1.2.4　有机汞化合物的色谱图

A.1.2.6.2　吹扫空白的确定

取工作曲线中甲基汞标准使用液为 0 mL 的 4 个空白试样（A.1.2.6.1）的峰面积的平均值为吹扫空白，记为 R_b，其要求见表 A.1.2.2。

A.1.2.6.3　样品蒸馏液的测定

将接收瓶中的蒸馏液（A.1.2.5）全量转移至吹扫瓶中，可用适量超纯水（A.1.2.3.1）辅助转移，控制吹扫瓶中溶液总体积约为 100 mL。除了不添加任何甲基汞溶液外，其余同标准工作曲线的绘制（A.1.2.6.1）。将蒸馏液中甲基汞响应峰的峰面积记为 R_x。

A.1.2.7　结果的计算与表示

A.1.2.7.1　标准工作曲线的绘制

以甲基汞质量（ng，以汞计）为横坐标，对应的响应峰面积 R_s（A.1.2.6.1）为纵坐标，绘制标准工作曲线。其中，甲基汞浓度为零的数据采用 R_b（A.1.2.6.2）。不得将各 R_s 扣除吹扫空白 R_b 后用于绘制标准工作曲线，工作曲线不得强求过原点（如采用 Excel 绘制，在“趋势线选项”中不进行“设置截距”），用线性回归法求出标准工作曲线的截距 A 和斜率 B。

A.1.2.7.2　蒸馏液中甲基汞质量的计算

以公式（A.1.2.2）计算蒸馏液（A.1.2.6.3）中甲基汞质量：

$$M_x = \frac{R_x - A}{B} \quad \cdots\cdots\cdots\cdots (A.1.2.2)$$

式中：

M_x——蒸馏液中甲基汞质量，单位为纳克（ng，以汞计）；

R_x——样品蒸馏液的甲基汞响应峰面积（A. 1. 2. 6. 3，不得扣除吹扫空白 R_b）；

A——标准工作曲线截距（A. 1. 2. 7. 1）；

B——标准工作曲线斜率（A. 1. 2. 7. 1）。

A. 1. 2. 7. 3 沉积物样中甲基汞含量的计算

先以公式 A. 1. 2. 3 计算样品蒸馏率，再以公式（A. 1. 2. 4）计算样品中甲基汞含量：

$$P = \frac{V_x - 5.00}{24.50} \qquad \text{(A. 1. 2. 3)}$$

式中：

P——样品蒸馏液的蒸馏率；

V_x——接收瓶中蒸馏液体积（A. 1. 2. 5），单位为毫升（mL）；

5. 00——事先装在接收瓶中的超纯水体积（A. 1. 2. 5），单位为毫升（mL）；

24. 50——蒸馏瓶中水和试剂的体积（A. 1. 2. 5），单位为毫升（mL）。

$$C_x = \frac{M_x}{P \times m_x} \qquad \text{(A. 1. 2. 4)}$$

式中：

C_x——沉积物样中甲基汞含量，单位为纳克每克（ng/g，以汞计）；

M_x——蒸馏液中甲基汞质量（A. 1. 2. 7. 2），单位为纳克（ng，以汞计）；

P——样品蒸馏液的蒸馏率；

m_x——沉积物样品质量（A. 1. 2. 5），单位为克（g）。

A. 1. 2. 8 测定下限、精密度和准确度

测定下限：蒸馏率 90%，沉积物样品中甲基汞的方法测定下限为 0. 025 ng（以汞计）。

精密度：对多组沉积物样品各进行 3 次平行测定，相对标准偏差为 4. 8% ~13. 7%。

准确度：对空白加标样品进行 8 次平行测定，加标量为 0. 050 ng，回收率在 82% ~125% 之间。准确度以相对误差（绝对误差与测定平均值之比）体现，为小于 25%。

A. 1. 2. 9 注意事项

本方法使用时应注意以下事项：

a）样品采集、贮存与运输应符合 GB 17378. 3—2007 的要求。

b）所用玻璃器皿的处理参照采样瓶（A. 1. 2. 4. 1）的处理。

c）样品预处理及分析测定过程中，严格执行 GB17378. 2—2007 的要求，避免样品受到污染。

d）标准工作曲线的绘制，可根据样品浓度的不同，选择适当的标准曲线工作范围；样品浓度过高时，应减少所取的蒸馏液体积（A. 1. 2. 6. 3）或对样品进行稀释后测定，确保样品浓度在所绘制的工作曲线范围之内。

e）蒸馏过程中必须特别注意气路的气密性，保证蒸馏率至少 85%。

f）测定系统的检查和标准工作曲线斜率的校正：

量取 0. 10 mL 甲基汞标准使用液（A. 1. 2. 3. 21）于吹扫瓶中，其余同标准工作曲线系列溶液的配制和测定（A. 1. 2. 6. 1），此为校正样，其汞含量的理论值为 0. 10 ng，测定其响应信号，并根据 A. 1. 2. 6. 1 所得的标准曲线计算校正样的汞质量。如果测定值与理论值的相对误差绝对值在 25% 之内，说明测定系统在可控范围内，则取校正样测定值与原标准工作曲线对应值（0. 10 ng 汞质量样品的测定值）的平均值，取代原标准工作曲线对应值，重新绘制标准工作曲线，之后测定的样品依照新的标准工作曲线计算浓度。如果相对误差绝对值超过 25%，说明测定系统失控，则应检查仪器、溶液是否正常，确定无疑后重新配制、测定、绘制标准工作曲线，上一个合格检查值之后测定的样品需重新测定，并依照新的标准

工作曲线计算浓度。每隔 10 个样品需配制和测定一个校正样，以此检查质量是否失控。

g）质量控制要求：

质量控制要求见表 A. 1. 2. 2。每批样品（约 20 个）带做 1 个全程方法空白试样、1 组基底加标平行样品、1 组平行样；有条件的加带一个标准参考物质样品。全程方法空白试样的处理和测定：在蒸馏瓶中不添加任何沉积物样品，其余步骤同沉积物样（A. 1. 2. 5、A. 1. 2. 6）。

表 A. 1. 2. 2　质量控制要求

项目	要求	单位	频率（每批样含约 20 个样）
吹扫空白	不得检出		每次测定标准工作曲线溶液前测定
方法空白	不得检出		每批样必带做，需进行全程分析
标准工作曲线线性，拟合系数 R^2	≥0. 995		每次绘制标准工作曲线溶液时确定
标准参考物质回收率	75 ~ 125	%	每批样必带做，需进行全程分析
基底加标回收率	75 ~ 125	%	每批样必带做，需进行全程分析
平行样相对百分偏差*	绝对值≤35	%	每批样必带做，需进行全程分析
校正样测得值的相对误差	绝对值≤25	%	每隔 10 个样带做 1 次，仅进行仪器分析

* 平行样相对百分偏差按以下公式（A. 1. 2. 5）计算：

$$\text{平行样相对百分偏差} = 2\frac{|C_1 - C_2|}{C_1 + C_2} \times 100\% \qquad (A. 1. 2. 5)$$

式中：

C_1、C_2——平行样测得结果。

附录 B

（规范性附录）

沉积物中四种形态砷的测定（液相色谱－氢化物发生－原子荧光光谱法）

警告——本实验操作过程中需接触大量酸碱试剂，且标准物质或溶液均具有高毒性，因此实验需在通风橱内进行，如果皮肤或眼睛接触到试剂，应立刻用大量水冲洗，并视情况到医院诊治。

B.1.2.1 适用范围

本方法适用于各类沉积物中亚砷酸盐［As（Ⅲ）］、砷酸盐［As（Ⅴ）］、一甲基砷酸（MMA）和二甲基砷酸（DMA）四种形态砷的测定。

B.1.2.2 方法原理

沉积物经磷酸和超声波提取、离心过滤后，取适量提取液进入阴离子交换色谱柱。在适宜的 pH 条件，样品中不同形态砷均能以阴离子形式存在，根据其 *pK*a 值的不同，四种形态砷可得到分离。分离后的各形态砷在酸性介质中，与硼氢化钾反应生成砷化氢气体，由氩气作载气将其导入冷原子荧光检测器检测。以保留时间定性，以峰面积定量，对不同形态砷的含量进行分析。

B.1.2.3 试剂和材料

除另有说明，所有试剂均为分析纯，水为超纯水。砷的浓度均以砷（As）计。

B.1.2.3.1 水：取自超纯水制备系统，电阻率≥18.2 MΩ · cm（25℃）。

B.1.2.3.2 甲酸（HCOOH）：色谱纯。

B.1.2.3.3 盐酸（HCl）：ρ = 1.18 g/mL，工艺超纯。

B.1.2.3.4 磷酸（H_3PO_4）：85%。

B.1.2.3.5 硼氢化钾（KBH_4）。

B.1.2.3.6 氢氧化钾（KOH）。

B.1.2.3.7 抗坏血酸（$C_6H_8O_6$）。

B.1.2.3.8 磷酸氢二铵［$(NH_4)_2HPO_4$］。

B.1.2.3.9 砷酸氢二钠［Na_2HAsO_4，As（Ⅴ）］：98%，干燥器内保存。

B.1.2.3.10 二甲基砷酸［$(CH_3)_2HAsO_2$，DMA］：98%，购置到货后立即使用。

B.1.2.3.11 六水合一甲基砷酸钠（$CH_3NaHAsO_3 \cdot 6H_2O$，MMA）：98.5% ±1.0%，购置到货后立即使用。

B.1.2.3.12 甲酸溶液：体积分数 10%，取 10 mL 甲酸（B.1.2.3.2）于 100 mL 容量瓶中，用超纯水（B.1.2.3.1）定容至标线。

B.1.2.3.13 磷酸氢二铵溶液（12.0 mmol/L）：称取 1.58 g 磷酸氢二铵（B.1.2.3.8）于超纯水（B.1.2.3.1）中，定容至1 000 mL，用体积分数10%甲酸溶液（B.1.2.3.12）调 pH 至6.0；此溶液用作液相色谱流动相。

B.1.2.3.14 硼氢化钾溶液（20 g/L）：称取20 g 硼氢化钾（B.1.2.3.5）溶解于预先溶有 2.5 g 氢氧化钾（B.1.2.3.6）的超纯水（B.1.2.3.1）中，用超纯水（B.1.2.3.1）稀释至1 000 mL，混匀。

B.1.2.3.15 盐酸溶液：体积分数 5%，取 5.0 mL 盐酸（B.1.2.3.3）于 100 mL 容量瓶中，用超纯水（B.1.2.3.1）定容至标线，混匀。

B.1.2.3.16 磷酸（0.30 mol/L）和抗坏血酸（0.10 mol/L）混合溶液：称取 3.46 g 磷酸（B.1.2.3.4）和 1.76 g 抗坏血酸（B.1.2.3.7）于 100 mL 容量瓶中，用超纯水（B.1.2.3.1）定容至标线，混匀。

B.1.2.3.17 As（Ⅲ）标准贮备液（1 000 mg/L）：可购买具有相应认证资格企业生产的商品。

B.1.2.3.18 As（Ⅲ）标准中间液（10.0 mg/L）：取 1.00 mL 三价砷［As（Ⅲ）］标准贮备液（B.1.2.3.17）至100.0 mL 容量瓶中，用超纯水（B.1.2.3.1）定容至标线，混匀；转移至低密度聚乙烯瓶中，于 4℃储存，可稳定至少 1 年。

B. 1. 2. 3. 19　As（Ⅴ）标准贮备液（1 000 mg/L）：取0. 248 0 g砷酸氢二钠（B. 1. 2. 3. 9）于100. 0 mL容量瓶，用超纯水（B. 1. 2. 3. 1）定容至标线，混匀；转移至低密度聚乙烯瓶中，于4℃储存，可稳定至少1年。

B. 1. 2. 3. 20　As（Ⅴ）标准中间液（10. 0 mg/L）：取1. 00 mL As（Ⅴ）标准贮备液（B. 1. 2. 3. 19）至100. 0 mL容量瓶中，用超纯水（B. 1. 2. 3. 1）定容至标线，混匀；转移至低密度聚乙烯瓶中，于4℃储存，可稳定至少1年。

B. 1. 2. 3. 21　DMA标准贮备液（1 000 mg/L）：取0. 188 0 g二甲基砷酸（B. 1. 2. 3. 10）于100. 0 mL容量瓶，用超纯水（B. 1. 2. 3. 1）定容至标线，混匀；转移至低密度聚乙烯瓶中，于4℃储存，可稳定至少1年。

B. 1. 2. 3. 22　DMA标准中间液（10. 0 mg/L）：取1. 00 mL DMA标准贮备液（B. 1. 2. 3. 21）至100. 0 mL容量瓶中，用超纯水（B. 1. 2. 3. 1）定容至标线，混匀；转移至低密度聚乙烯瓶中，于4℃储存，可稳定至少1年。

B. 1. 2. 3. 23　MMA标准贮备液（1 000 mg/L）：取0. 364 0 g六水合一甲基砷酸钠（B. 1. 2. 3. 11）于100. 0 mL容量瓶，用超纯水（B. 1. 2. 3. 1）定容至标线，混匀；转移至低密度聚乙烯瓶中，于4℃储存，可稳定至少1年。

B. 1. 2. 3. 24　MMA标准中间液（10. 0 mg/L）：取1. 00 mL MMA标准贮备液（B. 1. 2. 3. 23）至100. 0 mL容量瓶中，用超纯水（B. 1. 2. 3. 1）定容至标线，混匀；转移至低密度聚乙烯瓶中，于4℃储存，可稳定至少1年。

B. 1. 2. 3. 25　四种形态砷的标准使用液（混标）：分别移取1. 00 mL As（Ⅲ）标准中间液（B. 1. 2. 3. 18）、20. 0 mL As（Ⅴ）标准中间液（B. 1. 2. 3. 20）、5. 00 mL DMA标准中间液（B. 1. 2. 3. 22）和5. 00 mL MMA标准中间液（B. 1. 2. 3. 24）于100. 0 mL容量瓶，用超纯水（B. 1. 2. 3. 1）定容至标线，混匀。此溶液所含不同形态砷的浓度分别为：As（Ⅲ），0. 100 μg/mL；As（Ⅴ），2. 00 μg/mL；DMA，0. 500 μg/mL；MMA，0. 500 μg/mL。此混标溶液于4℃中可稳定至少2个星期。

B. 1. 2. 3. 26　高纯氩气（Ar），纯度大于99. 999%。

B. 1. 2. 4　仪器与设备

B. 1. 2. 4. 1　液相色谱分离－氢化物发生－原子荧光光谱联用系统

联用系统主要由下述各部分组成：

——液相色谱，包括高压泵，带有定量环的六通进样阀，阴离子交换色谱柱（PRP－X100，250 mm×4. 1 mm i. d.，10 μm）；

——氢化物发生装置，包括蠕动泵、两级气液分离器；如果采用的原子荧光光谱仪已标配一个单级气液分离器，则只需再另配置一个单级气液分离器（玻璃材质“U”形管，高20 cm，内径2 cm左右，两臂距3 cm左右）；如果原子荧光光谱仪无气液分离器，则需将两个单级气液分离器串联成两级气液分离器；

——原子荧光光谱仪，配高性能砷空心阴极灯；

——气体质量流量控制器，用于控制载气和屏蔽气流速；

——信号采集单元，可采集荧光峰高信号并进行相应记录，商品原子荧光光谱仪上一般会配置，也可自制或购置。

联用系统示意图见图B. 1. 2. 1，注意图中仅显示了单级气液分离器。所用连接管道材质见注意事项B. 1. 2. 9。

B. 1. 2. 4. 2　其他设备

其他设备包括：

——电子天平：精确至万分之一；

——超声波清洗器：超声波功率300 W；

——离心机；
——超纯水系统；
——高精度微量移液器。

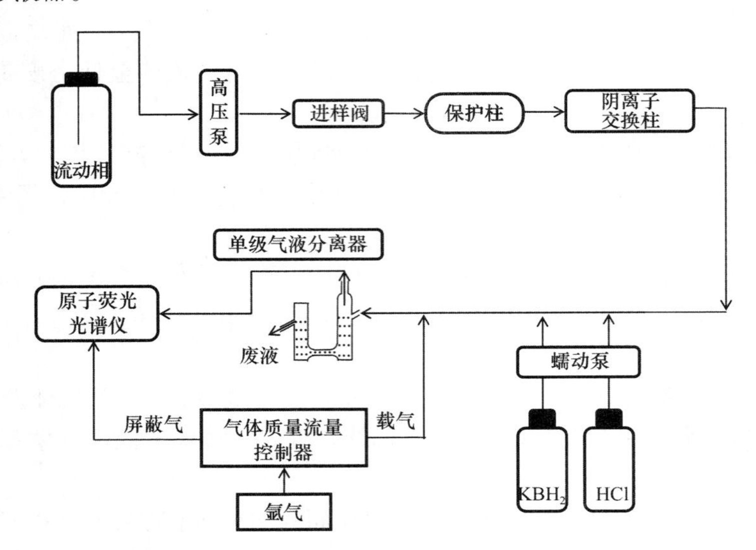

图 B. 1. 2. 1　液相色谱分离 – 氢化物发生 – 原子荧光光谱联用系统示意图

B. 1. 2. 5　样品预处理

称取 0. 100 g ~ 1. 500 g（±0. 000 1 g，记为 m_x）沉积物冷干样于 10 mL 塑料离心管中，加入 5. 00 mL 磷酸和抗坏血酸混合溶液（B. 1. 2. 3. 16），盖紧盖子，摇晃数次后置于超声波清洗器中，超声波提取 10 min，期间摇晃离心管 1 ~ 2 次。提取完毕，将离心管置入离心机，以 2 500 r/min 转速离心 20 min，取上清液经 0. 22 μm 水系滤膜过滤，此为样品提取液（体积 V，在此为 5. 00 mL）。不加沉积物，其余步骤同上，制备方法空白试样。

B. 1. 2. 6　分析步骤

样品预处理后，按以下步骤进行仪器分析。

B. 1. 2. 6. 1　仪器参数设置

打开仪器和系统控制软件，预热仪器至少 20 min，设置砷形态分析的仪器参数。推荐的条件参数如下所示：

液相色谱：
——流动相磷酸氢二铵溶液（B. 1. 2. 3. 13），流速 1. 25 mL/min；
——进样体积，100 μL。

氢化发生参数：
——硼氢化钾溶液（B. 1. 2. 3. 14），流速 4. 5 mL/min；
——体积分数 5% 盐酸溶液（B. 1. 2. 3. 15），流速 4. 5 mL/min。

原子荧光光谱仪参数：
——负高压，270 V；
——灯电流，75 mA；
——辅助阴极电流，35 mA；
——载气，氩气（B. 1. 2. 3. 26），150 mL/min；
——屏蔽气，氩气（B. 1. 2. 3. 26），1 100 mL/min。

B. 1. 2. 6. 2　标准工作曲线的绘制

取 6 支 10 mL 比色管或容量瓶，用微量移液器分别加入 0. 00 mL、0. 10 mL、0. 25 mL、0. 50 mL、1. 00 mL 和 2. 00 mL 标准使用液（B. 1. 2. 3. 25），用超纯水（B. 1. 2. 3. 1）稀释至标线，混匀。其中，标准使用液为 0. 00 mL 的溶液称为仪器空白样，需制备 3 份。所配制的标准系列溶液的浓度见表 B. 1. 2. 1。

表 B. 1. 2. 1　标准工作曲线系列溶液的浓度

砷形态	标准使用液用量 mL					
	0. 00	0. 10	0. 25	0. 50	1. 00	2. 00
	砷浓度 ng/mL，以砷计					
As（Ⅲ）	0. 0	1. 0	2. 5	5. 0	10. 0	20. 0
As（Ⅴ）	0	20	50	100	200	400
DMA	0. 0	5. 0	12. 5	25. 0	50. 0	100. 0
MMA	0. 0	5. 0	12. 5	25. 0	50. 0	100. 0

在 B. 1. 2. 6. 1 所列的参数下，测定标准工作曲线系列溶液，以 i 形态砷［例如，$i=1$ 表示 As（Ⅲ），$i=2$ 表示 As（Ⅴ），$i=3$ 表示 DMA，$i=4$ 表示 MMA］的浓度（ng/mL，以砷计）为横坐标，对应的峰面积为纵坐标，绘制各 i 形态砷的标准工作曲线。其中，浓度为零的数据采用 3 份仪器空白样对应的 i 形态砷的峰面积平均值 R_{bi}，其质量控制要求见表 B. 1. 2. 2。不得将各测定值扣除 R_{bi} 后绘制标准工作曲线，工作曲线不得强求过原点（如采用 Excel 绘制，在“趋势线选项”中不进行“设置截距”），用线性回归法求出各 i 形态砷标准工作曲线的截距 A_i 和斜率 B_i。

四种形态砷的色谱图参见图 B. 1. 2. 2。

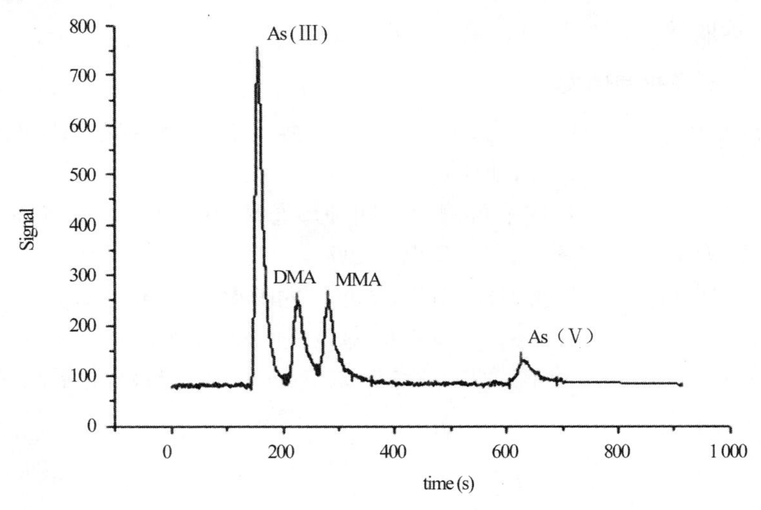

图 B. 1. 2. 2　四种形态砷的色谱图

其他质量控制要求见表 B. 1. 2. 2。

B. 1. 2. 6. 3　样品的测定

在 B. 1. 2. 6. 1 所列的参数下，测定方法空白试样（B. 1. 2. 5）和样品提取液（B. 1. 2. 5）；各溶液中 i 形态砷［As（Ⅲ）、As（Ⅴ）、DMA 或 MMA］的峰面积测定值记为 R_{xi}。

B. 1. 2. 7　结果的计算与表示

B. 1. 2. 7. 1　沉积物提取液中各形态砷浓度的计算

按以下公式（B. 1. 2. 1）计算沉积物样品提取液中各形态砷的浓度：

$$C_{xi} = \frac{R_{xi} - A_i}{B_i} \quad \cdots\cdots (B.1.2.1)$$

式中：

C_{xi}——提取液中 i 形态砷［As（Ⅲ）、As（Ⅴ）、DMA 或 MMA］浓度，单位为纳克每毫升（ng/mL，以砷计）；

R_{xi}——提取液中 i 形态砷［As（Ⅲ）、As（Ⅴ）、DMA 或 MMA］的峰面积测定值（B. 1. 2. 6. 3，不得扣除仪器空白 R_{bi}）；

A_i——i 形态砷［As（Ⅲ）、As（Ⅴ）、DMA 或 MMA］的标准工作曲线截距（B. 1. 2. 6. 2）；

B_i——i 形态砷［As（Ⅲ）、As（Ⅴ）、DMA 或 MMA］的标准工作曲线斜率（B. 1. 2. 6. 2）。

B. 1. 2. 7. 2　沉积物样品中各形态砷含量的计算

按以公式（B. 1. 2. 2）计算沉积物样品中各形态砷的含量：

$$W_i = \frac{C_{xi} \cdot V}{1\,000 \cdot m_x} \quad \cdots\cdots (B.1.2.2)$$

式中：

W_i——沉积物冷干样中 i 形态砷［As（Ⅲ）、As（Ⅴ）、DMA 或 MMA］的含量，单位为微克每克（μg/g，以砷计）；

C_{xi}——提取液中 i 形态砷［As（Ⅲ）、As（Ⅴ）、DMA 或 MMA］浓度（B. 1. 2. 7. 1），单位为纳克每毫升（ng/mL，以砷计）；

V——提取液的体积（B. 1. 2. 5），单位为毫升（mL）；

m_x——沉积物样的称取量（B. 1. 2. 5），单位为克（g）。

B. 1. 2. 8　测定下限、精密度和准确度

测定下限：对 1 g 沉积物样中四种形态砷 As（Ⅲ）、As（Ⅴ）、DMA、MMA 的方法检出限分别为 10 ng/g、200 ng/g、50 ng/g、50 ng/g（以砷计）。

精密度：对同一沉积物样品进行 8 次平行测定，四种形态砷 As（Ⅲ）、As（Ⅴ）、DMA、MMA 的相对标准偏差（RSD）分别为 9. 3%、3. 9%、9. 7% 和 5. 3%。

准确度：对同一沉积物样品进行 8 次加标回收率测定，四种形态砷 As（Ⅲ）、As（Ⅴ）、DMA、MMA 加标量分别为 2. 4 μg/g、9. 6 μg/g、4. 8 μg/g 和 4. 8 μg/g，回收率分别在 72% ~115%、68% ~127%、98% ~124% 和 106% ~118% 之间。准确度以相对误差（绝对误差与测定平均值之比）体现，为小于 30%。

B. 1. 2. 9　注意事项

本方法使用时应遵守以下事项：

a）联用系统所用的连接管道和试剂瓶需使用无金属元素或可能无金属元素的材质，如含氟聚合物（聚全氟乙丙烯 FEP、聚四氟乙烯 PTFE）、聚乙烯、聚碳酸酯、聚丙烯等。

b）试剂需有标签，标明试剂名称、浓度、配制日期和配制者。

c）玻璃器皿用超纯水冲洗后，置于盛有 1 mol/L 优级纯盐酸的低密度聚乙烯容器中浸泡 48 h，再用超纯水冲洗 3 次，用双层自封袋密封待用。

d）样品采集、贮存与运输应符合 GB 17378. 3—2007 的要求。

e）若方法空白过高，应对试剂及分析过程中可能的污染进行检查，选用纯度更高的试剂或对试剂进行提纯处理，采取措施避免样品分析过程中的沾污。

f）样品提取时，可根据样品量适当增减磷酸和抗坏血酸提取剂的用量（B. 1. 2. 5）。

g）如果样品浓度较大，可扩大工作曲线范围，或对提取液（B. 1. 2. 5）进行一定的稀释后进行测定，确保样品浓度在所绘制的工作曲线范围之内。

h）可选取沉积物标准参考物质一同分析，以利于质量控制。对于不同类别的沉积物分析，应尽量采用基底相似的沉积物标准参考物质。

i）测定系统的检查和标准工作曲线斜率的校正：取标准工作曲线系列溶液（B. 1. 2. 6. 2）的中间浓度溶液（例如选择标准使用液用量 0. 500 mL 的溶液）作为校正样，测定四种形态砷的浓度，并根据 B. 1. 2. 6. 2 所得的标准工作曲线计算校正样的各形态砷浓度。如果校正样测定值与原标准工作曲线对应值（标准使用液用量 0. 500 mL 的溶液中各形态砷的测定值）的相对误差绝对值在 25% 之内，说明测定系统在可控范围内，则取校正样响应值与原标准工作曲线对应值的平均值，取代原标准工作曲线对应值，重新绘制标准工作曲线，之后测定的样品依照新的标准工作曲线计算浓度。如果相对误差绝对值超过 25%，说明测定系统失控，则应检查仪器、溶液是否正常，确定无疑后重新配制、测定、绘制标准工作曲线，上一个合格检查值之后测定的样品需重新测定，并依照新的标准工作曲线计算浓度。每隔 10 个样品需配制和测定一个校正样，以此检查质量是否失控。

j）其他质量控制要求：

质量控制要求见表 B. 1. 2. 2。每批样品（约 20 个）带做 2 个全程方法空白试样、1 组基底加标平行样品、1 组平行样；有条件的加带 1 个标准参考物质样品。全程方法空白试样的处理和测定：在离心管中不添加任何沉积物样品，其余步骤同沉积物样（B. 1. 2. 5、B. 1. 2. 6）。

表 B. 1. 2. 2　质量控制要求

项目	要求	单位	频率
方法空白	各形态砷不得检出		每批样必带做，需进行全程分析
仪器空白	各形态砷不得检出		每次测定标准工作曲线溶液时测定
标准工作曲线线性，拟合系数 R^2	>0. 99		每次绘制标准工作曲线时确定
基底加标回收率	70 ~ 130	%	每批样必带做，需进行全程分析
平行样相对百分偏差*	绝对值≤30	%	每批样必带做，需进行全程分析
校正样测得值的相对误差	绝对值≤25	%	每隔 10 个样带做 1 次，仅进行仪器分析

* 平行样相对百分偏差按以下公式（B. 1. 2. 3）计算：

$$\text{平行样相对百分偏差} = 2\frac{|C_1 - C_2|}{C_1 + C_2} \times 100\% \quad \text{（B. 1. 2. 3）}$$

式中：

C_1、C_2——平行样测得结果。

附录C

（规范性附录）

有机锡的测定——气相色谱法

警告——本实验操作过程中需要接触大量有机溶剂，且标准物质或溶液均具有高毒性，因此实验应在通风橱内进行。

C.1.2.1 适用范围

本方法适用于沉积物中一丁基锡（MBT）、二丁基锡（DBT）及三丁基锡（TBT）等有机锡化合物的测定。

C.1.2.2 方法原理

环庚三烯酚酮与沉积物样品中的有机锡反应生成有机锡络合物，用正己烷萃取有机锡络合物，再用大量格氏试剂将有机锡络合物转化为低沸点的四烷基锡，破坏掉过量的格氏试剂后再次用正己烷萃取，经净化浓缩后用气相色谱－火焰光度检测器（GC－FPD）测定。

C.1.2.3 试剂及其配置

C.1.2.3.1 除非另有说明，所用有机试剂均为色谱纯，有机溶剂浓缩300倍后不得检出有机锡。水为正己烷充分洗涤过的蒸馏水或超纯水或相当纯度的水。

C.1.2.3.2 正己烷（C_6H_{14}）。

C.1.2.3.3 异辛烷（C_8H_{18}）。

C.1.2.3.4 甲醇（CH_4O）。

C.1.2.3.5 盐酸（HCl）：ρ=1.19 g/mL，优级纯。

C.1.2.3.6 无水乙醚（$C_4H_{10}O$）：分析纯。

C.1.2.3.7 重蒸无水乙醚：无水乙醚（C.1.2.3.6）中加入少量的金属钠丝，氮气保护下40℃水浴回流3 h后收集馏分。

C.1.2.3.8 溴代正戊烷（$C_5H_{11}Br$）：分析纯。

C.1.2.3.9 盐酸溶液：移取0.5 mL的盐酸（C.1.2.3.5），用水稀释至1 L。

C.1.2.3.10 镁粉：依次用盐酸溶液（C.1.2.3.9）、水、无水乙醚（C.1.2.3.6）淋洗后室温下减压抽干。

C.1.2.3.11 无水硫酸钠（Na_2SO_4）：分析纯，550℃烘8 h，冷却后装瓶，干燥器中密封保存。

C.1.2.3.12 弗罗里硅土：色谱纯，100目～200目（149 μm～74 μm），400℃加热4 h，于封口玻璃瓶中冷却至室温，每100 g加入3 mL水，振荡混匀，干燥器内保存（平衡2 h以上方可使用）。

C.1.2.3.13 硫酸溶液（1+17）：搅拌下将100 mL浓硫酸（H_2SO_4，ρ=1.84 g/mL）加入到1 700 mL水中。

C.1.2.3.14 盐酸/甲醇混合溶液（1+1）：将等体积盐酸（C.1.2.3.5）与甲醇（C.1.2.3.4）混合均匀。

C.1.2.3.15 环庚三烯酚酮溶液：称取0.5 g环庚三烯酚酮（$C_7H_6O_2$）溶于100 mL正己烷（C.1.2.3.2）中。

C.1.2.3.16 有机锡标准溶液（2 000 mg/L）：一丁基锡、二丁基锡和三丁基锡等的浓度均为2 000 mg/L。

C.1.2.3.17 三丙基锡（TPrT）标准溶液：浓度为2 000 mg/L。

C.1.2.3.18 有机锡标准贮备溶液（100.0 mg/L）：由异辛烷（C.1.2.3.3）稀释有机锡标准溶液（C.1.2.3.16）制得，4℃下避光保存，有效期6个月。

C.1.2.3.19 有机锡标准使用液（10.00 mg/L）：由异辛烷（C.1.2.3.3）稀释有机锡标准贮备溶液（C.1.2.3.18）制得，4℃下避光保存，有效期4个月。

C.1.2.3.20 替代标准贮备溶液（100.0 mg/L）：由异辛烷（C.1.2.3.3）稀释三丙基锡标准溶液（C.1.2.3.17）制得，4℃下避光保存，有效期6个月。

C.1.2.3.21 替代标准使用溶液（10.00 mg/L）：由异辛烷（C.1.2.3.3）稀释替代标准贮备溶液（C.1.2.3.20）制得，4℃下避光保存，有效期4个月。

C.1.2.3.22 格氏试剂：正戊基溴化镁的乙醚溶液（2 mol/L）：三口瓶中依次加入8.0 g镁粉（C.1.2.3.10）、50 mL重蒸无水乙醚（C.1.2.3.7）；等压滴液漏斗中加入40 mL的溴代正戊烷（C.1.2.3.8）和20 mL重蒸无水乙醚（C.1.2.3.7），混匀；三口瓶的一个斜口接等压滴液漏斗，另一斜口密封，直口接冷凝器，氮气流从冷凝器上端口横向吹过，10℃左右循环水冷凝。氮气保护下，从等压滴液漏斗缓慢滴加约1 mL溴代正戊烷的无水乙醚溶液，**此反应剧烈，注意防止飞溅**。如果反应过于剧烈，则可将三口瓶置入冰水浴中。待反应平缓后，开动电磁搅拌并继续滴加剩余的溴代正戊烷的无水乙醚溶液，控制滴加速度在8 mL/min左右以维持反应溶液微沸。滴加完毕后可用水浴40℃回流4 h，以保持乙醚微沸，直至镁粉反应完全。将制好的格氏试剂转入密封瓶中隔绝空气密封保存，存于干燥器中备用。

C.1.2.4 仪器与设备

C.1.2.4.1 气相色谱仪（GC）：带火焰光度检测器（FPD），配610 nm滤光片。

C.1.2.4.2 毛细管色谱柱：DB-5（5%苯基+95%聚二甲基硅氧烷）或等效色谱柱，长30 m，内径0.25 mm，固定相液膜厚度0.25 μm。

C.1.2.4.3 旋转蒸发装置。

C.1.2.4.4 恒温烘箱。

C.1.2.4.5 干燥器。

C.1.2.4.6 衍生瓶。

C.1.2.4.7 氮吹仪。

C.1.2.4.8 低温循环冷凝水泵。

C.1.2.4.9 分液漏斗：1 L。

C.1.2.4.10 等压滴液漏斗：250 mL。

C.1.2.4.11 蛇形冷凝器。

C.1.2.4.12 电热恒温水浴锅。

C.1.2.4.13 三口瓶：250 mL。

C.1.2.4.14 玻璃层析柱：长300 mm，内径10 mm。

C.1.2.4.15 实验室常用仪器与设备。

C.1.2.5 分析步骤

样品预处理后，按以下步骤进行仪器分析。

C.1.2.5.1 样品萃取

按以下步骤进行样品萃取：

a）准确称取3.000 g～5.000 g沉积物干样，加入10 μL替代标准使用溶液（C.1.2.3.21），加入15 mL盐酸/甲醇混合溶液（C.1.2.3.14），浸泡过夜，振摇1 min后静置分层，转移萃取液，再用10 mL盐酸/甲醇混合溶液（C.1.2.3.14）萃取一次，合并萃取液；

b）合并的萃取液（C.1.2.5.1，a）分别用10 mL环庚三烯酚酮溶液（C.1.2.3.15）和20 mL正己烷（C.1.2.3.2）再萃取，静置分层，合并有机相；

c）合并的有机相（C.1.2.5.1，b）中加入10 g无水硫酸钠（C.1.2.3.11），振摇1 min，旋转蒸发浓缩至约2 mL；

d）浓缩液（C.1.2.5.1，c）中加入1.5 mL格氏试剂（C.1.2.3.22），振摇3 min后置于40℃的电热恒温水浴锅中反应40 min；

e）将反应好的有机相（C.1.2.5.1，d）置于冰水浴中，缓慢滴加1 mL～2 mL水，再加入10 mL硫酸溶液（C. 1. 2. 3. 13），最后加入约 40 mL 水，剧烈振摇后静置分层；

f）转移有机相，水相继续用 10 mL 正己烷（C. 1. 2. 3. 2）均分两次萃取。萃取液合并至有机相。用无水硫酸钠（C. 1. 2. 3. 11）干燥，旋转蒸发浓缩至约 1 mL，待净化。

C. 1. 2. 5. 2 样品净化

按以下步骤进行样品净化：

a）取 3 g 弗罗里硅土（C. 1. 2. 3. 12）于小烧杯中，加入 20 mL 正己烷（C. 1. 2. 3. 2）充分搅拌后倒入预先装有适量正己烷（C. 1. 2. 3. 2）的层析柱中，上端填 2 cm ~ 3 cm 无水硫酸钠（C. 1. 2. 3. 11），将液面调整至与无水硫酸钠顶端持平；用 10 mL 正己烷（C. 1. 2. 3. 2）淋洗层析柱，弃去淋洗液；

b）待无水硫酸钠恰要露出液面时，转移浓缩液（C. 1. 2. 5. 1，f）到柱上，用少量正己烷（C. 1. 2. 3. 2）辅助完全转移浓缩液；用 20 mL 正己烷（C. 1. 2. 3. 2）淋洗层析柱，收集淋洗液于旋转蒸发瓶中；

c）将淋洗液旋转蒸发浓缩至 1 mL ~ 2 mL，氮吹近干，以正己烷（C. 1. 2. 3. 2）定容至 0. 5 mL，转入样品瓶中，待测。

C. 1. 2. 5. 3 标准溶液的衍生

在 5 个衍生瓶中，分别加入 1. 0 μL、2. 0 μL、5. 0 μL、10. 0 μL、20. 0 μL 有机锡标准使用液（C. 1. 2. 3. 19），在上述衍生瓶中加入 10. 0 μL 替代标准使用溶液（C. 1. 2. 3. 21），按照 C. 1. 2. 5. 1，d—C. 1. 2. 5. 1，f 的步骤进行前处理，旋转蒸发浓缩，氮吹近干，以正己烷（C. 1. 2. 3. 2）转入样品瓶中并定容至 0. 5 mL，待测。

C. 1. 2. 5. 4 仪器分析条件

宜参照下述仪器分析条件测定：

——升温程序：80℃保持 1 min，以 5℃/min 升温至 190℃；以 10℃/min 升温至 280℃，保持 5 min；

——进样量：2. 0 μL；

——进样方式：无分流进样；

——进样口温度：250℃；

——检测器温度：250℃；

——载气：高纯氮气（99. 999%）；

——载气流速：2. 0 mL/min；

——氢气流速：120. 0 mL/min；

——空气流速：100. 0 mL/min。

C. 1. 2. 5. 5 样品空白和加标回收率的测定

C. 1. 2. 5. 5. 1 空白实验：用 1. 0 L 水作为空白样品，进行空白实验。步骤同 C. 1. 2. 5. 1、C. 1. 2. 5. 2、C. 1. 2. 5. 4。

C. 1. 2. 5. 5. 2 加标回收率的测定：在 1. 0 L 水中加入一定量有机锡标准使用溶液（C. 1. 2. 3. 19），进行加标回收实验。步骤同 C. 1. 2. 5. 1、C. 1. 2. 5. 2、C. 1. 2. 5. 4。

C. 1. 2. 6 记录与计算

C. 1. 2. 6. 1 定性分析

通过比较样品与标准溶液的色谱峰的保留时间（*RT*）进行目标化合物的定性，还可采用气相色谱-质谱仪辅助确证。

C. 1. 2. 6. 2 定量分析

内标法定量。样品测试液中目标化合物的浓度可由计算机按内标法自动计算。根据公式（C. 1. 2. 1）

计算样品中目标化合物的含量，结果分别记入表 D. 1. 2. 13：

$$w_i = \frac{X_i V_t}{m} \quad \cdots\cdots \quad (C.1.2.1)$$

式中：

w_i——沉积物样品中目标化合物的含量，单位为纳克每克（ng/g）；

X_i——样品测试液中目标化合物的浓度，单位为微克每升（μg/L）；

V_t——样品测试液的定容体积，单位为毫升（mL）；

m——沉积物样品取样量，单位为克（g）。

C. 1. 2. 7 精密度与准确度

5 家实验室测定同一沉积物样品，重复性相对标准偏差、再现性相对标准偏差及回收率参见表 C. 1. 2. 1。

表 C. 1. 2. 1 GC－FPD 测定有机锡化合物的重复性、再现性及回收率

化合物名称	重复性相对标准偏差 %	再现性相对标准偏差 %	回收率 %
一丁基锡	3. 10	6. 34	81 ~ 110
二丁基锡	2. 04	5. 89	75 ~ 98
三丁基锡	1. 32	6. 72	87 ~ 115

C. 1. 2. 8 注意事项

本方法使用时须注意下列事项：

a）应使用全玻璃仪器，不得使用塑料制器皿；

b）所有玻璃器皿在使用前必须洗净，可用洗涤剂、水、甲醇顺序洗涤；

c）萃取过程中乳化现象严重时可加入氯化钠或采用离心法破乳；

d）格氏试剂接触水会迅速分解并放热，保存时注意隔绝空气并在干燥器中保存；

e）衍生化反应时，由于格氏试剂与水反应剧烈，故反应前萃取液（C. 1. 2. 5. 1，c）的除水非常重要，应避免水分消耗格氏试剂，导致有机锡反应效率降低。

附录 D
（资料性附录）
记录表格式

表 D. 1. 2. 1　沉积物采样记录

海区：__________　调查船：__________　采样日期：___年___月___日　　第___页　共___页

序号	站号	采样时间	水深 m	层次 m	沉积物类型	厚度 cm	颜色	嗅	生物现象	其他特征	瓶号	处理方法
1												
2												
3												
4												
5												
6												
7												
8												
9												
10												
备注											采样器型号	

采样者：__________校对者__________

表 D.1.2.2 沉积物样品（　　）标准曲线数据记录

（火焰原子吸收分光光度法）

仪器名称______仪器编号________分析日期_____年_____月_____日

序号	加标准使用液 mL	标准加入量 μg	浓度 μg/mL	吸光值 A_i			$\overline{A_i} - \overline{A_0}$	残差 dA_i
				1	2	平均		
1								
2								
3								
4								
5								
6								
7								
8								
9								
10								

备注：

标准使用液浓度：　μg/mL

定容体积：　mL

进样体积：　μL

线性回归拟合标准（工作）曲线方程：

$$A = a + bx$$

（$a =$　　　$b =$　　　$r =$　　　）

附标准曲线

残差 dA_i

$$dA_i = A - (\overline{A_i} - \overline{A_0})$$

A 由标准（工作）曲线方程算出

分析者________ 校对者________审核者________

表 D.1.2.3　沉积物样品（　　　　）分析记录

（火焰原子吸收分光光度法）

采样记录编号____________________　　　　第______页，共______页

采样日期________年______月______日　　　　分析日期________年______月______日

仪器名称__________________________　　　　仪器编号__________________________

序号	站 号	层次 cm	样品号	取样量 g	吸光值 A_w			$\overline{A_w}-\overline{A_b}$	样品含量 $\times 10^{-6}$
					1	2	平均		
1									
2									
3									
4									
5									
6									
7									
8									
9									
10									
11									
12									
13									
14									
15									
16									
17									
18									
19									
20									
备注	A_b							定容体积：　　mL	
					进样体积：　　μL			检出限：	

分析者________________ 校对者________________审核者______________

表 D.1.2.4　沉积物样品（　　）标准曲线数据记录
（无火焰原子吸收分光光度法）

仪器名称＿＿＿＿仪器编号＿＿＿＿分析日期＿＿＿年＿＿＿月＿＿＿日

序号	加标准使用液 mL	标准加入量 μg	浓度 μg/mL	吸光值 A_i			$\overline{A_i}-\overline{A_0}$	残差 dA_i
				1	2	平均		
1								
2								
3								
4								
5								
6								
7								
8								
9								
10								
备注	标准使用液浓度：　μg/mL 定容体积：　mL 进样体积：　μL			线性回归拟合标准（工作）曲线方程： $A=a+bx$ （$a=$　　$b=$　　$r=$　　）				
	附标准曲线			残差 dA_i $dA_i=A-(\overline{A_i}-\overline{A_0})$ A 由标准（工作）曲线方程算出				

分析者＿＿＿＿　校对者＿＿＿＿　审核者＿＿＿＿

表 D.1.2.5 沉积物样品（　　　）分析记录

（无火焰原子吸收分光光度法）

采样记录编号________________　　　　第_____页，共_____页

采样日期_______年_____月_____日　　　　分析日期_______年_____月_____日

仪器名称____________________　　　　仪器编号____________________

序号	站 号	层次 cm	样品号	取样量 g	吸光值 A_w			$\overline{A_w}-\overline{A_b}$	样品含量 $\times 10^{-6}$
					1	2	平均		
1									
2									
3									
4									
5									
6									
7									
8									
9									
10									
11									
12									
13									
14									
15									
16									
17									
18									
19									
20									
备注			A_b					定容体积：　　mL	
					进样体积：　　μL			检出限：	

分析者____________ 校对者____________ 审核者____________

表 D.1.2.6　沉积物样品（　　）标准曲线数据记录

（原子荧光法）

仪器名称________　仪器编号_______　分析日期_____年_____月_____日

序号	加标准使用液 mL	标准加入量 ng	浓度 μg/L	荧光强度 F_i			$\overline{F_i}-\overline{F_0}$	残差 dA_i
				1	2	平均		
1								
2								
3								
4								
5								
6								
7								
8								
9								
10								
11								
12								
备注	标准使用液浓度：　μg/L 定容体积：　mL			线性回归拟合标准（工作）曲线方程： $F=a+bx$ （$a=$　　　$b=$　　　$r=$　　　） 残差 dF_i $dF_i=F-(\overline{F_i}-\overline{F_0})$ F 由标准（工作）曲线方程算出				

分析者________　校对者__________　审核者__________

表 D.1.2.7 沉积物样品（　　　　）分析记录
（原子荧光法）

采样登记编号________　　　　第______页，共______页
采样日期______年_____月_____日　　　　分析日期___年___月___日
仪器名称________________　　　　仪器编号________________

<table>
<tr><th rowspan="2">序号</th><th rowspan="2">站 号</th><th rowspan="2">层次
cm</th><th rowspan="2">样品号</th><th rowspan="2">取样量
g</th><th colspan="3">荧光强度 F_i</th><th rowspan="2">$\overline{F_i}-\overline{F_0}$</th><th rowspan="2">样品含量
$\times10^{-6}$</th></tr>
<tr><th>1</th><th>2</th><th>平均</th></tr>
<tr><td>1</td><td></td><td></td><td></td><td></td><td></td><td></td><td></td><td></td><td></td></tr>
<tr><td>2</td><td></td><td></td><td></td><td></td><td></td><td></td><td></td><td></td><td></td></tr>
<tr><td>3</td><td></td><td></td><td></td><td></td><td></td><td></td><td></td><td></td><td></td></tr>
<tr><td>4</td><td></td><td></td><td></td><td></td><td></td><td></td><td></td><td></td><td></td></tr>
<tr><td>5</td><td></td><td></td><td></td><td></td><td></td><td></td><td></td><td></td><td></td></tr>
<tr><td>6</td><td></td><td></td><td></td><td></td><td></td><td></td><td></td><td></td><td></td></tr>
<tr><td>7</td><td></td><td></td><td></td><td></td><td></td><td></td><td></td><td></td><td></td></tr>
<tr><td>8</td><td></td><td></td><td></td><td></td><td></td><td></td><td></td><td></td><td></td></tr>
<tr><td>9</td><td></td><td></td><td></td><td></td><td></td><td></td><td></td><td></td><td></td></tr>
<tr><td>10</td><td></td><td></td><td></td><td></td><td></td><td></td><td></td><td></td><td></td></tr>
<tr><td>11</td><td></td><td></td><td></td><td></td><td></td><td></td><td></td><td></td><td></td></tr>
<tr><td>12</td><td></td><td></td><td></td><td></td><td></td><td></td><td></td><td></td><td></td></tr>
<tr><td>13</td><td></td><td></td><td></td><td></td><td></td><td></td><td></td><td></td><td></td></tr>
<tr><td>14</td><td></td><td></td><td></td><td></td><td></td><td></td><td></td><td></td><td></td></tr>
<tr><td>15</td><td></td><td></td><td></td><td></td><td></td><td></td><td></td><td></td><td></td></tr>
<tr><td>16</td><td></td><td></td><td></td><td></td><td></td><td></td><td></td><td></td><td></td></tr>
<tr><td>17</td><td></td><td></td><td></td><td></td><td></td><td></td><td></td><td></td><td></td></tr>
<tr><td>18</td><td></td><td></td><td></td><td></td><td></td><td></td><td></td><td></td><td></td></tr>
<tr><td>19</td><td></td><td></td><td></td><td></td><td></td><td></td><td></td><td></td><td></td></tr>
<tr><td>20</td><td></td><td></td><td></td><td></td><td></td><td></td><td></td><td></td><td></td></tr>
<tr><td>备注</td><td colspan="4">F_0</td><td></td><td></td><td></td><td colspan="2">定容体积：　mL</td></tr>
</table>

分析者____________　校对者____________　审核者____________

表 D.1.2.8 沉积物样品汞分析记录
(测汞仪法)

海区________监测船________ 采样日期：______年____月____日

仪器型号__________________ 分析日期：______年____月____日 共____页第____页

序号	站号	含水率 %	瓶号	取样 mg	吸光值 A			样品浓度 ng/mg
					1	2	平 均	
1								
2								
3								
4								
5								
6								
7								
8								
9								
10								
11								
12								
13								
14								
备注	A_b							

分析者_________校对者________ 审核者________

表 D.1.2.9　沉积物样品(　　　　　　　　)标准曲线数据记录

(ICP－MS 连续测定法)

仪器名称________________　仪器编号________________　分析日期________年_____月_____日

序号	标准加入量 μg	浓度 μg/L	铜		铅		锌		镉		铬		砷	
			计数值(CPS)	A_i-A_0	计数值(CPS)	A_i-A_0	计数值(CPS)	A_i-A_0	计数值(CPS)	A_i-A_0	计数值(CPS)	A_i-A_0	计数值(CPS)	A_i-A_0
1														
2														
3														
4														
5														
6														
7														
备注			附标准曲线		附标准曲线		附标准曲线		附标准曲线		附标准曲线		附标准曲线	
			$A=a+bx$　$r=$ $a=$　$b=$		$A=a+bx$　$r=$ $a=$　$b=$		$A=a+bx$　$r=$ $a=$　$b=$		$A=a+bx$　$r=$ $a=$　$b=$		$A=a+bx$　$r=$ $a=$　$b=$		$A=a+bx$　$r=$ $a=$　$b=$	

分析者____________　校对者____________　审核者____________

表 D. 1. 2. 10　沉积物样品中(　　)分析记录

(ICP - MS 法)

海区______________　调查船______________　仪器型号__________

采样日期:_____年_____月_____　分析日期:_______年_______月_______日　第_______页,共_________页

序 号	站 号	称重量 g	定容体积 L	仪器测定值 μg/L			沉积物含量 $\times 10^{-6}$
				1	2	平均	
1							
2							
3							
4							
5							
6							
7							
8							
9							
10							
11							
12							
备注	线性回归拟合标准(工作)曲线方程:$A = a + bx$ ($a =$　　$b =$　　$r =$　　)　　检出限:　　μg/L						

分析者________计算者_______ 校对者______________

表 D. 1. 2. 11　沉积物中甲基汞分析记录

海区________________ 调查船____________________ 采样日期：________年______月______日

仪器型号____________ 分析日期：________年______月______日　　共______页　第______页

序号	样品编号	沉积物质量 g	蒸馏液 体积 mL	蒸馏液 峰面积	蒸馏率	蒸馏液 甲基汞质量 ng	沉积物中 甲基汞含量 ng/g
1							
2							
3							
4							
5							
6							
7							
8							
9							
10							
11							
12							
备注	线性回归拟合标准工作曲线方程： 方法空白：　　ng/L；　吹扫空白：　　pg 检出限：　　ng/g						

分析者__________计算者________ 校对者________

表 D. 1. 2. 12　沉积物样品中不同形态砷分析记录
（LC－HG－AFS 法）

海区________________　　调查船______________　　采样日期：______ 年______月______日
仪器型号______________　　分析日期：______ 年______月______日　　共______ 页　第______页

序 号	站 号	瓶号	砷的形态	称重 g	提取液测定值 ng/mL			提取液体积 mL	沉积物中含量 μg/g
					平行 1	平行 2	平均值		
1									
2									
3									
4									
5									
6									
7									
8									
9									
10									
11									
12									
备注	线性回归拟合标准工作曲线方程： 方法空白：　　ng/mL；　仪器空白：　　ng/mL 检出限：　　ng/g								

分析者__________计算者________ 校对者________

表 D.1.2.13　沉积物样中有机锡分析记录

海区____________　　调查船____________　　采样日期：______ 年____ 月______ 日　　第____页，共____页

仪器型号__________　　分析日期：________ 年______ 月________ 日

序 号	样品编号	取样质量 g	定容体积 mL	仪器测定值			沉积物样中某有机锡浓度 ng/g
				保留时间 min	峰面积	峰高	
1							
2							
3							
4							
5							
6							
7							
8							
9							
10							
11							
12							
13							
14							
15							
备注	线性回归拟合标准（工作）曲线方程：$A = a + bx$ （$a =$　　$b =$　　$r =$　　）　　检出限：　　ng/g						

分析者__________计算者________ 校对者__________

附录 E
(资料性附录)
测定结果计算用表

表 E.1.2.1 海洋沉积物质量标准

序号	项目[1]	指标		
		第一类	第二类	第三类
1	废弃物及其他	海底无工业、生活废弃物，无大型植物碎屑和动物尸体等		海底无明显工业、生活废弃物，无明显大型植物碎屑和动物尸体等
2	色、臭、结构	沉积物无异色、异臭，自然结构		
3	大肠菌群/（个/g 湿重） ≤	200[2]		
4	粪大肠菌群/（个/g 湿重） ≤	40[3]		
5	病原体 ≤	供人生食的贝类养殖底质不得含有病原体		
6	汞（$\times10^{-6}$） ≤	0.20	0.50	1.00
7	镉（$\times10^{-6}$） ≤	0.50	1.50	5.00
8	铅（$\times10^{-6}$） ≤	60.0	130.0	250.0
9	锌（$\times10^{-6}$） ≤	150.0	350.0	600.0
10	铜（$\times10^{-6}$） ≤	35.0	100.0	200.0
11	铬（$\times10^{-6}$） ≤	80.0	150.0	270.0
12	砷（$\times10^{-6}$） ≤	20.0	65.0	93.0
13	有机碳（$\times10^{-2}$） ≤	2.0	3.0	4.0
14	硫化物（$\times10^{-6}$） ≤	300.0	500.0	600.0
15	石油类（$\times10^{-6}$） ≤	500.0	1 000.0	1 500.0
16	六六六（$\times10^{-6}$） ≤	0.50	1.00	1.50
17	滴滴涕（$\times10^{-6}$） ≤	0.02	0.05	0.10
18	多氯联苯（$\times10^{-6}$） ≤	0.02	0.20	0.60

1）除大肠菌群、粪大肠菌群、病原体外，其余数值测定项目（序号 6 ~ 18）均以干重计。

2）对供人生食的贝类增养殖底质，大肠菌群（个/g 湿重）要求≤14。

3）对供人生食的贝类增养殖底质，粪大肠菌群（个/g 湿重）要求≤3。

附录 F
（资料性附录）
调查资料封面格式

密级：

项目名称：

项目编号：

资料名称：（如：近海沉积物重金属调查现场记录表）

调查/分析测试单位：

调查航次：

调查船：

调查区域：

调查时间：

负责人：

图 F.1.2.1　原始资料封面格式

<table><tr><td>密级：
项目名称：
项目编号：
资料名称：
资料内容：
资料分布区域：
资料分布时间：
调查单位：
资料汇交单位：</td></tr></table>

图 F.1.2.2　光盘、软盘封面标识

密级：
项目名称：
项目编号：
资料名称：
资料内容：
共　　盘　第　　盘
调查区域：
调查时间：
调查单位：
资料汇交单位：
制作时间：

第3部分　生物体中重金属监测

1　范围

本部分规定了鱼、虾、贝类等海洋生物监测项目的分析方法，对样品采集、贮存、运输、预处理、测定结果与计算等提出了技术要求。

本部分适用于大洋、近海、河口、港湾等调查与监测中海洋生物样品的分析测试。

2　规范性引用文件

下列文件中对于本文件的应用是必不可少的。凡是注日期的引用文件，仅注日期的版本适用于本文件。凡是不注日期的引用文件，其最新版本（包括所有的修改单）适用于本文件。

GB 17378.2—2007　海洋监测规范　第2部分：数据处理与分析质量控制

GB 17378.3—2007　海洋监测规范　第3部分：样品采集、贮存与运输

GB 17378.6—2007　海洋监测规范　第6部分：生物体分析

3　术语和定义

HY/T ×××的第1部分和第2部分界定的以及下列术语和定义适用于本文件。

3.1

海洋生物样品　marine biological sample

远洋、近海、河口以及港湾海洋生物体，包括贻贝、虾、鱼等海洋生物体。

3.2

冷冻干燥　freeze-drying

将待干燥物快速冻结后，再在高真空条件下将其中的冰升华为水蒸气而去除的干燥方法。由于冰的升华带走热量使冻干整个过程保持低温冻结状态，有利于保留一些生物样品（如蛋白质）的活性。

3.3

保留时间　retention time

一种化合物在规定条件下在层析系统中的运行时间。

3.4

乙酰胆碱酯酶　acetylcholinesterase（AchE）

在正常状态时，能将神经冲动时产生的乙酰胆碱分解成乙酸和胆碱，这样使生物的神经传导能正常进行。

注：当生物体接触有机磷（OP）和氨基甲酸盐类（Carbamate）杀虫剂后，使体内的乙酰胆碱酯酶活性受到抑制，不能分解乙酶胆碱，从而破坏了生物神经系统的正常活动。

3.5

有机磷及氨基甲酸盐类　organic phosphate and carbamate

各类杀虫剂中的重要组成部分，被广泛运用于农业和家具业中。

注：该类化合物对绝大多数生物的胆碱酯酶、尤其是乙酰胆碱酯酶产生毒性，其致毒机理是该类化合物中的某些基团与乙酰胆碱酯酶中的底物发生有机替代反应，从而抑制胆碱酯酶的代谢过程。

3.6

动力学荧光法　kinetic fluorimetric method

运用荧光分光光度法这一常规测定酶活性的方法测定 EROD 酶的活性，但采用的是动力学的测定

方法。

3.7

内标元素　internal standard element

加在具有相同浓度的校准用标准溶液、校准用空白溶液和样品溶液中的元素。这些元素的加入是为了调节分析仪器的使用过程中的非谱线干扰和随时间产生的变化。

4　一般规定

4.1　样品采集

4.1.1　采样设备

本方法采样设备如下：

——电动或手摇绞车，附有直径4 mm～6 mm钢丝绳，负荷50 kg～300 kg，带有变速装置；

——拖网；

——不锈钢铲；

——不锈钢解剖刀。

4.1.2　样品容器及洗涤

本方法样品容器如下：

——广口玻璃瓶；

——样品容器和衬盖应用洗涤剂清洗，用自来水冲洗，再用二氯甲烷浸泡，最后用去离子水漂洗；

——工作台面用25%乙醇清洗；

——去除外部组织的器具应与解剖用的器具分开。

4.1.3　采样注意事项

本方法采样注意事项：

——采样时应谨防采样工具绞车或缆绳上的油脂、发动机、船体灰尘和冷却水的沾污；

——样品应在现场解剖和分割。分割的生物样品应放入干净的广口玻璃瓶中；

——处理生物样品应戴洁净手套；

——每次应加1个现场空白，一个现场加标质控样，至少采集1个现场平行样；在现场与样品相同条件下包装、保存和运输，直至交给实验室分析，空白沾污应低于样品值的10%；

——当使用新容器和新材料时，应进行设备材料的空白试验；

——现场平行样分析应控制在允许误差范围内；

——现场空白值大于样品含量的30%时，应对实验室、采样、运输和贮存等步骤做仔细审查；

——现场质控样分析超出控制线时，应查找原因，在未找出原因之前不得分析样品。

4.2　样品贮存与运输

本部分样品贮存与运输方式为：

——剖割的组织样品应在－20℃冷冻保存，并尽快分析，一般不超过14 d；

——容器应盖紧盖子，用洁净的聚乙烯袋包裹后稳定在包装箱内；

——样品包裹要严密，装运过程要耐颠簸；

——不同季节应采取不同的保护措施，保证样品运输中不被损坏。

4.3　实验器皿、超纯水和试剂

本部分实验用品应按下述要求处理：

a）实验用带刻度试管、浓缩瓶、移液管、容量瓶等在使用前，应进行校准；

b）玻璃容器、用具要用超纯水冲洗，用洗涤剂洗涤，烘干或风干；

c）实验容器、用具每次使用前应清洗。

d）试剂、有机溶剂按测项分析方法的要求进行纯化；

e）所用试剂宜是同一厂家生产的同类产品；

f）为保证实验的重现性和再现性重蒸馏有机试剂应混匀，实验条件应一致。

4.4 样品测试

本部分执行时样品测试原则及注意事项：

a）分析人员可根据情况选用绘制质控图、插入质控样或做加标回收等方法进行自控；

b）质控人员应编入5%～10%的平行样或质控样；

c）分析空白要占样品总数的5%，样品少于20个时，每批至少带一个分析空白，分析空白值应低于方法检出限；样品不足10个时，应做20%平行样或质控样；

d）每批样品至少进行一个标准物质分析，一般要占样品总数的2%；

e）分析空白大于样品的30%时，应对实验室分析进行仔细核查；

f）质控样和加标回收样超出控制线时，要查找原因，在未找出原因之前不得分析样品。

4.5 实验室常规设备

实验室常用设备如下：

——冰箱；

——冰柜；

——可调温的电加热板（或电炉）；

——分析天平或高精度电子天平（万分之一）；

——高精度微量移液器；（10.0 μL～100.0 μL，100 μL～1 000 μL）；

——微波炉；

——马弗炉；

——超纯水系统；

——石英亚沸蒸馏器；

——离心机；

——真空抽滤泵；

——过滤装置。

5 分析方法

5.1 原子吸收分光光度法

5.1.1 铜（火焰原子吸收分光光度法）

5.1.1.1 方法原理

生物体样品经硝酸－高氯酸消化，在稀硝酸介质中，用乙炔火焰原子化，于铜的特征吸收波长（324.7 nm）处，测定原子吸光值。

5.1.1.2 试剂及其配制

除非另有说明，所有试剂均为优级纯。

5.1.1.2.1 水：取自超纯水制备系统，电阻率≥18.2 MΩ · cm（25℃）。

5.1.1.2.2 硝酸（HNO_3）：$\rho = 1.42$ g/mL，优级纯，经石英亚沸蒸馏器蒸馏纯化。

5.1.1.2.3 硝酸溶液 a：体积分数为50%，将50 mL 硝酸（5.1.1.2.2）用水（5.1.1.2.1）稀释至100 mL。

5.1.1.2.4 硝酸溶液 b：体积分数为5%，将5 mL 硝酸（5.1.1.2.2）用水（5.1.1.2.1）稀释至

100 mL。

5.1.1.2.5 硝酸溶液 c：体积分数为 1%，将 5 mL 硝酸（5.1.1.2.2）用水（5.1.1.2.1）稀释至 500 mL。

5.1.1.2.6 高氯酸（$HClO_4$）：ρ = 1.67 g/mL，优级纯。

5.1.1.2.7 金属铜（粉状，Cu）：纯度为 99.99%。

5.1.1.2.8 铜标准贮备溶液：ρ = 1.000 mg/mL：称取 0.100 0 g 金属铜（5.1.1.2.7）于 50 mL 烧杯中，用适量硝酸溶液 a（5.1.1.2.3）溶解，用水（5.1.1.2.1）定容至 100.0 mL 容量瓶中，混匀。

5.1.1.2.9 铜标准中间溶液：ρ = 100 μg/mL：量取 10.0 mL 铜标准贮备溶液（5.1.1.2.8）于 100.0 mL 容量瓶内，用硝酸溶液 c（5.1.1.2.5）定容，混匀。

5.1.1.2.10 铜标准使用溶液：ρ = 5.00 μg/mL：量取 5.00 mL 铜标准中间溶液（5.1.1.2.9）于 100.0 mL 容量瓶内，用硝酸溶液 c（5.1.1.2.5）定容，混匀。

5.1.1.3 仪器与设备

5.1.1.3.1 原子吸收分光光度计

原子吸收分光光度计包括：

——具有火焰原子化器；

——铜空心阴极灯；

——钢瓶乙炔气（纯度为 99.9% 以上）；

——空气压缩机。

5.1.1.3.2 其他设备

其他设备包括：

——移液管：1.00 mL、2.00 mL、5.00 mL 和 10.0 mL；

——玛瑙研钵或玛瑙球磨机；

——聚四氟乙烯坩埚或聚四氟乙烯杯；

——80 目 ~ 100 目尼龙筛；

——冷冻干燥机。

5.1.1.4 分析步骤

5.1.1.4.1 样品制备

将采集到的生物体湿样剔出肌肉组织，转到洗净并编号的蒸发皿中，并用万分之一的高精度电子天平称重，得到生物体湿重 $W_{湿}$，单位为克，置于 80℃烘箱内，烘干至恒重，得到生物体干重 $W_{干}$，单位为克；或采用冷冻干燥得到生物体的干样，同样测得 $W_{湿}$ 和 $W_{干}$。将样品全部转移至玛瑙研钵或玛瑙球磨机中磨碎，用 80 目 ~ 100 目尼龙筛加盖过筛，严防样品逸出，将过筛后的样品装入编号的称量瓶中，充分搅匀，放置于干燥器中，待用。

5.1.1.4.2 样品的消解

生物体干样烘干至恒重，称取 1.000 g ± 0.005 g 搅拌均匀的样品于 30 mL 聚四氟乙烯坩埚或聚四氟乙烯杯中，用少许水（5.1.1.2.1）润湿样品，加入 12.5 mL 硝酸（5.1.1.2.2）定容，置于电热板上由低温升至 170℃ ~ 180℃，蒸至近干，加入 3.00 mL 高氯酸（5.1.1.2.6），蒸至近干，白烟冒尽，取下稍冷，加 5.00 mL 硝酸溶液 b（5.1.1.2.4），微热提取，多次淋洗后，用水（5.1.1.2.1）定容至 25.0 mL 容量瓶中，混匀，澄清，上清液待测。

同时制备分析空白试液。

5.1.1.4.3 绘制工作曲线

按照下述步骤绘制工作曲线：

a）取 7 个 50.0 mL 容量瓶，分别加入 0.00 mL，0.50 mL，1.00 mL，2.00 mL，3.00 mL，5.00 mL，10.0 mL 铜标准使用溶液（5.1.1.2.10），用硝酸溶液 c（5.1.1.2.5），此标准系列各点含铜 0.000 mg/L，0.050 mg/L，0.100 mg/L，0.200 mg/L，0.300 mg/L，0.500 mg/L，1.00 mg/L。

b）按仪器工作条件测定吸光值 A_w。

c）以吸光值为纵坐标，铜的浓度（mg/L）为横坐标，根据测得的吸光值 $A_w - A_o$（标准空白）及相应的铜浓度（mg/L），按方程 $y = a + bx$ 线性回归，记入表 D.1.3.2。

5.1.1.4.4 样品测定

将样品消化溶液，按标准曲线分析步骤（5.1.1.4.3，b）测定样品吸光值 A_w，同时按同样的步骤测定分析空白的吸光值 A_b。

5.1.1.5 记录与计算

将测得数据记入表 D.1.3..3 中，由以下公式（1.3.1），计算得到生物体湿样中铜的含量：

$$\omega_{Cu} = [(A_w - A_b) - a] \times V \times W_{干} / (b \times M \times W_{湿}) \quad \cdots\cdots (1.3.1)$$

式中：

ω_{Cu}——生物体湿样中铜的含量，单位为 $\times 10^{-6}$；

A_w——样品的吸光值；

A_b——分析空白的吸光值；

a——工作曲线的截距；

V——样品消化液的体积，单位为毫升（mL）；

$W_{干}$——生物体干样的重量，单位为克（g）；

b——工作曲线的斜率；

M——样品的称取量，单位为克（g）；

$W_{湿}$——生物体湿样的重量，单位为克（g）。

5.1.1.6 测定下限、精密度和准确度

本方法的测定下限、准确度和精密度，由 7 家实验室同样测定的统计结果如下：

测定下限：$0.047\,5 \times 10^{-6}$。

准确度：浓度为 1.34×10^{-6}时，相对误差为 ±8.9%；浓度为 10.3×10^{-6}时，相对误差为 ±4.7%。

精密度：浓度为 1.34×10^{-6}时，相对标准偏差为 ±5.8%，浓度为 10.3×10^{-6}时，相对标准偏差为 ±1.6%。

5.1.1.7 注意事项

本方法使用时应注意以下事项：

a）样品中铜的含量超出标准曲线范围时，可通过稀释样品消化溶液来测定。

b）不同型号仪器可自选最佳条件。本方法采用的仪器工作条件见表 1.3.1。

表 1.3.1 仪器工作条件

工作灯电流 mA	光通带宽 nm	负高压 V	燃气流量 mL/min	燃烧器高度 mm
3.0	0.4	300	1 600 ~ 1 700	8.0

5.1.2 铅（无火焰原子吸收分光光度法）

5.1.2.1 方法原理

生物体样品经硝酸 - 高氯酸消化，在稀硝酸介质中，用石墨炉原子化，于铅的特征吸收波长处（283.3 nm）测定原子吸光值。

5.1.2.2 试剂及其配制

除非另有说明，所有试剂均为优级纯。

5.1.2.2.1 水：取自超纯水制备系统，电阻率≥18.2 MΩ·cm（25℃）。

5.1.2.2.2 硝酸（HNO_3）：ρ=1.42 g/mL，优级纯，经石英亚沸蒸馏器蒸馏纯化。

5.1.2.2.3 硝酸溶液 a：体积分数为50%，将50 mL硝酸（5.1.2.2.2）用水（5.1.2.2.1）稀释至100 mL。

5.1.2.2.4 硝酸溶液 b：体积分数为5%，将5 mL硝酸（5.1.2.2.2）用水（5.1.2.2.1）稀释至100 mL。

5.1.2.2.5 硝酸溶液 c：体积分数为1%，将5 mL硝酸（5.1.2.2.2）用水（5.1.2.2.1）稀释至500 mL。

5.1.2.2.6 高氯酸（$HClO_4$）：ρ=1.67 g/mL，优级纯。

5.1.2.2.7 金属铅（粉状，Pb）：纯度为99.99%。

5.1.2.2.8 铅标准贮备溶液：ρ=1.000 mg/mL，称取0.100 0 g金属铅（5.1.2.2.7）于50 mL烧杯中，用适量硝酸溶液a（5.1.2.2.3）溶解，用水（5.1.2.2.1）定容至100.0 mL容量瓶中，混匀。

5.1.2.2.9 铅标准中间溶液：ρ=100 μg/mL，量取10.0 mL铅标准贮备溶液（5.1.2.2.8）于100.0 mL容量瓶内，用硝酸溶液c（5.1.2.2.5）定容，混匀。

5.1.2.2.10 铅标准使用溶液：ρ=5.00 μg/mL，量取5.00 mL铅标准中间溶液（5.1.2.2.9）于100.0 mL容量瓶内，用硝酸溶液c（5.1.2.2.5）定容，混匀。

5.1.2.3 仪器与设备

5.1.2.3.1 原子吸收分光光度计

原子吸收分光光度计包括：

——具有塞曼扣背景模式的石墨炉原子化器；

——铅空心阴极灯；

——配20 μL进样泵的自动进样器或20 μL精密微量移液器；

——钢瓶氩气（纯度为99.9%以上）。

5.1.2.3.2 其他设备

其他设备包括：

——聚四氟乙烯（或聚丙烯）杯：2 mL；

——移液管：1.00 mL、2.00 mL、5.00 mL和10.0 mL；

——玛瑙研钵或玛瑙球磨机；

——聚四氟乙烯坩埚或聚四氟乙烯杯；

——80目~100目尼龙筛；

——冷冻干燥机。

5.1.2.4 分析步骤

5.1.2.4.1 样品制备

将采集到的生物体湿样剔出肌肉组织，转到洗净并编号的蒸发皿中，并用万分之一的高精度电子天平称重，得到生物体湿重$W_{湿}$，单位为克，置于80℃烘箱内，烘干至恒重，得到生物体干重$W_{干}$，单位为克；或采用冷冻干燥得到生物体的干样，同样测得$W_{湿}$和$W_{干}$。将样品全部转移至玛瑙研钵或玛瑙球磨机中磨碎，用80目~100目尼龙筛加盖过筛，严防样品逸出，将过筛后的样品装入编号的称量瓶中，充分搅匀，放置于干燥器中，待用。

5.1.2.4.2 样品的消解

生物体干样烘干至恒重，称取1.000 g±0.005 g搅拌均匀的样品于30 mL聚四氟乙烯坩埚或聚四氟乙烯杯中，用少许水（5.1.2.2.1）润湿样品，加入12.5 mL硝酸（5.1.2.2.2），置于电热板上由低温升至170℃～180℃，蒸至近干，加入3.00 mL高氯酸（5.1.2.2.6），蒸至近干，白烟冒尽，加5.00 mL硝酸溶液c（5.1.2.2.5），微热提取，多次淋洗后，用水（5.1.2.2.1）定容至25.0 mL容量瓶中，混匀，澄清，上清液待测。

同时制备分析空白试液。

5.1.2.4.3 标准溶液

取5个50.0 mL容量瓶，分别加入0.00 mL、1.00 mL、3.00 mL、5.00 mL、10.0 mL铅标准使用溶液（5.1.2.2.10），用硝酸溶液c（5.1.2.2.5）定容，此标准系列各点含铅0 μg/L、100 μg/L、300 μg/L、500 μg/L、1 000 μg/L。

5.1.2.4.4 样品测定

样品消化溶液，按仪器工作条件测定吸光值A_w。以吸光值相对较低及背景值较低的1个样品为本底，取该样品5个，每个均为900 μL，分别加入系列标准溶液（5.1.2.4.3）各100 μL，使标准工作曲线的点为0.00 μg/L、10.0 μg/L、30.0 μg/L、50.0 μg/L、100.0 μg/L，并分别测定其吸光值，记为A_{w0}、A_{w1}、A_{w2}、A_{w3}、A_{w4}，根据各点添加的浓度及（$A_{w0}-A_{w0}$）、（$A_{w1}-A_{w0}$）、（$A_{w2}-A_{w0}$）、（$A_{w3}-A_{w0}$）、（$A_{w4}-A_{w0}$），按方程$y=a+bx$线性回归，记入表D.1.3.4。

同时按同样的步骤测定分析空白的吸光值A_b。

5.1.2.5 记录与计算

将测得数据记入表D.1.3.5中，由以下公式（1.3.2）计算得到生物体湿样中铅的含量：

$$\omega_{Pb}=[(A_w-A_b)-a]\times V\times W_{干}/(1\ 000\times b\times M\times W_{湿}) \quad \cdots\cdots (1.3.2)$$

式中：

ω_{Pb}——生物体湿样中铅的含量，单位为$\times 10^{-6}$；

A_w——样品的吸光值；

A_b——分析空白的吸光值；

a——工作曲线的截距；

V——样品消化液的体积，单位为毫升（mL）；

$W_{干}$——生物体干样的重量，单位为克（g）；

1 000——单位换算值；

b——工作曲线的斜率；

M——样品的称取量，单位为克（g）；

$W_{湿}$——生物体湿样的重量，单位为克（g）。

5.1.2.6 测定下限、精密度和准确度

本方法的测定下限、准确度和精密度，由7家实验室同样测定的统计结果如下：

测定下限（鱼类）：$0.088\ 5\times 10^{-6}$；

测定下限（贝壳类）：$0.088\ 5\times 10^{-6}$；

测定下限（贝类）：$0.044\ 3\times 10^{-6}$；

测定下限（藻类）：$0.025\ 3\times 10^{-6}$。

准确度：浓度为0.12×10^{-6}时，相对误差为±13.6%；浓度为0.20×10^{-6}时，相对误差为±9.0%。

精密度：浓度为0.12×10^{-6}时，相对标准偏差为±6.8%，浓度为0.20×10^{-6}时，相对标准偏差为±8.6%。

5.1.2.7 注意事项

本方法使用时应注意以下事项：

a）生物体样品可分为藻类、鱼类、甲壳类及贝类四类，同一类别的生物体样品可使用同一条工作

曲线。

b）样品中铅的含量超出标准曲线范围时，可通过稀释样品消化溶液来测定。

c）不同型号仪器可自选最佳条件。本方法采用的仪器工作条件见表 1. 3. 2。

表 1. 3. 2　仪器工作条件

过程	温度 ℃	升温 ℃/s	保持时间 s
干燥	90	10	5
干燥	105	5	5
干燥	110	2	10
灰化	800	250	10
原子化	1 500	1 400	4
除残	2 000	500	4

5. 1. 3　锌（火焰原子吸收分光光度法）

5. 1. 3. 1　方法原理

生物体样品经硝酸 - 高氯酸消化，在稀硝酸介质中，用乙炔火焰原子化，于锌的特征吸收波长（213. 9 nm）处，测定原子吸光值。

5. 1. 3. 2　试剂及其配制

除非另有说明，所有试剂均为优级纯。

5. 1. 3. 2. 1　水：取自超纯水制备系统，电阻率≥18. 2 MΩ · cm（25℃）。

5. 1. 3. 2. 2　硝酸（HNO_3）：$\rho = 1.42$ g/mL，优级纯，经石英亚沸蒸馏器蒸馏纯化。

5. 1. 3. 2. 3　硝酸溶液 a：体积分数为 50%，将 50 mL 硝酸（5. 1. 3. 2. 2）用水（5. 1. 3. 2. 1）稀释至 100 mL。

5. 1. 3. 2. 4　硝酸溶液 b：体积分数为 5%，将 5 mL 硝酸（5. 1. 3. 2. 2）用水（5. 1. 3. 2. 1）稀释至 100 mL。

5. 1. 3. 2. 5　硝酸溶液 c：体积分数为 1%，将 5 mL 硝酸（5. 1. 3. 2. 2）用水（5. 1. 3. 2. 1）稀释至 500 mL。

5. 1. 3. 2. 6　高氯酸（$HClO_4$）：$\rho = 1.67$ g/mL，优级纯。

5. 1. 3. 2. 7　金属锌（粉状，Zn）：纯度为 99. 99%。

5. 1. 3. 2. 8　锌标准贮备溶液：$\rho = 1.000$ mg/mL，称取 0. 100 0 g 金属锌（5. 1. 3. 2. 7）于 50 mL 烧杯中，用适量硝酸溶液 a（5. 1. 3. 2. 3）溶解，用水（5. 1. 3. 2. 1）定容至 100. 0 mL 容量瓶中，混匀。

5. 1. 3. 2. 9　锌标准中间溶液：$\rho = 100$ μg/mL，量取 10. 0 mL 锌标准贮备溶液（5. 1. 3. 2. 8）于 100. 0 mL 容量瓶内，用硝酸溶液 c（5. 1. 3. 2. 5）定容，混匀。

5. 1. 3. 2. 10　锌标准使用溶液：$\rho = 5.00$ μg/mL，量取 5. 00 mL 锌标准中间溶液（5. 1. 3. 2. 9）于 100. 0 mL 容量瓶内，用硝酸溶液 c（5. 1. 3. 2. 5）定容，混匀。

5. 1. 3. 3　仪器与设备

5. 1. 3. 3. 1　原子吸收分光光度计

原子吸收分光光度计包括：

——具有火焰原子化器；

——锌空心阴极灯；

——钢瓶乙炔气（纯度为 99. 9% 以上）；

——空气压缩机。

5.1.3.3.2 其他设备

其他设备包括：

——移液管：1.00 mL、2.00 mL、5.00 mL 和 10.0 mL；

——玛瑙研钵或玛瑙球磨机；

——聚四氟乙烯坩埚或聚四氟乙烯杯；

——80 目～100 目尼龙筛；

——冷冻干燥机。

5.1.3.4 分析步骤

5.1.3.4.1 样品制备

将采集到的生物体湿样剔出肌肉组织，转到洗净并编号的蒸发皿中，并用万分之一的高精度电子天平称重，得到生物体湿重 $W_{湿}$，单位为克，置于80℃烘箱内，烘干至恒重，得到生物体干重 $W_{干}$，单位为克；或采用冷冻干燥得到生物体的干样，同样测得 $W_{湿}$ 和 $W_{干}$。将样品全部转移至玛瑙研钵或玛瑙球磨机中磨碎，用80 目～100 目尼龙筛加盖过筛，严防样品逸出，将过筛后的样品装入编号的称量瓶中，充分搅匀，放置于干燥器中，待用。

5.1.3.4.2 样品的消解

生物体干样烘干至恒重，称取 1.000 g ±0.005 g 搅拌均匀的样品于30 mL 聚四氟乙烯坩埚或聚四氟乙烯杯中，用少许水（5.1.3.2.1）润湿样品，加入 12.5 mL 硝酸（5.1.3.2.2），置于电热板上由低温升至170℃～180℃，蒸至近干，加入3.00 mL 高氯酸（5.1.3.2.6），蒸至近干，白烟冒尽，加5.00 mL 硝酸溶液 b（5.1.3.2.4），微热提取，多次淋洗后，用水（5.1.3.2.1）定容至25.0 mL 容量瓶中，混匀，澄清，上清液待测。

同时制备分析空白试液。

5.1.3.4.3 标准曲线

按照下述步骤绘制工作曲线：

a）取6 个50.0 mL 容量瓶，分别加入0.00 mL，0.50 mL，1.00 mL，2.00 mL，3.00 mL，5.00 mL 锌标准使用溶液（5.1.3.2.10），用硝酸溶液 c（5.1.3.2.5）定容，此标准系列各点含锌 0 mg/L，50 mg/L，100 mg/L，200 mg/L，300 mg/L，500 mg/L。

b）按仪器工作条件测定吸光值 A_w。

c）以吸光值为纵坐标，锌的浓度（mg/L）为横坐标，根据测得的吸光值 $A_w - A_o$（标准空白）及相应的锌浓度（mg/L），按方程 $y = a + bx$ 线性回归，记入表 D.1.3.2 中。

5.1.3.4.4 样品测定

将样品消化溶液，按标准曲线分析步骤（5.1.3.4.3，b）测定样品吸光值 A_w，同时按同样的步骤测定分析空白的吸光值 A_b。

5.1.3.5 记录与计算

将测得数据记入表 D.1.3.3 中，由以下公式（1.3.3）计算得到生物体湿样中锌的含量：

$$\omega_{Zn} = [(A_w - A_b) - a] \times V \times W_{干} / (b \times M \times W_{湿}) \quad \cdots\cdots (1.3.3)$$

式中：

ω_{Zn}——生物体湿样中锌的含量，单位为 $\times 10^{-6}$；

A_w——样品的吸光值；

A_b——分析空白的吸光值；

a——工作曲线的截距；

V——样品消化液的体积，单位为毫升（mL）；

$W_{干}$——生物体干样的重量，单位为克（g）；

b——工作曲线的斜率；

M——样品的称取量，单位为克（g）；

$W_{湿}$——生物体湿样的重量，单位为克（g）。

5.1.3.6 测定下限、精密度和准确度

本方法的测定下限、准确度和精密度，由7家实验室同样测定的统计结果如下：

测定下限：0.120×10^{-6}。

准确度：浓度为75.0×10^{-6}时，相对误差为±1.9%；浓度为76.0×10^{-6}时，相对误差为±1.8%。

精密度：浓度为75.0×10^{-6}时，相对标准偏差为±2.3%，浓度为76.0×10^{-6}时，相对标准偏差为±1.8%。

5.1.3.7 注意事项

本方法使用时应注意以下事项：

a）样品中锌的含量超出标准曲线范围时，可通过稀释样品消化溶液来测定。

b）不同型号仪器可自选最佳条件。本方法采用的仪器工作条件见表1.3.3。

表1.3.3 仪器工作条件

工作灯电流 mA	光通带宽 nm	负高压 V	燃气流量 mL/min	燃烧器高度 mm
3.0	0.4	300	1 800 ~ 2 000	6.0

5.1.4 镉（无火焰原子吸收分光光度法）

5.1.4.1 方法原理

生物体样品经硝酸－高氯酸消化，在稀硝酸介质中，用石墨炉原子化，于镉的特征吸收波长处（228.8 nm）测定原子吸光值。

5.1.4.2 试剂及其配制

除非另有说明，所有试剂均为优级纯。

5.1.4.2.1 水：取自超纯水制备系统，电阻率≥18.2 MΩ·cm（25℃）。

5.1.4.2.2 硝酸（HNO_3）：$\rho=1.42$ g/mL，优级纯，经石英亚沸蒸馏器蒸馏纯化。

5.1.4.2.3 硝酸溶液a：体积分数为50%，将50 mL硝酸（5.1.4.2.2）用水（5.1.4.2.1）稀释至100 mL。

5.1.4.2.4 硝酸溶液b：体积分数为5%，将5 mL硝酸（5.1.4.2.2）用水（5.1.4.2.1）稀释至100 mL。

5.1.4.2.5 硝酸溶液c：体积分数为1%，将5 mL硝酸（5.1.4.2.2）用水（5.1.4.2.1）稀释至500 mL。

5.1.4.2.6 高氯酸（$HClO_4$）：$\rho=1.67$ g/mL，优级纯。

5.1.4.2.7 金属镉（粉状，Cd）：纯度为99.99%。

5.1.4.2.8 镉标准贮备溶液：$\rho=1.000$ mg/mL，称取0.100 0 g金属镉（5.1.4.2.7）于50 mL烧杯中，用适量硝酸溶液a（5.1.4.2.3）溶解，用水（5.1.4.2.1）定容至100.0 mL容量瓶中，混匀。

5.1.4.2.9 镉标准中间溶液：$\rho=100$ μg/mL，量取10.0 mL镉标准贮备溶液（5.1.4.2.8）于100.0 mL容量瓶内，用硝酸溶液c（5.1.4.2.5）定容，混匀。

5.1.4.2.10 镉标准使用溶液：$\rho=1.00$ μg/mL，量取1.00 mL镉标准中间溶液（5.1.4.2.9）于100.0 mL

容量瓶内，用硝酸溶液 c（5.1.4.2.5）定容，混匀。

5.1.4.3 仪器与设备

5.1.4.3.1 原子吸收分光光度计

原子吸收分光光度计包括：

——具有塞曼扣背景模式的石墨炉原子化器；

——镉空心阴极灯；

——配 20 μL 进样泵的自动进样器或 20 μL 精密微量移液器；

——钢瓶氩气（纯度为 99.9% 以上）。

5.1.4.3.2 其他设备

其他设备包括：

——聚四氟乙烯（或聚丙烯）杯：2 mL；

——移液管：1.00 mL、2.00 mL、5.00 mL 和 10.0 mL；

——玛瑙研钵或玛瑙球磨机；

——聚四氟乙烯坩埚或聚四氟乙烯杯；

——80 目 ~100 目尼龙筛；

——冷冻干燥机。

5.1.4.4 分析步骤

5.1.4.4.1 样品制备

按照以下步骤进行样品制备：

将采集到的生物体湿样剔出肌肉组织，转到洗净并编号的蒸发皿中，并用万分之一的高精度电子天平称重，得到生物体湿重 $W_{湿}$，单位为克，置于 80℃烘箱内，烘干至恒重，得到生物体干重 $W_{干}$，单位为克；或采用冷冻干燥得到生物体的干样，同样测得 $W_{湿}$ 和 $W_{干}$。将样品全部转移至玛瑙研钵或玛瑙球磨机中磨碎，用 80 目 ~100 目尼龙筛加盖过筛，严防样品逸出，将过筛后的样品装入编号的称量瓶中，充分搅匀，放置于干燥器中，待用。

5.1.4.4.2 样品的消解

按照以下条件进行样品消解：

生物体干样烘干至恒重，称取 1.000 g ±0.005 g 搅拌均匀的样品于 30 mL 聚四氟乙烯坩埚或聚四氟乙烯杯中，用少许水（5.1.4.2.1）润湿样品，加入 12.5 mL 硝酸（5.1.4.2.2），置于电热板上由低温升至 170℃ ~180℃，蒸至近干，加入 3.00 mL 高氯酸（5.1.4.2.6），蒸至近干，白烟冒尽，取下稍冷，加 5.00 mL 硝酸溶液 b（5.1.4.2.4），微热提取，多次淋洗后，用水（5.1.4.2.1）定容至 25.0 mL 容量瓶中，混匀，澄清，上清液待测。

同时制备分析空白试液。

5.1.4.4.3 标准溶液

取 5 个 50.0 mL 容量瓶，分别加入 0.00 mL、0.25 mL、0.50 mL、1.00 mL、2.00 mL 镉标准使用溶液（5.1.4.2.10），用硝酸溶液 c（5.1.4.2.5）定容，此标准系列各点含镉 0.0 μg/L、5.0 μg/L、10.0 μg/L、20.0 μg/mL、40.0 μg/mL。

5.1.4.4.4 样品测定

样品消化溶液，按仪器工作条件测定吸光值 A_w。以吸光值相对较低及背景值较低的 1 个样品为本底，取该样品 5 个，每个均为 900 μL，分别加入系列标准溶液（5.1.4.4.3）各 100 μL，使标准添加工作曲线的点为 0.00 μg/L、0.50 μg/L、1.00 μg/L、2.00 μg/L、4.00 μg/L，并分别测定其吸光值，记为 A_{w0}、A_{w1}、A_{w2}、A_{w3}、A_{w4}，根据各点添加的浓度及（$A_{w0}-A_{w0}$）、（$A_{w1}-A_{w0}$）、（$A_{w2}-A_{w0}$）、（$A_{w3}-A_{w0}$）、（$A_{w4}-$

A_{w0}），按方程 $y=a+bx$ 线性回归，记入表 D. 1. 3. 4。

同时按同样的步骤测定分析空白的吸光值 A_b。

5. 1. 4. 5 记录与计算

将测得数据记入表 D. 1. 3. 5 中，由以下公式（1. 3. 4）计算得到生物体湿样中镉的含量：

$$\omega_{Cd} = [(A_w - A_b) - a] \times V \times W_{干} / (1\,000 \times b \times M \times W_{湿}) \quad (1.3.4)$$

式中：

ω_{Cd}——生物体湿样中镉的含量，单位为 $\times 10^{-6}$；

A_w——样品的吸光值；

A_b——分析空白的吸光值；

a——工作曲线的截距；

V——样品消化液的体积，单位为毫升（mL）；

$W_{干}$——生物体干样的重量，单位为克（g）；

1 000——单位换算值；

b——工作曲线的斜率；

M——样品的称取量，单位为克（g）；

$W_{湿}$——生物体湿样的重量，单位为克（g）。

5. 1. 4. 6 测定下限、精密度和准确度

本方法的测定下限、准确度和精密度，由 7 家实验室同样测定的统计结果如下：

测定下限（鱼类）：$0.035\,3 \times 10^{-6}$；

测定下限（甲壳类）：$0.005\,3 \times 10^{-6}$；

测定下限（贝类）：$0.011\,8 \times 10^{-6}$；

测定下限（藻类）：$0.029\,5 \times 10^{-6}$。

准确度：浓度为 1.06×10^{-6} 时，相对误差为 ±10.2%；浓度为 0.039×10^{-6} 时，相对误差为 ±13.9%。

精密度：浓度为 1.06×10^{-6} 时，相对标准偏差为 ±8.6%，浓度为 0.039×10^{-6} 时，相对标准偏差为 ±9.2%。

5. 1. 4. 7 注意事项

本方法使用时应注意以下事项：

a）生物体样品可分为藻类、鱼类、甲壳类及贝类四类，同一类别的生物体样品可使用同一条工作曲线。

b）样品中镉的含量超出标准曲线范围时，可通过稀释样品消化溶液来测定。

c）不同型号仪器可自选最佳条件。本方法采用的仪器工作条件见表 1. 3. 4。

表 1. 3. 4 仪器工作条件

过程	温度 ℃	升温 ℃/s	保持时间 s
干燥	90	10	5
干燥	105	5	5
干燥	110	2	10
灰化	300	250	10
原子化	1 400	1 500	4
除残	1 700	500	4

5.1.5 铬（无火焰原子吸收分光光度法）

5.1.5.1 方法原理

生物体样品经硝酸－高氯酸消化，在稀硝酸介质中，用石墨炉原子化，于铬的特征吸收波长处（357.9 nm）测定原子吸光值。

5.1.5.2 试剂及其配制

除非另有说明，所有试剂均为优级纯。

5.1.5.2.1 水：取自超纯水制备系统，电阻率≥18.2 MΩ·cm（25℃）。

5.1.5.2.2 硝酸（HNO_3）：ρ = 1.42 g/mL，优级纯，经石英亚沸蒸馏器蒸馏纯化。

5.1.5.2.3 硝酸溶液 a：体积分数为 50%，将 50 mL 硝酸（5.1.5.2.2）用水（5.1.5.2.1）稀释至 100 mL。

5.1.5.2.4 硝酸溶液 b：体积分数为 5%，将 5 mL 硝酸（5.1.5.2.2）用水（5.1.5.2.1）稀释至 100 mL。

5.1.5.2.5 硝酸溶液 c：体积分数为 1%，将 5 mL 硝酸（5.1.5.2.2）用水（5.1.5.2.1）稀释至 500 mL。

5.1.5.2.6 高氯酸（$HClO_4$）：ρ = 1.67 g/mL，优级纯。

5.1.5.2.7 重铬酸钾（$K_2Cr_2O_7$）：优级纯。

5.1.5.2.8 铬标准贮备溶液：ρ = 1.000 mg/mL，称取重铬酸钾（5.1.5.2.7）0.282 9 g 溶于水（5.1.5.2.1）中，全量转入 100.0 mL 容量瓶中，加入 1 mL 硝酸（5.1.5.2.2），定容，混匀。

5.1.5.2.9 铬标准中间溶液：ρ = 100.0 μg/mL，量取 10.0 mL 铬标准贮备溶液（5.1.5.2.8）于 100.0 mL 容量瓶内，用硝酸溶液（5.1.5.2.5）定容，混匀。

5.1.5.2.10 铬标准使用溶液：ρ = 5.00 μg/mL，量取 5.00 mL 铬标准中间溶液（5.1.5.2.9）于 100.0 mL 容量瓶内，用硝酸溶液（5.1.5.2.5）定容，混匀。

5.1.5.3 仪器与设备

5.1.5.3.1 原子吸收分光光度计

原子吸收分光光度计包括：

——具有塞曼扣背景模式的石墨炉原子化器；

——铬空心阴极灯；

——配 20 μL 进样泵的自动进样器或 20 μL 精密微量移液器；

——钢瓶氩气（纯度为 99.9% 以上）。

5.1.5.3.2 其他设备

其他设备包括：

——聚四氟乙烯（或聚丙烯）杯：2 mL；

——移液管：1.00 mL、2.00 mL、5.00 mL 和 10.0 mL；

——玛瑙研钵或玛瑙球磨机；

——聚四氟乙烯坩埚或聚四氟乙烯杯；

——80 目～100 目尼龙筛；

——冷冻干燥机。

5.1.5.4 分析步骤

5.1.5.4.1 样品制备

按照以下步骤进行样品制备：

将采集到的生物体湿样剔出肌肉组织，转到洗净并编号的蒸发皿中，并用万分之一的高精度电子天平称重，得到生物体湿重 $W_{湿}$，单位为克，置于80℃烘箱内，烘干至恒重，得到生物体干重 $W_{干}$，单位为克；或采用冷冻干燥得到生物体的干样，同样测得 $W_{湿}$ 和 $W_{干}$。将样品全部转移至玛瑙研钵或玛瑙球磨机中磨碎，用80目～100目尼龙筛加盖过筛，严防样品逸出，将过筛后的样品装入编号的称量瓶中，充分搅匀，放置于干燥器中，待用。

5.1.5.4.2 样品的消解

按照以下条件进行样品消解：

生物体干样烘干至恒重，称取1.000 g±0.005 g搅拌均匀的样品于30 mL聚四氟乙烯坩埚或聚四氟乙烯杯中，用少许水（5.1.5.2.1）润湿样品，加入12.5 mL硝酸（5.1.5.2.2），置于电热板上由低温升至170℃～180℃，蒸至近干，加入3.00 mL高氯酸（5.1.5.2.6），蒸至近干，白烟冒尽，取下稍冷，加5.00 mL硝酸溶液b（5.1.5.2.4），微热提取，多次淋洗后，用水（5.1.5.2.1）定容至25.0 mL容量瓶中，混匀，澄清，上清液待测。

同时制备分析空白试液。

5.1.5.4.3 标准溶液

取5个50.0 mL容量瓶，分别加入0.00 mL、0.50 mL、1.00 mL、3.00 mL、5.00 mL铬标准使用溶液（5.1.5.2.10），用硝酸溶液c（5.1.5.2.5）定容，此标准系列各点含铬0 μg/L、50 μg/L、100 μg/L、300 μg/L、500 μg/L。

5.1.5.4.4 样品测定

样品消化溶液，按仪器工作条件测定吸光值 A_w。以吸光值相对较低及背景值较低的1个样品为本底，取该样品5个，每个均为900 μL，分别加入系列标准溶液（5.1.5.4.3）各100 μL，使标准曲线的点为0.0 μg/L、5.0 μg/L、10.0 μg/L、30.0 μg/L、50.0 μg/L，并分别测定其吸光值，记为 A_{w0}、A_{w1}、A_{w2}、A_{w3}、A_{w4}，根据各点添加的浓度及（$A_{w0}-A_{w0}$）、（$A_{w1}-A_{w0}$）、（$A_{w2}-A_{w0}$）、（$A_{w3}-A_{w0}$）、（$A_{w4}-A_{w0}$），按方程 $y=a+bx$ 线性回归，记入表D.1.3.4。

同时按同样的步骤测定分析空白的吸光值 A_b。

5.1.5.5 记录与计算

将测得数据记入表D.1.3.5中，由以下公式（1.3.5）计算得到生物体湿样中铬的含量：

$$\omega_{Cr}=[(A_w-A_b)-a]\times V\times W_{干}/(1\,000\times b\times M\times W_{湿}) \qquad (1.3.5)$$

式中：

ω_{Cr}——生物体湿样中铬的含量，单位为 $\times10^{-6}$；

A_w——样品的吸光值；

A_b——分析空白的吸光值；

a——工作曲线的截距；

V——样品消化液的体积，单位为毫升（mL）；

$W_{干}$——生物体干样的重量，单位为克（g）；

1 000——单位换算值；

b——工作曲线的斜率；

M——样品的称取量，单位为克（g）；

$W_{湿}$——生物体湿样的重量，单位为克（g）。

5.1.5.6 测定下限、精密度和准确度

本方法的测定下限、准确度和精密度，由7家实验室同样测定的统计结果如下：

测定下限（鱼类）：$0.007\,3\times10^{-6}$；

测定下限（甲壳类）：$0.007\,3\times10^{-6}$；

测定下限（贝类）：$0.062\,5\times10^{-6}$；

测定下限（藻类）：$0.003\,3\times10^{-6}$。

准确度：浓度为0.28×10^{-6}时，相对误差为±6.6%；浓度为0.35×10^{-6}时，相对误差为±13.0%。

精密度：浓度为0.28×10^{-6}时，相对标准偏差为±7.9%，浓度为0.35×10^{-6}时，相对标准偏差为±6.8%。

5.1.5.7 注意事项

本方法使用时应注意以下事项：

a）生物体样品可分为藻类、鱼类、甲壳类及贝类四类，同一类别的生物体样品可使用同一条工作曲线；

b）样品中铬的含量超出标准曲线范围时，可通过稀释样品消化溶液来测定；

c）不同型号仪器可自选最佳条件。本方法采用的仪器工作条件见表1.3.5。

表1.3.5 仪器工作条件

过程	温度 ℃	升温 ℃/s	保持时间 s
干燥	90	10	5
干燥	105	5	5
干燥	110	2	10
灰化	950	250	10
原子化	2 450	FP	5
除残	2 550	500	4

5.2 原子荧光分光光度方法

5.2.1 总汞

5.2.1.1 方法原理

在硝酸－高氯酸消化体系中，生物体中的汞以离子态全量进入溶液。在还原剂硼氢化钾的作用下，汞离子被还原成汞原子，利用氩气将汞原子汽化，并作为载气将其带入原子荧光光度计的原子荧光检测器中，以汞空心阴极灯（波长253.7 nm）作为激发光源，测定汞的荧光值。

5.2.1.2 试剂及其配制

除非另有说明，所有试剂均为分析纯，水为超纯水。

5.2.1.2.1 水：取自超纯水制备系统，电阻率≥18.2 MΩ·cm（25℃）。

5.2.1.2.2 硝酸（HNO_3）：$\rho=1.42$ g/mL，优级纯。

5.2.1.2.3 硝酸溶液：体积分数为5%，将1体积硝酸（5.2.1.2.2）与19体积水（5.2.1.2.1）混合。

5.2.1.2.4 高氯酸（$HClO_4$）：优级纯。

5.2.1.2.5 盐酸（HCl）：$\rho=1.19$ g/mL，优级纯。

5.2.1.2.6 草酸（$H_2C_2O_4\cdot2H_2O$）：优级纯。

5.2.1.2.7 草酸溶液：$\rho=10$ g/L。称取10 g草酸（5.2.1.2.6）溶解于1 000 mL水（5.2.1.2.1）中。

5.2.1.2.8 硼氢化钾（KBH_4）：优级纯。

5.2.1.2.9 氢氧化钾（KOH）：优级纯。

5.2.1.2.10 硼氢化钾溶液：$\rho=0.1$ g/L，称取5 g氢氧化钾（5.2.1.2.9）溶于约200 mL水（5.2.1.2.1）中，加入0.1 g硼氢化钾（5.2.1.2.8），待溶解后，用水（5.2.1.2.1）稀释至1 000 mL。

5.2.1.2.11 氯化汞（$HgCl_2$）：优级纯。预先在硫酸干燥器中放置24 h以上。

5.2.1.2.12 汞标准贮备液：$\rho=1.000$ g/L。准确称取0.135 4 g氯化汞（5.2.1.2.11）于50 mL烧杯中，

用少量硝酸溶液（5.2.1.2.3）溶解后，全量转入100.0 mL容量瓶中，以硝酸溶液（5.2.1.2.3）稀释至标线，混匀。

5.2.1.2.13　汞标准中间溶液a：ρ=10.0 mg/L，移取1.00 mL汞标准贮备液（5.2.1.2.12）置于100.0 mL容量瓶中，以硝酸溶液（5.2.1.2.3）稀释至标线，混匀。

5.2.1.2.14　汞标准中间溶液b：ρ=0.100 mg/L，移取1.00 mL汞标准中间液a（5.2.1.2.13）置于100.0 mL容量瓶中，以硝酸溶液（5.2.1.2.3）稀释至标线，混匀。

5.2.1.2.15　汞标准使用液：ρ=10.0 μg/L，移取10.00 mL汞标准中间液b（5.2.1.2.14）置于100.0 mL容量瓶中，以硝酸溶液（5.2.1.2.3）稀释至标线，混匀（使用时配制）。

5.2.1.3　仪器与设备

5.2.1.3.1　原子荧光光度计

原子荧光光度计包括：

——汞空心阴极灯；

——钢瓶高纯氩气（纯度为99.99%以上）。

5.2.1.3.2　其他设备

其他设备包括：

——容量瓶：50.0 mL±0.1 mL、100.0 mL±0.1 mL；

——移液管：1.00 mL、2.00 mL、5.00 mL、10.00 mL；

——烧杯：50 mL、100 mL、1 000 mL；

——玛瑙研钵；

——分析天平；

——电加热板。

5.2.1.4　分析步骤

5.2.1.4.1　绘制工作曲线

按照下述步骤绘制工作曲线：

a）取7个100.0 mL容量瓶，分别加入约50 mL水（5.2.1.2.1），然后加入10 mL硝酸（5.2.1.2.2）和10 mL盐酸（5.2.1.2.5），再分别加入汞标准使用液（5.2.1.2.15）0.00 mL，0.25 mL，0.50 mL，1.00 mL，2.00 mL，4.00 mL，8.00 mL，用水（5.2.1.2.1）稀释至标线，混匀。此标准系列各点汞的浓度分别为0.000 μg/L，0.025 μg/L，0.050 μg/L，0.100 μg/L，0.200 μg/L，0.400 μg/L，0.800 μg/L。

b）分别取2.00 mL于原子荧光光度计的检测器中，测定荧光值（F_i）。

c）以荧光值F为纵坐标，汞浓度ρ（μg/L）为横坐标，根据测得的荧光值F_i-F_0（标准空白）及相应的汞浓度ρ（μg/L），绘制标准曲线，线性回归，得到方程$y=a+bx$。记入表D.1.3.6。

5.2.1.4.2　样品制备

将采集到的生物体湿样剔出肌肉组织，转到洗净并编号的蒸发皿中，并称重，得到生物体湿重$W_{湿}$，单位为克，置于40℃烘箱内，烘干至恒重，得到生物体干重$W_{干}$，单位为克。将样品全部转移至玛瑙研钵中，碾压粉碎至较细颗粒，严防样品逸出，装入编号的称量瓶中，放置于干燥器中，待用。

5.2.1.4.3　样品消化

准确称取0.250 g±0.005 g生物干样，放入50 mL高型烧杯中，加入10 mL硝酸（5.2.1.2.2），1 mL高氯酸（5.2.1.2.4），盖上表面皿，放置过夜。次日将样品置于140℃～160℃电热板上加热，消化至黄棕色烟雾散尽，消化液清亮透明，近无色或浅黄色为止。取下冷却至室温，加入5 mL盐酸（5.2.1.2.5），全量转入50.0 mL容量瓶中，用草酸溶液（5.2.1.2.7）稀释至标线，混匀，静置20 min

后上机测试。同时按上述步骤制备分析空白消化液。

5.2.1.4.4 样品测定

用原子荧光光度计分别对分析空白液和样品消化液（5.2.1.4.3）进样2.0 mL，用硼氢化钾溶液（5.2.1.2.10）作为载液，依次测定分析空白荧光值（F_0）和样品消化液的荧光值（F_i）。

5.2.1.5 记录与计算

将测得的数据记入表D.1.3.7中，由以下公式（1.3.6）计算得到生物体湿样中总汞的含量：

$$W_{Hg} = [(F_i - F_0) - a] \times V \times W_{干} / (1\,000 \times b \times M \times W_{湿}) \quad (1.3.6)$$

式中：

W_{Hg}——生物体湿样中汞的含量，单位为$\times 10^{-6}$；

F_i——样品的吸光值；

F_0——分析空白的吸光值；

a——工作曲线的截距；

V——样品消化液的体积，单位为毫升（mL）；

$W_{干}$——生物体干样的重量，单位为克（g）；

b——工作曲线的斜率；

M——样品的称取量，单位为克（g）；

$W_{湿}$——生物体湿样的重量，单位为克（g）。

5.2.1.6 测定下限、精密度和准确度

测定下限：0.007×10^{-6}。

准确度：浓度为40.0×10^{-9}时，相对误差为±13%；浓度为49.0×10^{-6}时，相对误差为±8%。

精密度：浓度为40.0×10^{-9}时，相对标准偏差为±6%；浓度为49.0×10^{-6}时，相对标准偏差为±5%。

5.2.1.7 注意事项

本方法使用时应注意以下事项：

a）对含碘量高的海洋生物样品，应加入适量的硝酸银消除碘对测定的干扰；

b）测试使用的所有器皿必须在硝酸溶液（体积分数为25%）中浸泡24 h后，再用去离子水冲洗干净方可使用；

c）生物样品取样量较大时，可适当增加硝酸用量；

d）每批生物样品测定完成后，要用酸性高锰酸钾溶液漂洗原子荧光光度计的氢化物发生器，并用水洗净；

e）由于汞元素的气体发生条件与所在基体溶液的化学组成有一定关系，所以标准系列溶液的介质组成应尽可能与试样消化液组成相近；

f）所用的试剂，特别是硝酸和盐酸，在使用前必须做空白试验。空白高的酸将严重影响方法的测定灵敏度和准确度；

g）为保证分析结果准确，可适当地调节样品的称取量，使得测得值在标准曲线范围内；

h）不同型号的仪器可自选最佳测定条件，本方法采用的仪器工作条件见表1.3.6。

表1.3.6 仪器工作条件

总电流 mA	主电流/辅助电流 mA	负高压 V	原子化器高度 mm	载气流量 mL/min	辅助气流量 mL/min	原子化方式
45	45/0	290	8	400	800	冷原子

5.2.2 砷

5.2.2.1 方法原理

生物体样品经硝酸－高氯酸消化后，用硼氢化钾将三价砷转化为砷化氢气体，由氩气作为载气将其导入原子荧光光度计的原子化器中进行原子化，以砷空心阴极灯（波长 193.7 nm）作为激发光源，测定砷原子的荧光值。

5.2.2.2 试剂及其配制

除非另有说明，所有试剂均为分析纯，水为超纯水。

5.2.2.2.1 水：取自超纯水制备系统，电阻率≥18.2 MΩ · cm（25℃）。

5.2.2.2.2 硝酸（HNO_3）：ρ = 1.42 g/mL，优级纯。

5.2.2.2.3 高氯酸（$HClO_4$）：优级纯。

5.2.2.2.4 硫酸（H_2SO_4）：ρ = 1.84 g/mL，工艺超纯。

5.2.2.2.5 硫酸溶液：体积分数为10%，量取 100 mL 硫酸（5.2.2.2.4），慢慢加入水（5.2.2.2.1）中，并用水（5.2.2.2.1）稀释至 1 000 mL。

5.2.2.2.6 氢氧化钠（NaOH）：优级纯。

5.2.2.2.7 氢氧化钠溶液：ρ = 100 g/L，称取 10 g 氢氧化钠（5.2.2.2.6），加水（5.2.2.2.1）溶解后稀释至 100 mL。

5.2.2.2.8 硼氢化钾（KBH_4）：优级纯。

5.2.2.2.9 氢氧化钾（KOH）：优级纯。

5.2.2.2.10 硼氢化钾溶液：ρ = 10 g/L，称取 5 g 氢氧化钾（5.2.2.2.9）溶于约 200 mL 水（5.2.2.2.1）中，加入 10 g 硼氢化钾（5.2.2.2.8），待溶解后，用水（5.2.2.2.1）稀释至 1 000 mL。

5.2.2.2.11 硫脲（CH_4N_2S）：分析纯。

5.2.2.2.12 抗坏血酸（$C_6H_8O_6$）：分析纯。

5.2.2.2.13 硫脲－抗坏血酸还原剂：$CH_4N_2S - C_6H_8O_6$，称取 5.0 g 硫脲（5.2.2.2.11）和 3.0 g 抗坏血酸（5.2.2.2.12）用水（5.2.2.2.1）溶解，并稀释至 100 mL（使用前配制）。

5.2.2.2.14 三氧化二砷（As_2O_3）：优级纯，经 150℃烘干 2 h，置于干燥器中保存。

5.2.2.2.15 砷标准贮备液：ρ = 100.0 μg/mL，准确称取 0.132 0 g 三氧化二砷（5.2.2.2.14）于 25 mL 烧杯中，用 10 mL 氢氧化钠溶液（5.2.2.2.7）溶解后，转移到已加入 25 mL 硫酸溶液（5.2.2.2.5）的 1 000.0 mL 容量瓶中，加水（5.2.2.2.1）稀释至标线，混匀。

5.2.2.2.16 砷标准中间液：ρ = 1.00 μg/mL，量取 1.00 mL 砷标准贮备液（5.2.2.2.15），移入已加入 10 mL 硫酸溶液（5.2.2.2.5）的 100 .0 mL 容量瓶中，加水（5.2.2.2.1）稀释至标线，混匀。

5.2.2.2.17 砷标准使用液：ρ = 0.100 μg/mL，量取 10.0 mL 砷标准中间液（5.2.2.2.16），移入 100.0 mL 已加入 10 mL 硫酸溶液（5.2.2.2.5）的容量瓶中，加水（5.2.2.2.1）稀释至标线，混匀。

5.2.2.3 仪器与设备

5.2.2.3.1 原子荧光光度计

原子荧光光度计包括：

——砷空心阴极灯；

——钢瓶高纯氩气（纯度为 99.99% 以上）。

5.2.2.3.2 其他设备

其他设备包括：

——容量瓶：100.0 mL ± 0.1 mL；

——移液管：1.00 mL、2.00 mL、5.00 mL 和 10.00 mL；

——烧杯：50 mL、100 mL、1 000 mL；

——玛瑙研钵；
——分析天平；
——电加热板。

5.2.2.4 分析步骤

5.2.2.4.1 绘制工作曲线

按照下述步骤绘制工作曲线：

a）取6个50 mL容量瓶，提前加入25 mL硫酸溶液（5.2.2.2.5）和5 mL硫脲－抗坏血酸还原剂（5.2.2.2.13），分别加入0.00 mL、0.50 mL、1.00 mL、2.00 mL、3.00 mL、4.00 mL砷标准使用溶液（5.2.2.2.17），用水（5.2.2.2.1）稀释至标线，混匀，此标准系列各点砷浓度分别为0.0 μg/L、5.0 μg/L、10.0 μg/L、20.0 μg/L、30.0 μg/L、40.0 μg/L。

b）分别取2.0 mL于原子荧光光度计的检测器中，测定荧光值（F_i）。

c）以荧光值F为纵坐标，砷浓度ρ（μg/L）为横坐标，根据测得的荧光值$F_i - F_0$（标准空白）及相应的砷浓度ρ（μg/L），绘制工作曲线，线性回归，得到方程$y = a + bx$。记入表D.1.3.6中。

5.2.2.4.2 样品制备

将采集到的生物体湿样剔出肌肉组织，转到洗净并编号的蒸发皿中，并称重，得到生物体湿重$W_{湿}$，单位为克，置于80℃烘箱内，烘干至恒重，得到生物体干重$W_{干}$，单位为克。将样品全部转移至玛瑙研钵中，碾压粉碎至较细颗粒，严防样品逸出，装入编号的称量瓶中，放置于干燥器中，待用。

5.2.2.4.3 样品消化

按照下述步骤进行样品消化：

准确称取0.250 g±0.005 g生物干样于高型烧杯中，加入10 mL硝酸（5.2.2.2.2），盖上表面皿，摇匀后放置过夜。次日将样品置于电热板，在160℃下加热消化至溶液近无色。若溶液仍有未分解物质或色泽较深，补加5 mL硝酸（5.2.2.2.2），继续消化至溶液近无色，消化时不能蒸干。再加入1 mL高氯酸（5.2.2.2.3），加热消化至剩少许溶液，取下烧杯，冷却，用水定量转入50.0 mL容量瓶中，加5 mL硫脲－抗坏血酸还原剂（5.2.2.2.13），用水（5.2.2.2.1）定容至50.0 mL，充分混匀，此为样品消化液。同时按上述步骤制备分析空白消化液。

5.2.2.4.4 样品测定

按照下述步骤进行样品测定：

用原子荧光光度计分别对分析空白液和样品消化液（5.2.2.4.2）进样2.0 mL，用硼氢化钾溶液（5.2.2.2.10）作为载液，依次测定分析空白荧光值（F_0）和样品消化液的荧光值（F_i）。

5.2.2.5 记录与计算

将测得数据记入表D.1.3.7中，由以下公式（1.3.7）计算得到生物体湿样中砷的含量：

$$W_{As} = [(F_i - F_0) - a] \times V \times W_{干} / (1\,000 \times b \times M \times W_{湿}) \quad (1.3.7)$$

式中：

W_{As}——生物体湿样中砷的含量，单位为$\times 10^{-6}$；
F_i——样品的吸光值；
F_0——分析空白的吸光值；
a——工作曲线的截距；
V——样品消化液的体积，单位为毫升（mL）；
$W_{干}$——生物体干样的重量，单位为克（g）；
b——工作曲线的斜率；
M——样品的称取量，单位为克（g）；
$W_{湿}$——生物体湿样的重量，单位为克（g）。

5.2.2.6 测定下限、精密度和准确度

测定下限：0.7×10^{-6}。

准确度：浓度为3.6×10^{-6}时，相对误差为±12%；浓度为2.5×10^{-6}时，相对误差为±11%。

精密度：浓度为3.6×10^{-6}时，相对标准偏差为±6%；浓度为2.5×10^{-6}时，相对标准偏差为±7%。

5.2.2.7 注意事项

本方法应注意以下事项：

a）对含碘量高的海洋生物样品，应加入适量的硝酸银消除碘对测定的干扰。

b）测试使用的所有器皿必须在硝酸溶液（体积分数为25%）中浸泡24 h后，再用去离子水冲洗干净方可使用。

c）生物样品取样量较大时，可适当增加硝酸用量。

d）由于砷元素的气体发生条件与所在基体溶液的化学组成有一定关系，所以标准系列溶液的介质组成应尽可能与试样消化液组成相近。

e）所用的试剂，特别是硝酸和盐酸，在使用前必须作空白试验。空白高的酸将严重影响方法的测定灵敏度和准确度。

f）为保证分析结果准确，可适当地调节样品的称取量，使得测得值在标准曲线范围内。

h）不同型号的仪器可自选最佳测定条件，本方法采用的仪器工作条件见表1.3.7。

表1.3.7 仪器工作条件

总电流 mA	主电流/辅助电流 mA	负高压 V	原子化器高度 mm	载气流量 mL/min	辅助气流量 mL/min	原子化方式
60	30/30	270	8	400	800	火焰法

5.3 电感耦合等离子质谱法（连续测定铜、铅、锌、镉、铬和砷）

5.3.1 适用范围

本方法适用于大洋、近海、河口、港湾海洋生物中铜、铅、锌、镉、铬和砷元素的测定。

5.3.2 方法原理

海洋生物样品经硝酸-高氯酸消解后，所得酸性消化液经由蠕动泵提升进入电感耦合等离子体质谱仪（ICP-MS），样品经雾化器雾化后以气溶胶的形式进入等离子体区域，在离子体高能量源的激发下，样品经过蒸发、解离、原子化、电离等过程，待测离子被提取出来，通过质子检定器，检测待测离子数量即可测定样品中重金属元素的浓度。

5.3.3 试剂及其配制

除非另有说明，所有试剂均为优级纯。

5.3.3.1 水：取自超纯水制备系统，电阻率≥18.2 MΩ·cm（25℃）。

5.3.3.2 硝酸：HNO_3，$\rho=1.42$ g/mL，经亚沸蒸馏器纯化。

5.3.3.3 硝酸溶液a：HNO_3，体积分数为50%，将50 mL硝酸（5.3.3.2）用纯净水（5.3.3.1）稀释至100 mL。

5.3.3.4 硝酸溶液b：HNO_3，体积分数为5%，将5 mL硝酸（5.3.3.2）用纯净水（5.3.3.1）稀释至100 mL。

5.3.3.5 硝酸溶液c：HNO_3，体积分数为1%，将5 mL硝酸（5.3.3.2）用纯净水（5.3.3.1）稀释至500 mL。

5.3.3.6 高氯酸：$HClO_4$，$\rho=1.67$ g/mL。

5.3.3.7 过氧化氢：H_2O_2，体积分数为30%。

5.3.3.8 多元素混合调谐溶液：10.0 mg/L，^{7}Li、^{59}Co、^{89}Y、^{137}Ba、^{140}Ce、^{205}Tl元素浓度均为10.0 mg/L的商品化溶液。

5.3.3.9 多元素内标校正贮备溶液：ρ =100.0 mg/L，含有^{45}Sc、^{89}Y、^{115}In、^{209}Bi元素，各浓度均为100.0 mg/L的商品化溶液。

5.3.3.10 多元素内标校正中间溶液：ρ =10.0 mg/L，移取10.0 mL多元素内标校正贮备液（5.3.3.9）于100.0 mL容量瓶中，用纯净水定容。

5.3.3.11 多元素内标校正使用溶液：ρ = 400.0 μg/L，移取4.00 mL多元素内标校正中间液（5.3.3.10）于100.0 mL容量瓶中，用纯净水定容。

5.3.3.12 金属铜（粉状，Cu）：纯度为99.99%。

5.3.3.13 金属铅（粉状，Pb）：纯度为99.99%。

5.3.3.14 金属锌（粉状，Zn）：纯度为99.99%。

5.3.3.15 金属镉（粉状，Cd）：纯度为99.99%。

5.3.3.16 重铬酸钾（$K_2Cr_2O_7$）：优级纯。

5.3.3.17 三氧化二砷（As_2O_3）：经150℃烘干2 h，置于干燥器中保存。

5.3.3.18 氢氧化钠（NaOH）：优级纯。

5.3.3.19 氢氧化钠溶液（40 g/L）：称取4.0 g氢氧化钠（5.3.3.18），用水（5.3.3.1）稀释至100.0 mL。

5.3.3.20 盐酸（HCl）：ρ =1.19 g/mL，优级纯。

5.3.3.21 盐酸溶液：体积分数为50%，将50 mL盐酸（5.3.3.20）用水（5.3.3.1）稀释至100 mL。

5.3.3.22 铜标准贮备溶液：ρ =1.000 mg/mL，称取0.100 0 g金属铜（5.3.3.12）于50 mL烧杯中，用适量硝酸溶液a（5.3.3.3）溶解，用纯净水（5.3.3.1）定容至100.0 mL容量瓶中，混匀。

5.3.3.23 铅标准贮备溶液：ρ =1.000 mg/mL，称取0.100 0 g金属铅（5.3.3.13）于50 mL烧杯中，用适量硝酸溶液a（5.3.3.3）溶解，用纯净水（5.3.3.1）定容至100.0 mL容量瓶中，混匀。

5.3.3.24 锌标准贮备溶液：ρ =1.000 mg/mL，称取0.100 0 g金属锌（5.3.3.14）于50 mL烧杯中，用适量硝酸溶液a（5.3.3.3）溶解，用纯净水（5.3.3.1）定容至100.0 mL，混匀。

5.3.3.25 镉标准贮备溶液：ρ =1.000 mg/mL，称取0.100 0 g金属镉（5.3.3.15）于50 mL烧杯中，用适量硝酸溶液a（5.3.3.3）溶解，用纯净水（5.3.3.1）定容至100.0 mL容量瓶中，混匀。

5.3.3.26 铬标准贮备溶液：ρ = 1.000 mg/mL，称取重铬酸钾（5.3.3.16）0.282 9 g溶于纯净水（5.3.3.1）中，全量转入100.0 mL容量瓶中，加入1 mL硝酸（5.3.3.2），定容，混匀。

5.3.3.27 砷标准贮备溶液：ρ =0.100 mg/mL，准确称取0.132 0 g三氧化二砷（5.3.3.17）于25 mL烧杯中，用10 mL氢氧化钠溶液（5.3.3.19）溶解后，转移到已加入10 mL盐酸溶液（5.3.3.21）的1 000 mL容量瓶中，用纯净水（5.3.3.1）稀释至标线，混匀。

5.3.3.28 多元素标准中间溶液：分别移取铜标准贮备溶液（5.3.3.22）、铅标准贮备溶液（5.3.3.23）、锌标准贮备溶液（5.3.3.24）、镉标准贮备溶液（5.3.3.25）、铬标准贮备溶液（5.3.3.26）和砷标准贮备溶液（5.3.3.27）各5.00 mL于100.0 mL容量瓶中，用硝酸溶液c（5.3.3.5）定容。此溶液中铜、铅、锌、镉和铬元素的浓度均为50.0 mg/L，砷元素浓度为5.00 mg/L。

5.3.3.29 多元素标准使用溶液：移取2.00 mL多元素标准中间溶液（5.3.3.28）于100.0 mL容量瓶中，用硝酸溶液c（5.3.3.5）定容。此溶液中铜、铅、锌、镉和铬元素的浓度均为1.00 mg/L，砷元素的浓度为0.10 mg/L。

5.3.4 仪器与设备

5.3.4.1 电感耦合等离子体质谱仪（ICP－MS）

电感耦合等离子体质谱仪（ICP－MS）主要配件：

——样品引入系统；
——ICP 离子源；
——接口及离子聚焦系统；
——质量分析器；
——检测器；
——钢瓶氩气（纯度为99.999%）；
——钢瓶氦气（纯度为99.999%），针对具有氦气碰撞反应池的设备；
——软件控制及数据记录设备。

5.3.4.2 其他设备

其他设备包括：
——分析天平：感量为0.1 mg或0.01 mg；
——移液管，10.0 mL、5.00 mL、1.00 mL；
——玛瑙研钵或玛瑙球磨机；
——聚四氟乙烯坩埚或聚四氟乙烯杯；
——80 目 ~100 目尼龙筛；
——冷冻干燥机；
——微波消解罐。

5.3.5 分析步骤

5.3.5.1 样品制备

将采集到的生物体湿样剔出肌肉组织，转到洗净并编号的蒸发皿中，并用万分之一的高精度电子天平称重，得到生物体湿重 $W_{湿}$，单位为克，置于80℃烘箱内，烘干至恒重，得到生物体干重 $W_{干}$，单位为克；或采用冷冻干燥得到生物体的干样，同样测得 $W_{湿}$ 和 $W_{干}$。将样品全部转移至玛瑙研钵或玛瑙球磨机中磨碎，用80 目 ~100 目尼龙筛加盖过筛，严防样品逸出，将过筛后的样品装入编号的称量瓶中，充分搅匀，放置于干燥器中，待用。

5.3.5.2 样品消解

5.3.5.2.1 电热板消解

生物体干样烘干至恒重，称取1.000 g ±0.005 g搅拌均匀的样品于30 mL聚四氟乙烯坩埚或聚四氟乙烯杯中，记录其准确质量 M，用少许纯净水（5.3.3.1）润湿样品，加入12.5 mL硝酸（5.3.3.2），置于电热板上由低温升至170℃ ~180℃，蒸至近干，加入3.0 mL高氯酸（5.3.3.6），蒸至近干，白烟冒尽，取下稍冷，加5.0 mL硝酸溶液b（5.3.3.4），微热提取，多次淋洗后，用纯净水（5.3.3.1）定容至25 mL，混匀，澄清，上清液待测。

同时制备分析空白试液。

5.3.5.2.2 微波消解

称取1.000 g ±0.005 g生物组织湿样或0.200 g ±0.005 g冷冻干燥生物组织干样，聚四氟乙烯微波消解罐中，记录其质量 M，加少许纯净水（5.3.3.1）润湿，加入8.0 mL硝酸（5.3.3.2），2.0 mL过氧化氢（5.3.3.7），待反应平稳后，旋紧瓶盖，放入微波消解仪中，按选定的微波工作条件步骤1和2（表1.3.8）消解，消解完毕，待冷却至室温后取出。小心拧下盖子后，将消解罐置于赶酸装置上，加热赶酸；若没有相应的赶酸装置，将消解溶液全量转移至聚四氟乙烯坩埚中，置于电热板上加热，待加热至溶液近干时，加1.0 mL硝酸溶液a（5.3.3.3），微热浸提，用纯净水（5.3.3.1）定容至50 mL，混匀后静置，取上清液待测，同时制备分析空白溶液。

表 1.3.8 微波消解工作条件

步骤	功率 W	百分比 %	升温时间 min	温度 ℃	保持时间 min
1	1 200	100	6	120	6
2	1 200	100	6	180	15

5.3.5.3 仪器工作条件优化

仪器运行稳定后，引入多元素混合调谐溶液（5.3.3.8）调节仪器的各项参数，选择低、中、高质量数元素对仪器的灵敏度以及氧化物、双电荷等指标进行调谐，至满足分析测试的要求。仪器调谐完成后，方可进行正常的分析工作，用高纯氩气（99.999%）作为载气。

5.3.5.4 干扰及其消除

ICP－MS 分析测定过程，可通过采取如下措施降低或消除干扰：

a）选取不受干扰的同位素元素；

b）采用干扰校正方程；

c）采用碰撞/反应池技术消除干扰。

5.3.5.5 绘制标准曲线

取 6 个 100 mL 容量瓶，分别加入 0.00 mL、0.50 mL、1.00 mL、3.00 mL、5.00 mL、10.00 mL 多元素标准使用溶液（5.3.3.29）分别用硝酸溶液 c（5.3.3.5）稀释至标线。配制铜、铅、锌、镉、铬各标准系列均为 0.0 μg/L、5.0 μg/L、10.0 μg/L、30.0 μg/L、50.0 μg/L、100.0 μg/L，砷标准系列为 0.00 μg/L、0.50 μg/L、1.00μg/L、3.00 μg/L、5.00 μg/L、10.0 μg/L。按仪器设定的条件对标准系列溶液进行测定，分别记录其信号值为 A_i，并测定标准空白，记录为 A_0，同时测定内标溶液（5.3.3.9），以元素信号值为纵坐标，各标准溶液浓度（μg/L）为横坐标，用以上测定点（$A_i - A_0$）绘制标准曲线，线性回归，得到铜、铅、锌、镉、铬和砷元素的方程 $y = a + bx$，记入表 D.1.3.8 中。

5.3.5.6 样品的测定

将样品消解液以 5.3.5.3 中仪器条件测定，记录信号值 A_s，同时测定空白溶液，记录信号值 A_b。

5.3.6 记录与计算

将测得数据记入表 D.1.3.9 中，由以下公式（1.3.8）计算生物体湿样中重金属元素的含量。

$$\omega = (A_s - A_b) \times V \times M_d / (1\,000 \times b \times M \times M_w) \qquad (1.3.8)$$

式中：

ω——生物体湿样中待测元素的含量，单位为 $\times 10^{-6}$；

A_s——样品的吸光值；

A_b——分析空白的吸光值；

V——样品消解溶液的体积，单位为毫升（mL）；

M_d——生物体干样的重量，单位为克（g）；

b——曲线斜率；

M——沉积物样品的称取量，单位为克（g）；

M_w——生物体湿样的重量，单位为克（g）。

5.3.7 测定下限、精密度和准确度

5.3.7.1 测定下限

铜元素：$0.005\,2 \times 10^{-6}$；

铅元素：$0.017\,7 \times 10^{-6}$；

锌元素：0.119 $\times 10^{-6}$；

镉元素：0.000 8 $\times 10^{-6}$；

铬元素：0.003 1 $\times 10^{-6}$；

砷元素：0.008 6 $\times 10^{-6}$。

5.3.7.2 精密度

铜元素浓度为 1.34 $\times 10^{-6}$时，相对标准偏差为 ±4.4%；浓度为 10.3 $\times 10^{-6}$时，相对标准偏差为 ±3.5%；

铅元素浓度为 0.12 $\times 10^{-6}$时，相对标准偏差为 ±3.8%；浓度为 0.2 $\times 10^{-6}$时，相对标准偏差为 ±7.1%；

锌元素浓度为 75.0 $\times 10^{-6}$时，相对标准偏差为 ±2.2%；浓度为 76.0 $\times 10^{-6}$时，相对标准偏差为 ±2.6%；

镉元素浓度为 1.06 $\times 10^{-6}$时，相对标准偏差为 ±2.6%；浓度为 0.039 $\times 10^{-6}$时，相对标准偏差为 ±9.5%；

铬元素浓度为 0.28 $\times 10^{-6}$时，相对标准偏差为 ±2.7%；浓度为 0.35 $\times 10^{-6}$时，相对标准偏差为 ±1.3%；

砷元素浓度为 3.6 $\times 10^{-6}$时，相对标准偏差为 ±2.5%；浓度为 2.5 $\times 10^{-6}$时，相对标准偏差为 ±1.1%。

5.3.7.3 准确度

铜元素浓度为 1.34 $\times 10^{-6}$时，相对误差为 ±15.2%；浓度为 10.3 $\times 10^{-6}$时，相对误差为 ±5.2%；

铅元素浓度为 0.12 $\times 10^{-6}$时，相对误差为 ±16.0%；浓度为 0.2 $\times 10^{-6}$时，相对误差为 ±16.0%；

锌元素浓度为 75.0 $\times 10^{-6}$时，相对误差为 ±5.7%；浓度为 76.0 $\times 10^{-6}$时，相对误差为 ±5.4%；

镉元素浓度为 1.06 $\times 10^{-6}$时，相对误差为 ±6.5%；浓度为 0.039 $\times 10^{-6}$时，相对误差为 ±15.1%；

铬元素元素浓度为 0.28 $\times 10^{-6}$时，相对误差为 ±6.6%；浓度为 0.35 $\times 10^{-6}$时，相对误差为 ±9.7%；

砷元素元素浓度为 3.6 $\times 10^{-6}$时，相对误差为 ±14.4%；浓度为 2.5 $\times 10^{-6}$时，相对误差为 ±2.5%。

5.3.8 注意事项

本方法执行时应注意以下事项：

——器皿应用硝酸浸泡溶液（1+3）浸泡 24 h 以上，再用超纯水冲洗 3 次方可使用。

——若样品消解空白过高，应对试剂空白及样品分析测试过程中可能带来的沾污进行检查，选用纯度更高的试剂或对试剂进行提纯处理，避免样品分析测试过程中受到沾污。

——样品消化时，可根据样品量适当增减酸的用量。

——根据样品浓度大小的不同，可通过提高工作曲线范围，或对样品进行一定的稀释后进行测定，确保样品浓度在所绘制的工作曲线范围之内。

——若生物样品有机物含量较高，应反复用硝酸消化，使大部分有机物分解，方能加高氯酸，以防发生爆炸。

——样品消解过程中可通过加入生物标准参考物质来对消解过程的准确性进行控制，对于不同种类的生物，采用不同的生物标准参考物质。

——分析过程中，采用内标元素进行校正时，内标元素的选择应遵循以下几个原则：

a）内标元素不存在于样品中；

b）待测元素的质量数和电离能应尽可能与内标元素接近；

c）内标元素应不受同质异位素或多原子离子的干扰或对被测元素的同位素测定产生干扰；

d）内标元素应当具有较好的测试灵敏度。

6 资料处理和汇编

6.1 调查资料处理

6.1.1 样品的检测

样品的检测要求如下：

a）应按本规程中规定的方法，技术标准进行分析检测；

b）应在规定的时间内完成样品的检测；

c）应对监测、鉴定结果进行质控程序和误差等质量检查，未按质控程序监测或误差超出规定的范围应重新测定。

6.1.2 数据资料和声像资料的整理

数据资料和声像资料的整理要求如下：

a）以电子介质记录的检测资料原件存档，另用复制件进行整理；

b）现场人工采样记录表、要素分析记录表、值班日志等原始记录，采用A4纸介质载体，记录和分析必须经第二人校核。

6.1.3 报表填写和图件绘制

报表填写和图件绘制要求如下：

a）调查要素的报表，应采用本规程附录规定的标准格式；

b）成果图件采用GIS软件绘制，A4纸张打印，内容包括近海生物体化学要素的含量平面分布图等；

c）在图件和报表规定的位置上，有关人员应签名。

6.2 质量控制

将原始测试分析报表或电子数据按照资料内容分类整理，并按照统一资料记录格式整编成电子文件。

6.2.1 应严格执行专项技术规程总则中有关质量控制的规定条款。

6.2.2 计量仪器应经计量检定部门检定，并应在有效期内使用。

6.2.3 标准物质应采用国家标准物质，自配的标准溶液应经国家标准物质校准。

6.2.4 现场样品采集、保存、运输与分析质量控制要求如下：

a）开展现场样品采集、保存、运输与实验室内分析过程的样品质量控制，通过生物部分测项的自控样和平行样的控制结果。评价各监测单位在监测质量的质量保证情况；

b）平行样控制：每批测试样品应取10%～15%样品做平行样测定，若其结果处于样品含量允许的偏差范围内，则为合格；若个别平行样测定不符合要求，应检查其原因，根据其结果，判定测定失败或合格。

6.2.5 整编资料质量控制要求如下：

a）原始资料为纸质报表的，经录入后，必须不同人员进行三遍以上的人工校对；

b）形成电子文件后，进行质量控制；

c）整编后的资料必须注明资料处理人员、资料审核人员等；

d）对应的资料必须附资料质量评价报告；

e）资料整编时，建立资料整编记录。

6.3 资料验收

6.3.1 验收要求

按照任务书（合同书）、实施方案（计划）以及专项技术规程中规定的技术要求进行验收。

6.3.2 验收内容

验收内容如下：

a）项目任务书、实施方案、航次报告；

b）数据资料以及成果资料，包括现场原始记录、现场分析记录、实验室分析记录、成果图集、调查研究报告等，资料分为纸质资料和电子介质资料；

c）质量控制过程，包括海上监测（分析）仪器设备的检定证书、使用的标准物质证书、人员资质证书以及质控报告。

6.4 资料汇编

6.4.1 原始资料的整理

原始资料整理，即将原始调查、现场记录、分析测试等原始记录资料进行整理装订，形成规范的原始资料档案。对原始电子文件整理并进行标识。

6.4.1.1 整理的原始资料内容

原始资料包括调查实施计划、航次调查报告、站位表、测线布设图、各种现场记录，分析测试鉴定等记录表，图像或图片及文字说明、数据磁带盘记录等。

6.4.1.2 原始资料整理方法

原始资料整理方法如下：

a）原始资料保留原始介质形式和记录格式；

b）纸质材料加装统一格式的封面，封面格式见附录 F 及图 F. 1. 3. 1；电子载体资料在载体上加统一格式的标识，见附录 F 的图 F. 1. 3. 2，在根目录下建立名为 README 文件，对每个电子文件的内容、资料记录格式进行说明；

c）编制原始资料清单目录。

6.4.2 成果资料整编

将原始测试分析报表或电子数据按照资料内容分类整理，并按照统一资料记录格式整编成电子文件。

6.4.2.1 资料整编内容

资料整编内容包括：调查区获取的铜、铅、锌、镉、铬、汞、砷等调查资料。

6.4.2.2 资料记录格式

各类资料整编记录未检出一律以“未”表示。

6.4.2.3 资料载体和文件格式

资料载体和文件格式要求如下：

a）采用光盘、软盘存储，电子文件统一采用 XLS 文件格式。文件名应能反映资料的类型、内容、调查区域和时间等；

b）编制光盘、软盘中的资料文件的目录和说明，以 README 文件名，存放在根目录下；

c）资料光盘、软盘封面按照附录 E 的图 E. 1. 3. 2 进行标识。

6.4.3 整编资料元数据提取

应对整编后的数据文件提取相应的元数据。

6.4.3.1 元数据提取内容

主要包括：项目名称（总项目、专题、子项目）和编号、资料名称；资料覆盖区域范围、资料时间范围；调查航次、调查船/平台；采样设备和方法、分析测试及鉴定等的仪器名称和精度；资料要素名称、数据量（站数、记录数）、资料质量评价；调查单位、测试分析单位；有关资料分析、处理负责人；通信地址、联系电话、邮政编码等；元数据对应的数据文件名称和存储位置（电子载体名称/编号、文件目录等）。

6.4.3.2 元数据存放

每一个数据文件提取一条元数据，所有元数据形成一个元数据文件，打印并以光盘或软盘存储，在存储载体上加注“×××元数据”标志。

6.4.4 整编资料目录编制

a）近海生物质量调查数据集；

b）近海生物质量图集；

c）近海生物质量航次调查报告；

d）近海生物质量调查报告。

6.4.5 资料汇交

6.4.5.1 汇交内容

包括整理后的原始资料、整编资料、研究报告和成果图件、资料清单、元数据、资料质量评价报告、资料审核验收报告、资料整理和整编记录。

6.4.5.2 汇交形式

海洋资料载体为电子介质和纸介质两种形式。纸介质载体和采用离线方式汇交的光盘等电子介质载体的制作，应按照 HY/T 056－2010 的要求执行。纸介质资料为复印件，需加盖报送单位公章。

原始资料汇交复制件或复印件；整编资料汇交光盘或软盘；按资料和成果管理办法规定执行。

7 报告编写

7.1 航次报告

7.1.1 文本格式

7.1.1.1 文本规格

近海生物质量调查报告文本外形尺寸为 A4（210 mm×297 mm）。

7.1.1.2 封面格式

航次调查报告封面格式如下：

——第一行书写：×××海区（一号宋体，加黑，居中）；

——第二行书写：××××航次报告（一号宋体，加黑，居中）；

——落款书写：编制单位全称（如有多个单位可逐一列入，三号宋体，加黑，居中）；

——第四行书写：××××年××月（小三号宋体，加黑，居中）；

——第五行书写：中国，空一格，××（地名，小三号宋体，加黑，居中）。

以上各行间距应适宜，保持封面美观。

7.1.1.3 封里内容

封里中应分行写明：调查项目实施单位全称（加盖公章）；项目负责人、技术总负责人、分项目负责人和主要参加人员姓名；报告书编制单位全称（加盖公章）；编制人、审核人姓名；编制单位地址；通信地址；邮政编码；联系人姓名；联系电话；E－mail 地址等内容。

a）文本规格：

近海生物质量调查报告文本外形尺寸为 A4（210 mm×297 mm）。

b）封面格式：

近海生物质量调查报告封面格式如下。

第一行书写：×××海区或省市×××海域（一号宋体，加黑，居中）；

第二行书写：近海生物质量调查报告（一号宋体，加黑，居中）；

落款书写：编制单位全称（如有多个单位可逐一列入，三号宋体，加黑，居中）；
第四行书写：××××年××月（小三号宋体，加黑，居中）；
第五行书写：中国，空一格，××（地名，小三号宋体，加黑，居中）；
以上各行间距应适宜，保持封面美观。

c）封里内容：

封里中应分行写明：调查项目实施单位全称（加盖公章）；项目负责人、技术总负责人、分项目负责人和主要参加人员姓名；报告书编制单位全称（加盖公章）；编制人、审核人姓名；编制单位地址；通信地址；邮政编码；联系人姓名；联系电话；E-mail 地址等内容。

7.1.2 航次报告章节内容

近海生物质量航次调查报告应包括调查工作来源或目的、调查任务实施单位、调查时间与航次、调查船只等。

a）调查的目的意义。

b）调查内容：

- 调查海区的区域与范围；
- 调查站位布设及站位图；
- 调查站位类型与说明。

c）现场实施的情况：

- 概述；
- 调查船航行路线图；
- 完成的工作量统计。

d）质量控制的原则与措施：

- 采样与分析过程的质量控制；
- 标准物质；
- 仪器设备的性能和运转条件；
- 人员培训。

e）资料的进展与计划。

f）建议。

7.2 资料处理报告

7.2.1 文本格式

7.2.1.1 文本规格

近海生物质量调查报告文本外形尺寸为 A4（210 mm×297 mm）。

7.2.1.2 封面格式

近海生物质量调查报告封面格式如下：
——第一行书写：×××海区（一号宋体，加黑，居中）；
——第二行书写：近海生物质量调查报告（一号宋体，加黑，居中）；
——落款书写：编制单位全称（如有多个单位可逐一列入，三号宋体，加黑，居中）；
——第四行书写：××××年××月（小三号宋体，加黑，居中）；
——第五行书写：中国，空一格，××（地名，小三号宋体，加黑，居中）。
以上各行间距应适宜，保持封面美观。

7.2.1.3 封里内容

封里中应分行写明：调查项目实施单位全称（加盖公章）；项目负责人、技术总负责人、分项目负责人和主要参加人员姓名；报告书编制单位全称（加盖公章）；编制人、审核人姓名；编制单位地址；通信地址；邮政编码；联系人姓名；联系电话；E－mail 地址等内容。

7.2.2 生物质量调查报告章节内容

近海生物质量调查报告应包括以下全部或部分内容。依据调查目的、内容和具体要求，可对下列章节及内容适当增减：

a）前言：主要包括近海生物质量调查工作任务来源、调查任务实施单位、调查时间与航次、调查船只与合作单位等的简要说明。

b）自然环境概述。

c）国内外调查研究状况。

d）调查方法和质量保证，主要包括：
- 调查海区的区域与范围；
- 调查站位布设；
- 调查站位图；
- 调查站位类型与说明；
- 调查时间与频率；
- 调查内容与检测分析方法；
- 仪器设备的性能和运转条件；
- 全程的质量控制。

e）调查结果与讨论：
- 近海生物质量调查结果分析；
- 近海生物质量调查的数理统计分析；
- 近海生物质量的时空分布特征（平面分布特征）。

f）小结。

g）参考文献。

h）附件，主要包括：
- 近海生物质量调查数据报表等；
- 其他的附图、附表、附件（含参考文献）等。

8 资料和成果归档

8.1 归档资料的主要内容

归档资料的主要内容包括：

a）任务书、合同、实施方案（计划）；

b）海上观测及采样记录，实验室分析记录，工作曲线及验收结论；

c）站位实测表、值班日志和航次报告；

d）监测资料成果表、整编资料成果表；

e）成果报告、图集最终稿及印刷件；

f）成果报告鉴定书和验收结论（鉴定或验收后存入）。

8.2 归档要求

按照国家档案法和本单位档案管理规定，将档案材料系统整理编目，经项目负责人审查后签字，由档案管理部门验收后保存。归档要求如下：

a）未完成归档的成果报告，不能鉴定或验收；

b）按资料保密规定，划分密级妥善保管；

c）电子介质载体的归档资料，必须按照载体保存期限及时转录，并在防磁、防潮条件下保管。

附录A

（规范性附录）

生物样中甲基汞的测定（乙基化－气相色谱分离－原子荧光光谱法）

警告——本实验操作过程中需接触大量酸和碱，且标准物质或溶液均具有高毒性，因此预处理实验应在通风橱内进行，如果皮肤或眼睛接触到试剂，应立刻用大量水冲洗，并视情况到医院诊治。

A. 1. 3. 1 适用范围

本方法适用于各种生物样中甲基汞（MeHg）的测定。

A. 1. 3. 2 方法原理

冷冻干燥的生物样加入氢氧化钾溶液进行热消解后，取适量消解液加入乙基化试剂，其中的甲基汞经乙基化反应，以高纯氮气或氩气气流吹出，被Tenax吸附柱捕集。再将吸附柱置入热脱附－气相色谱－热解－原子荧光系统，有机汞化合物经热脱附后由气相色谱柱分离，热解后由原子荧光检测器检测。

A. 1. 3. 3 试剂和材料

除非另有说明，本法中所用试剂均为分析纯，所用水均为超纯水。所配制的试剂溶液在使用前均需测试，不得检出甲基汞。若检出，需要采用纯度更高的试剂，重新配制并测试。测试方法同样品的测定（A. 1. 3. 6. 3）。

A. 1. 3. 3. 1 水：取自超纯水制备系统，电阻率≥18. 2 MΩ · cm（25℃）。

A. 1. 3. 3. 2 盐酸（HCl）：工艺超纯，ρ = 1. 19 g/mL。

A. 1. 3. 3. 3 三水合醋酸钠（$CH_3COONa \cdot 3H_2O$）。

A. 1. 3. 3. 4 冰醋酸（CH_3COOH）。

A. 1. 3. 3. 5 溴化钾（KBr）。

A. 1. 3. 3. 6 溴酸钾（$KBrO_3$）。

A. 1. 3. 3. 7 四乙基硼酸钠［$NaB(CH_2CH_3)_4$］。

A. 1. 3. 3. 8 氢氧化钾（KOH）。

A. 1. 3. 3. 9 醋酸－醋酸钠缓冲溶液（4 mol/L）：在100 mL容量瓶中加入27. 2 g三水合醋酸钠（A. 1. 3. 3. 3）和11. 8 mL冰醋酸（A. 1. 3. 3. 4），用超纯水（A. 1. 3. 3. 1）溶解并定容至100 mL。

A. 1. 3. 3. 10 醋酸－盐酸溶液：醋酸－盐酸的混合水溶液，其中冰醋酸（A. 1. 3. 3. 4）的体积分数为0. 5%，盐酸（A. 1. 3. 3. 2）的体积分数为0. 2%。

A. 1. 3. 3. 11 氯化溴盐酸溶液（含溴0. 09 mol/L）：在通风橱中，将5. 4 g溴化钾（A. 1. 3. 3. 5）加入500 mL盐酸（A. 1. 3. 3. 2）中（可直接加入500 mL原装盐酸瓶）。用磁力搅拌器搅拌1 h后，向溶液中缓慢加入7. 6 g溴酸钾（A. 1. 3. 3. 6）并继续搅拌1 h，盖紧瓶盖，用双层自封袋密封保存。

A. 1. 3. 3. 12 氢氧化钾溶液Ⅰ（0. 02 g/mL）：取2 g氢氧化钾（A. 1. 3. 3. 8）溶解于100 mL超纯水（A. 1. 3. 3. 1）中，使用前置于冰水混合物中冷却至0℃。

A. 1. 3. 3. 13 氢氧化钾溶液Ⅱ（0. 25 g/mL）：取25 g氢氧化钾（A. 1. 3. 3. 8）溶解于100 mL超纯水（A. 1. 3. 3. 1）中。

A. 1. 3. 3. 14 四乙基硼酸钠溶液：质量分数为1%，1 g四乙基硼酸钠粉末（A. 1. 3. 3. 7）溶解在100 mL 0℃的氢氧化钾溶液Ⅰ（A. 1. 3. 3. 12）中，混匀，立即分装在20个小玻璃瓶中。分装过程中溶液温度控制在4℃以下，分装完成后密封避光冰冻保存于冰箱中。使用时，取其中1小瓶解冻待用，解冻后的溶液必须时刻避光保存在0℃环境中。

A. 1. 3. 3. 15 氯化甲基汞（CH_3HgCl），纯度大于98%。

A. 1. 3. 3. 16 甲基汞标准贮备液（约1 000 mg/L，以汞计）：将0. 125 0 g氯化甲基汞（A. 1. 3. 3. 15）溶解在100. 0 mL醋酸－盐酸溶液（A. 1. 3. 3. 10）中，混匀，用双层自封袋密封，4℃低温保存。

A. 1. 3. 3. 17 甲基汞标准中间液（约1. 00 mg/L，以汞计）：取100 μL甲基汞标准贮备液

（A. 1. 3. 3. 16）至100. 0 mL容量瓶中，用醋酸－盐酸溶液（A. 1. 3. 3. 10）定容至标线，混匀，用双层自封袋密封，4℃低温保存。

A. 1. 3. 3. 18　甲基汞标准使用液（约 1. 00 ng/mL，以汞计）：取 100 μL 甲基汞标准中间液（A. 1. 3. 3. 17）至100. 0 mL容量瓶中，用醋酸－盐酸溶液（A. 1. 3. 3. 10）定容至标线，混匀，用双层自封袋密封，4℃低温保存。该使用液在使用前需要标定，步骤如下：

a）方法空白溶液的配制：向 100 mL 采样瓶（A. 1. 3. 4. 1）内依次加入 9. 00 mL 超纯水（A. 1. 3. 3. 1）、1. 00 mL 氯化溴盐酸溶液（A. 1. 3. 3. 11），盖紧瓶盖，待处理；共做4个平行样；

b）测定液的配制：向 100 mL 采样瓶（A. 1. 3. 4. 1）内依次加入 8. 00 mL 超纯水（A. 1. 3. 3. 1）、1. 00 mL 待测的甲基汞标准使用液、1. 00 mL 氯化溴盐酸溶液（A. 1. 3. 3. 11），盖紧瓶盖，待处理；共做4个平行样；

c）将 A. 1. 3. 3. 18，a、A. 1. 3. 3. 18，b 所配制的 8 个溶液放入烘箱内，60℃下加热处理 12 h，A. 1. 3. 3. 18a组的称为方法空白消解液，A. 1. 3. 3. 18，b组的称为测定液消解液，均待测；

d）消解液中总汞浓度的测定：利用总汞测定系统测定各消解液中总汞浓度，测定方法见生物体中总汞的测定方法（5. 2. 1）；方法空白消解液的测定平均值记为 D，测定液消解液的测定平均值记为 E；

e）甲基汞标准使用液中无机汞浓度的测定：向吹扫瓶（参见 A. 1. 3. 4. 2 和图 A. 1. 3. 1）中加入1. 00 mL 待测的甲基汞标准使用液，共做 4 个平行样；不经消解，利用总汞测定系统测定其中无机汞浓度，测定方法见生物体中总汞的测定方法（5. 2. 1），测定平均值记为 F；

f）甲基汞标准使用液中的甲基汞浓度以下公式（A. 1. 3. 1）计算：

$$G = E - D - F \quad \text{(A. 1. 3. 1)}$$

式中：

G——甲基汞标准使用液中的甲基汞含量，单位为纳克每毫升（ng/mL，以汞计）；

E——测定液消解液的测定平均值，单位为纳克每毫升（ng/mL，以汞计）；

D——方法空白消解液的测定平均值，单位为纳克每毫升（ng/mL，以汞计）；

F——甲基汞标准使用液中无机汞的测定平均值，单位为纳克每毫升（ng/mL，以汞计）。

A. 1. 3. 3. 19　高纯氮气（N_2）：纯度大于 99. 999%。

A. 1. 3. 3. 20　高纯氩气（Ar）：纯度大于 99. 999%。

A. 1. 3. 3. 21　吸附柱填料：Tenax－TA，粒径 0. 50 mm～0. 85 mm。

A. 1. 3. 3. 22　色谱柱填料：10% OV－101/Chromosorb P。

A. 1. 3. 3. 23　石英棉：经硅烷化处理和不经硅烷化处理各少许。

A. 1. 3. 3. 24　实验室常用器皿与小型设备。

A. 1. 3. 4　仪器与设备

A. 1. 3. 4. 1　采样瓶

100 mL（或 250 mL）高硼硅玻璃瓶：将采样瓶用自来水和超纯水（A. 1. 3. 3. 1）分别清洗 3 遍以上，在体积分数为20% 的盐酸（A. 1. 3. 3. 2）溶液中浸泡 12 h 以上，取出后用超纯水（A. 1. 3. 3. 1）清洗 3 遍以上，向采样瓶里注满体积分数为 1. 5% 的盐酸（A. 1. 3. 3. 2），置于烘箱内，60℃加热处理 12 h 以上。取出后用超纯水（A. 1. 3. 3. 1）清洗 3 遍以上，在洁净处晾干后，用双层自封袋密封保存备用。

A. 1. 3. 4. 2　吹扫－捕集设备

吹扫瓶（500 mL）为如图 A. 1. 3. 1 所示的玻璃瓶，进气流路上配针阀流量计（可测定范围 50 mL/min～400 mL/min）。吸附柱：石英玻璃管（长 9 cm，内径 4 mm），装入 100 mg Tenax－TA 填料（A. 1. 3. 3. 21），两端用硅烷化处理过的石英棉（A. 1. 3. 3. 23）堵住；吸附柱两端需做标记，以便识别通过气流的方向。吸附柱用于吸附样品中的甲基汞，一个样品需使用一支吸附柱。吹扫－捕集设备连接示意图见图 A. 1. 3. 1，可同时运行多套该设备。采用流速约为 200 mL/min～300 mL/min 的载气氮气

(A. 1. 3. 3. 19) 或氩气 (A. 1. 3. 3. 20)，将有机汞化合物吹扫出，后者被吸附柱捕集。吸附柱使用前需在热脱附设备 (A. 1. 3. 4. 3) 中脱附残留的甲基汞。

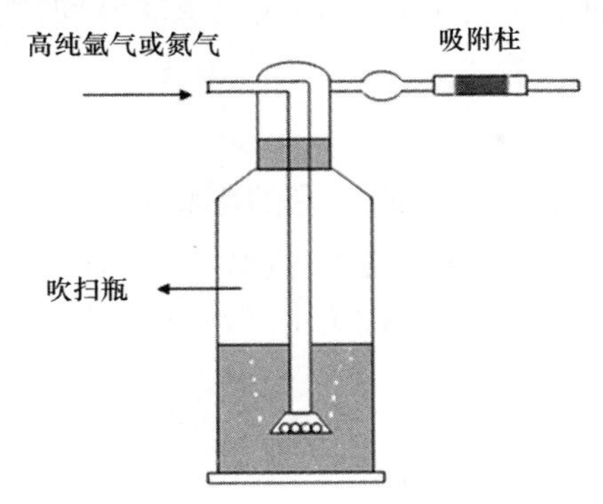

图 A. 1. 3. 1　甲基汞的吹扫 – 捕集设备示意图

A. 1. 3. 4. 3　热脱附设备

热脱附设备配直流开关电源 (12 V，50 W)、螺旋状电阻丝 (螺旋内径 7 mm，圈距 0. 5 mm，加热长度 2 cm) 一条、风扇 (3 W 左右) 一个。热脱附设备的连接示意图见图 A. 1. 3. 2 (气流速在 A. 1. 3. 6. 1 中论述)。螺旋状电阻丝和风扇的运行由单片机控制，其工作步骤参考表 A. 1. 3. 1。

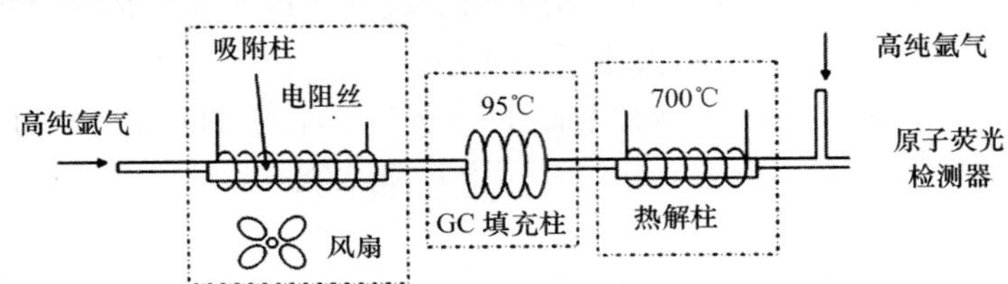

图 A. 1. 3. 2　甲基汞的热脱附、气相色谱分离和热解设备示意图

表 A. 1. 3. 1　吸附柱热脱附装置工作程序

步骤	电阻丝	风扇	时间 s	备注
1	ON	OFF	11	加热，电阻丝温度达到 150℃左右，吸附柱上的挥发性汞化合物脱附
2	ON	ON	3	电阻丝温度保持在 150℃左右，吸附柱上的挥发性汞化合物继续脱附
3	OFF	ON	—	电阻丝降温，等待下一个样品

A. 1. 3. 4. 4　色谱分离设备

气相色谱不锈钢填充柱：填料为 10% OV – 101/Chromosorb P (A. 1. 3. 3. 22)，长度 1. 5 m，内径 3 mm；恒温柱温箱：使用温度 95. 0℃。

A. 1. 3. 4. 5　热解设备

热解柱：石英玻璃管 (长 15 cm，外径 6 mm，内径 4 mm)，填入不经硅烷化处理的石英棉 (A. 1. 3. 3. 23)，长度 10 cm。热解设备配直流开关电源 (36 V，150 W) 和螺旋状电阻丝 (螺旋内径 7 mm，圈距 0. 5 mm，加热长度 6 cm)，加热时螺旋状电阻丝呈橙色，温度达到 700℃以上。热解设备示意图见图 A. 1. 3. 2。

A. 1. 3. 4. 6　原子荧光检测器

原子荧光检测器 (或光谱仪)，配汞的空心阴极灯 (253. 7 nm)。

A. 1. 3. 4. 7 信号采集单元

信号采集单元：可采集荧光峰面积信号并进行相应记录的软硬件，商品原子荧光光谱仪上一般会配置，也可自制或购置。

A. 1. 3. 5 样品预处理

取适量（称准至0. 000 1 g，记为 m_x）冷冻干燥的生物样品至100 mL采样瓶中，置于瓶底，加入10 mL氢氧化钾溶液Ⅱ（A. 1. 3. 3. 13），摇匀，盖紧瓶盖。置于70℃水浴锅内热消解4 h后取出，再加入20 mL氢氧化钾溶液Ⅱ（A. 1. 3. 3. 13），摇匀，此为消解液（消解液总体积 V_1，在此为30 mL），48 h内测定完毕。

A. 1. 3. 6 分析步骤

样品预处理后，按以下步骤进行仪器分析。

A. 1. 3. 6. 1 标准工作曲线系列溶液的配制和测定

如图A. 1. 3. 1所示将吸附柱与吹扫瓶连接，在吹扫瓶中依次加入适量超纯水（A. 1. 3. 3. 1）（样品溶液体积与加入的超纯水体积之和约为100 mL）、0. 4 mL醋酸-醋酸钠缓冲溶液（A. 1. 3. 3. 10），分别量取0. 000 mL、0. 025 mL、0. 050 mL、0. 100 mL、0. 200 mL甲基汞标准使用液（A. 1. 3. 3. 18）于各吹扫瓶中。其中，甲基汞标准使用液为0 mL的空白样需备4份。令甲基汞质量分别为0. 000 ng、0. 025 ng、0. 050 ng、0. 100 ng、0. 200 ng（以标定值为准，精确到小数点后第3位，以汞计）。各加入0. 2 mL四乙基硼酸钠溶液（A. 1. 3. 3. 14），盖紧瓶盖，衍生反应15 min。开启流量阀，调节氮气（A. 1. 3. 3. 19）或氩气（A. 1. 3. 3. 20）流速为150 mL/min，吹扫溶液15 min，令挥发性的汞化合物由吸附柱捕集。而后取下吸附柱，反向直接接入气路，调节氮气（A. 1. 3. 3. 19）或氩气（A. 1. 3. 3. 20）流速为50 mL/min，吹扫干燥5 min。

将捕集了汞化合物的吸附柱装入热脱附设备（A. 1. 3. 4. 3），载气氩气（A. 1. 3. 3. 20）流速为45 mL/min，尾吹气氩气（A. 1. 3. 3. 20）流速为250 mL/min。设置原子荧光检测器的光电倍增管负高压为240 V，灯电流为40 mA，测定从吸附柱脱附出的汞化合物（元素态汞、甲基乙基汞和二乙基汞）经热解后所产生的荧光信号，记录色谱图。有机汞化合物的色谱图参见图A. 1. 3. 3，图中峰a、b、c分别为元素态汞、甲基汞和二价汞的响应峰，将甲基汞的响应峰面积记为 R_s。

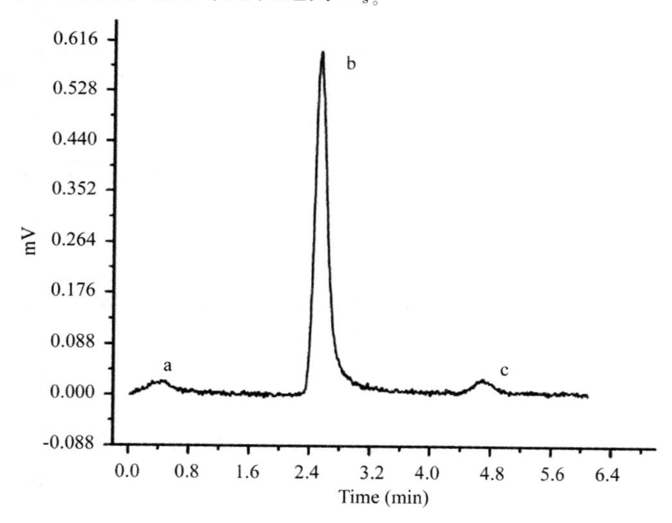

图A. 1. 3. 3 有机汞化合物的色谱图

A. 1. 3. 6. 2 吹扫空白的确定

取工作曲线中甲基汞标准使用液为0 mL的4个空白试样（A. 1. 3. 6. 1）的峰面积的平均值为吹扫空

白，记为 R_b，其要求见表 A.1.3.2。

A.1.3.6.3 样品消解液的测定

准确移取适量消解液（A.1.3.5）至吹扫瓶中，此为测定液，将其体积记为 V_2，加入超纯水（A.1.3.3.1）使吹扫瓶中溶液总体积约为 100 mL。除不添加任何甲基汞溶液外，其余同标准溶液测定（A.1.3.6.1）。将测定液中甲基汞响应峰的峰面积记为 R_x。

A.1.3.7 结果的计算与表示

A.1.3.7.1 标准工作曲线的绘制

以甲基汞质量（ng，以汞计）为横坐标，对应的响应峰面积 R_s（A.1.3.6.1）为纵坐标，绘制标准工作曲线。其中，甲基汞浓度为零的数据采用 R_b（A.1.3.6.2）。不得将各 R_s 扣除吹扫空白 R_b 后用于绘制标准工作曲线，工作曲线不得强求过原点（如采用 Excel 绘制，在“趋势线选项”中不进行“设置截距”），用线性回归法求出标准工作曲线的截距 A 和斜率 B。

A.1.3.7.2 消解液中甲基汞质量的计算

以公式（A.1.3.2）计算消解液（A.1.3.6.3）中甲基汞质量：

$$M_x = \frac{R_x - A}{B} \quad \cdots\cdots\cdots (A.1.3.2)$$

式中：

M_x——消解液中甲基汞质量，单位为纳克（ng，以汞计）；

R_x——样品消解液的甲基汞响应峰面积（A.1.3.6.3，不得扣除吹扫空白 R_b）；

A——标准工作曲线截距（A.1.3.7.1）；

B——标准工作曲线斜率（A.1.3.7.1）。

A.1.3.7.3 生物样中甲基汞含量的计算

以公式（A.1.3.3）计算样品中甲基汞含量：

$$C_x = \frac{M_x \times V_1}{V_2 \times m_x} \quad \cdots\cdots\cdots (A.1.3.3)$$

式中：

C_x——生物样品中甲基汞含量，单位为纳克每克（ng/g，以汞计）；

M_x——消解液中甲基汞质量（A.1.3.7.2），单位为纳克（ng，以汞计）；

V_1——消解液总体积（A.1.3.5），单位为毫升（mL）；

V_2——测定液体积（A.1.3.6.3），单位为毫升（mL）

m_x——生物样品质量（A.1.3.5），单位为克（g）。

A.1.3.8 测定下限、精密度和准确度

测定下限：生物样品中甲基汞的方法测定下限为 0.025 ng。

精密度：对不同生物样品各进行不少于 8 次平行测定，相对标准偏差为 3% ~21%。

准确度：对多组生物加标样品各进行 2 次平行测定，回收率在 75% ~118% 之间。准确度以相对误差（绝对误差与测定平均值之比）体现，为 $<25\%$。

A.1.3.9 注意事项

本方法使用时应注意以下事项：

a）样品采集、贮存与运输应符合 GB 17378.3—2007 的要求。

b）所用玻璃器皿的处理参照采样瓶（A.1.3.4.1）的处理。

c）样品预处理及分析测定过程中，严格执行 GB 17378.2—2007 的要求，避免样品受到污染。

d）标准工作曲线的绘制，可根据样品浓度大小的不同，选择适当的标准曲线工作范围；样品浓度过

高时，应减少所取的消解液体积（A. 1. 3. 6. 3）或对样品进行稀释后测定，确保样品浓度在所绘制的工作曲线范围之内。

e）测定系统的检查和标准工作曲线斜率的校正：量取 0. 100 mL 甲基汞标准使用液（A. 1. 3. 3. 18）于吹扫瓶中，其余同标准工作曲线系列溶液的配制和测定（A. 1. 3. 6. 1），此为校正样，其汞含量的理论值为 0. 10 ng（以标定值为准），测定其响应信号，并根据 A. 1. 3. 7. 1 所得的标准曲线计算校正样的汞质量。如果测定值与理论值的相对误差绝对值在 25% 之内，说明测定系统在可控范围内，则取校正样测定值与原标准工作曲线对应值（0. 10 ng 汞质量样品的测定值）的平均值，取代原标准工作曲线对应值，重新绘制标准工作曲线，之后测定的样品依照新的标准工作曲线计算浓度。如果相对误差绝对值超过 25%，说明测定系统失控，则应检查仪器、溶液是否正常，确定无疑后重新配制、测定、绘制标准工作曲线，上一个合格检查值之后测定的样品需重新测定，并依照新的标准工作曲线计算浓度。每隔 10 个样品需配制和测定一个校正样，以此检查质量是否失控。

f）质量控制要求：

质量控制要求见表 A. 1. 3. 2。每批样品（约 20 个）带做 1 个全程方法空白试样、1 组基底加标平行样品、1 组平行样；有条件的加带一个标准参考物质样品。全程方法空白试样的处理和测定：在采样瓶中不添加任何沉积物样品，其余步骤同生物样（A. 1. 3. 5、A. 1. 3. 6）。

表 A. 1. 3. 2　质量控制要求

项目	要求	单位	频率 （每批样含约 20 个样）
吹扫空白	不得检出		每次测定标准工作曲线溶液前测定
方法空白	不得检出		每批样必带做，需进行全程分析
标准工作曲线线性，拟合系数 R^2	≥0. 995		每次绘制标准工作曲线溶液时确定
标准参考物质回收率	75 ~ 125	%	每批样必带做，需进行全程分析
基底加标回收率	75 ~ 125	%	每批样必带做，需进行全程分析
平行样相对百分偏差*	绝对值≤35	%	每批样必带做，需进行全程分析
校正样测得值的相对误差	绝对值≤25	%	每隔 10 个样带做 1 次，仅进行仪器分析

*平行样相对百分偏差以公式（A. 1. 3. 4）计算：

$$\text{平行样相对百分偏差} = 2\frac{|C_1 - C_2|}{C_1 + C_2} \times 100\% \qquad (A. 1. 3. 4)$$

式中：

C_1、C_2——平行样测得结果。

附录B

（规范性附录）

生物样中四种形态砷的测定（液相色谱－氢化物发生－原子荧光光谱法）

警告——本实验操作过程中需接触大量酸碱试剂，且标准物质或溶液均具有高毒性，因此实验需在通风橱内进行，如果皮肤或眼睛接触到试剂，应立刻用大量水冲洗，并视情况到医院诊治。

B.1.3.1 适用范围

本方法适用于各类生物体中亚砷酸盐［As（Ⅲ）］、砷酸盐［As（Ⅴ）］、一甲基砷酸（MMA）和二甲基砷酸（DMA）四种形态砷的测定。

B.1.3.2 方法原理

生物样经磷酸和超声波提取、离心过滤后，取适量提取液进入阴离子交换色谱柱。在适宜的pH条件，样品中不同形态砷均能以阴离子形式存在，根据其*p*Ka值的不同，四种形态砷可得到分离。分离后的各形态砷在酸性介质中，与硼氢化钾反应生成砷化氢气体，由氩气作载气将其导入冷原子荧光检测器检测。以保留时间定性，以峰面积定量，对不同形态砷的含量进行分析。

B.1.3.3 试剂和材料

除另有说明，所有试剂均为分析纯，水为超纯水。砷的浓度均以砷（As）计。

B.1.3.3.1 水：取自超纯水制备系统，电阻率≥18.2 MΩ·cm（25℃）。

B.1.3.3.2 甲酸（HCOOH）：色谱纯。

B.1.3.3.3 盐酸（HCl）：$\rho=1.18$ g/mL，工艺超纯。

B.1.3.3.4 磷酸（H_3PO_4）：85%。

B.1.3.3.5 硼氢化钾（KBH_4）。

B.1.3.3.6 氢氧化钾（KOH）。

B.1.3.3.7 抗坏血酸（$C_6H_8O_6$）。

B.1.3.3.8 磷酸氢二铵［$(NH_4)_2HPO_4$］。

B.1.3.3.9 砷酸氢二钠［Na_2HAsO_4，As（Ⅴ）］：98%，干燥器内保存。

B.1.3.3.10 二甲基砷酸［$(CH_3)_2HAsO_2$，DMA］：98%，购置到货后立即使用。

B.1.3.3.11 六水合一甲基砷酸钠（$CH_3NaHAsO_3\cdot 6H_2O$，MMA）：98.5%±1.0%，购置到货后立即使用。

B.1.3.3.12 甲酸溶液：体积分数10%，取10 mL甲酸（B.1.3.3.2）于100 mL容量瓶中，用超纯水（B.1.3.3.1）定容至标线。

B.1.3.3.13 磷酸氢二铵溶液（12.0 mmol/L）：称取1.58 g磷酸氢二铵（B.1.3.3.8）于超纯水（B.1.3.3.1）中，定容至1 000 mL，用体积分数10%甲酸溶液（B.1.3.3.12）调pH至6.0；此溶液用作液相色谱流动相。

B.1.3.3.14 硼氢化钾溶液（20 g/L）：称取20 g硼氢化钾（B.1.3.3.5）溶解于预先溶有2.5 g氢氧化钾（B.1.3.3.6）的超纯水（B.1.3.3.1）中，用超纯水（B.1.3.3.1）稀释至1 000 mL，混匀。

B.1.3.3.15 盐酸溶液：体积分数5%，取5.0 mL盐酸（B.1.3.3.3）于100 mL容量瓶中，用超纯水（B.1.3.3.1）定容至标线，混匀。

B.1.3.3.16 磷酸（0.30 mol/L）和抗坏血酸（0.10 mol/L）混合溶液：称取3.46 g磷酸（B.1.3.3.4）和1.76 g抗坏血酸（B.1.3.3.7）于100 mL容量瓶中，用超纯水（B.1.3.3.1）定容至标线，混匀。

B.1.3.3.17 As（Ⅲ）标准贮备液（1 000 mg/L）：可购买具有相应认证资格企业生产的商品。

B.1.3.3.18 As（Ⅲ）标准中间液（10.0 mg/L）：取1.00 mL三价砷［As（Ⅲ）］标准贮备液（B.1.3.3.17）至100.0 mL容量瓶中，用超纯水（B.1.3.3.1）定容至标线，混匀；转移至低密度聚乙烯瓶中，于4℃储存，可稳定至少1年。

B. 1. 3. 3. 19　As（Ⅴ）标准贮备液（1 000 mg/L）：取0. 248 0 g砷酸氢二钠（B. 1. 3. 3. 9）于100. 0 mL容量瓶，用超纯水（B. 1. 3. 3. 1）定容至标线，混匀；转移至低密度聚乙烯瓶中，于4℃储存，可稳定至少1年。

B. 1. 3. 3. 20　As（Ⅴ）标准中间液（10. 0 mg/L）：取1. 00 mL As（Ⅴ）标准贮备液（B. 1. 3. 3. 19）至100. 0 mL容量瓶中，用超纯水（B. 1. 3. 3. 1）定容至标线，混匀；转移至低密度聚乙烯瓶中，于4℃储存，可稳定至少1年。

B. 1. 3. 3. 21　DMA标准贮备液（1 000 mg/L）：取0. 188 0 g二甲基砷酸（B. 1. 3. 3. 10）于100. 0 mL容量瓶，用超纯水（B. 1. 3. 3. 1）定容至标线，混匀；转移至低密度聚乙烯瓶中，于4℃储存，可稳定至少1年。

B. 1. 3. 3. 22　DMA标准中间液（10. 0 mg/L）：取1. 00 mL DMA标准贮备液（B. 1. 3. 3. 21）至100. 0 mL容量瓶中，用超纯水（B. 1. 3. 3. 1）定容至标线，混匀；转移至低密度聚乙烯瓶中。于4℃储存，可稳定至少1年。

B. 1. 3. 3. 23　MMA标准贮备液（1 000 mg/L）：取0. 364 0 g六水合一甲基砷酸钠（B. 1. 3. 3. 11）于100. 0 mL容量瓶，用超纯水（B. 1. 3. 3. 1）定容至标线，混匀；转移至低密度聚乙烯瓶中，于4℃储存，可稳定至少1年。

B. 1. 3. 3. 24　MMA标准中间液（10. 0 mg/L）：取1. 00 mL MMA标准贮备液（B. 1. 3. 3. 23）至100. 0 mL容量瓶中，用超纯水（B. 1. 3. 3. 1）定容至标线，混匀。转移至低密度聚乙烯瓶中，于4℃储存，可稳定至少1年。

B. 1. 3. 3. 25　四种形态砷的标准使用液（混标）：分别移取1. 00 mL As（Ⅲ）标准中间液（B. 1. 3. 3. 18）、20. 0 mL As（Ⅴ）标准中间液（B. 1. 3. 3. 20）、5. 00 mL DMA标准中间液（B. 1. 3. 3. 22）和5. 00 mL MMA标准中间液（B. 1. 3. 3. 24）于100. 0 mL容量瓶，用超纯水（B. 1. 3. 3. 1）定容至标线，混匀。此溶液所含不同形态砷的浓度分别为：As（Ⅲ），0. 100 μg/mL；As（Ⅴ），2. 00 μg/mL；DMA，0. 500 μg/mL；MMA，0. 500 μg/mL。此混标溶液于4℃中可稳定至少2个星期。

B. 1. 3. 3. 26　高纯氩气（Ar）：纯度大于99. 999%。

B. 1. 3. 4　仪器与设备

B. 1. 3. 4. 1　液相色谱分离－氢化物发生－原子荧光光谱联用系统

联用系统主要由下述各部分组成：

——液相色谱，包括高压泵，带有定量环的六通进样阀，阴离子交换色谱柱（PRP－X100，250 mm ×4. 1 mm i. d. ，10 μm）；

——氢化物发生装置，包括蠕动泵、两级气液分离器；如果采用的原子荧光光谱仪已标配一个单级气液分离器，则只需再另配置一个单级气液分离器（玻璃材质“U”形管，高20 cm，内径2 cm左右，两臂距3 cm左右）；如果原子荧光光谱仪无气液分离器，则需将两个单级气液分离器串联成两级气液分离器；

——原子荧光光谱仪，配高性能砷空心阴极灯；

——气体质量流量控制器，用于控制载气和屏蔽气流速；

——信号采集单元，可采集荧光峰高信号并进行相应记录，商品原子荧光光谱仪上一般会配置，也可自制或购置。

联用系统示意图如图B. 1. 3. 1所示，注意图中仅显示了单级气液分离器。所用连接管道材质见注意事项（B. 1. 3. 9）。

B. 1. 3. 4. 2　其他设备

其他设备包括：

——电子天平：精确至万分之一；

——超声波清洗器：超声波功率300 W；

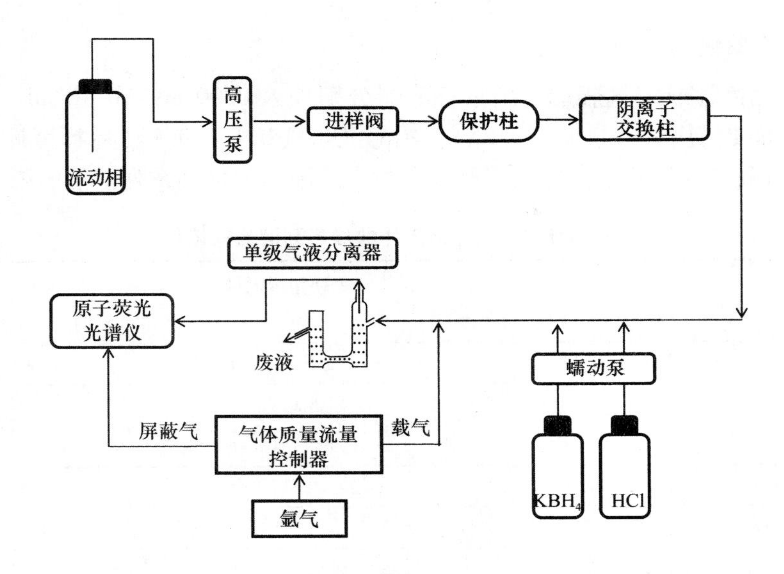

图 B. 1. 3. 1　液相色谱分离－氢化物发生－原子荧光光谱联用系统示意图

——离心机；
——超纯水系统；
——高精度微量移液器。

B. 1. 3. 5　样品预处理

称取 0. 300 g ~ 1. 000 g（±0. 000 1 g，记为 m_x）生物冷干样于 10 mL 塑料离心管中，加入 5. 00 mL 磷酸和抗坏血酸混合溶液（B. 1. 3. 3. 16），盖紧盖子，摇晃数次后置于超声波清洗器中，超声波提取 10 min，期间摇晃离心管 1 ~ 2 次。提取完毕，将离心管置入离心机，以 2 500 r/min 转速离心 20 min，取上清液经 0. 22 μm 水系滤膜过滤，此为样品提取液（体积 V，在此为 5. 00 mL）。不加生物样，其余步骤同上，制备方法空白试样 。

B. 1. 3. 6　分析步骤

样品预处理后，按以下步骤进行仪器分析。

B. 1. 3. 6. 1　仪器参数设置

打开仪器和系统控制软件，预热仪器至少 20 min，设置砷形态分析的仪器参数。推荐的条件参数如下。

液相色谱：
——流动相磷酸氢二铵溶液（B. 1. 3. 3. 13），流速 1. 25 mL/min；
——进样体积，100 μL。

氢化发生参数：
——硼氢化钾溶液（B. 1. 3. 3. 14），流速 4. 5 mL/min；
——体积分数 5% 盐酸溶液（B. 1. 3. 3. 15），流速 4. 5 mL/min。

原子荧光光谱仪参数：
——负高压，270 V；
——灯电流，75 mA；
——辅助阴极电流，35 mA；
——载气，氩气（B. 1. 3. 3. 26），150 mL/min；
——屏蔽气，氩气（B. 1. 3. 3. 26），1 100 mL/min。

B. 1. 3. 6. 2　标准工作曲线的绘制

取6支10.0 mL比色管或容量瓶，用微量移液器分别加入0.00 mL、0.10 mL、0.25 mL、0.50 mL、1.00 mL和2.00 mL标准使用液（B.1.3.3.25），用超纯水（B.1.3.3.1）稀释至标线，混匀。其中，标准使用液为0 mL的溶液称为仪器空白样，需制备3份。所配制的标准系列溶液的浓度见表B.1.3.1。

表B.1.3.1　标准工作曲线系列溶液的浓度

砷形态	标准使用液用量 mL					
	0.00	0.10	0.25	0.50	1.00	2.00
	砷浓度 ng/mL，以砷计					
As（Ⅲ）	0.0	1.0	2.5	5.0	10.0	20.0
As（Ⅴ）	0	20	50	100	200	400
DMA	0.0	5.0	12.5	25.0	50.0	100.0
MMA	0.0	5.0	12.5	25.0	50.0	100.0

在B.1.3.6.1所列的参数下测定标准工作曲线系列溶液，以i形态砷［例如，$i=1$表示As（Ⅲ），$i=2$表示As（Ⅴ），$i=3$表示DMA，$i=4$表示MMA］的浓度（ng/mL，以砷计）为横坐标，对应的峰面积为纵坐标，绘制各i形态砷的标准工作曲线。其中，浓度为零的数据采用3份仪器空白样对应的i形态砷的峰面积平均值R_{bi}，其质量控制要求见表B.1.3.2。不得将各测定值扣除R_{bi}后绘制标准工作曲线，工作曲线不得强求过原点（如采用Excel绘制，在“趋势线选项”中不进行“设置截距”），用线性回归法求出各i形态砷标准工作曲线的截距A_i和斜率B_i。

四种形态砷的色谱图参见图B.1.3.2。

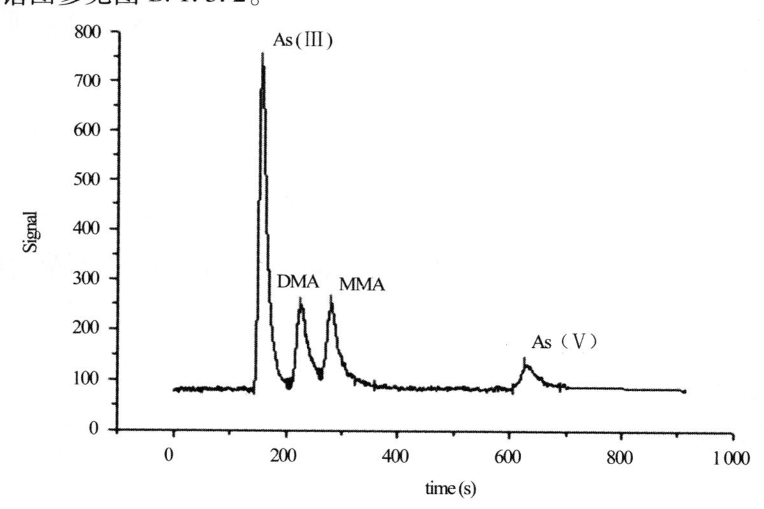

图B.1.3.2　四种形态砷的色谱图

其他质量控制要求见表B.1.3.2。

B. 1. 3. 6. 3　样品的测定

在B.1.3.6.1所列的参数下，测定方法空白试样（B.1.3.5）和样品提取液（B.1.3.5）；各溶液中i形态砷［As（Ⅲ）、As（Ⅴ）、DMA或MMA］的峰面积测定值记为R_{xi}。

B. 1. 3. 7　结果的计算与表示

B. 1. 3. 7. 1　生物样品提取液中各形态砷浓度的计算

以公式（B. 1. 3. 1）计算生物样品提取液中各形态砷的浓度：

$$C_{xi} = \frac{R_{xi} - A_i}{B_i} \qquad \text{(B. 1. 3. 1)}$$

式中：

C_{xi}——提取液中 i 形态砷［As（Ⅲ）、As（Ⅴ）、DMA 或 MMA］浓度，单位为纳克每毫升（ng/mL，以砷计）；

R_{xi}——提取液中 i 形态砷［As（Ⅲ）、As（Ⅴ）、DMA 或 MMA］的峰面积测定值（B. 1. 3. 6. 3，不得扣除仪器空白 R_{bi}）；

A_i——i 形态砷［As（Ⅲ）、As（Ⅴ）、DMA 或 MMA］的标准工作曲线截距（B. 1. 3. 6. 2）；

B_i——i 形态砷［As（Ⅲ）、As（Ⅴ）、DMA 或 MMA］的标准工作曲线斜率（B. 1. 3. 6. 2）。

B. 1. 3. 7. 2　生物样品中各形态砷含量的计算

以公式（B. 1. 3. 2）计算生物样品中各形态砷的含量：

$$W_i = \frac{C_{xi} \cdot V}{1\,000 \cdot m_x} \qquad \text{(B. 1. 3. 2)}$$

式中：

W_i——生物冷干样中 i 形态砷［As（Ⅲ）、As（Ⅴ）、DMA 或 MMA］的含量，单位为微克每克（μg/g，以砷计）；

C_{xi}——提取液中 i 形态砷［As（Ⅲ）、As（Ⅴ）、DMA 或 MMA］浓度（B. 1. 3. 7. 1），单位为纳克每毫升（ng/mL，以砷计）；

V——提取液的体积（B. 1. 3. 5），单位为毫升（mL）；

m_x——生物样的称取量（B. 1. 3. 5），单位为克（g）。

B. 1. 3. 8　测定下限、精密度和准确度

测定下限：对 1 g 生物样中四种形态砷 As（Ⅲ）、As（Ⅴ）、DMA、MMA 的方法检出限分别为 10 ng/g、200 ng/g、50 ng/g、50 ng/g（以砷计）。

精密度：对同一生物体样品进行 8 次平行测定，四种形态砷 As（Ⅲ）、As（Ⅴ）、DMA、MMA 的相对标准偏差（RSD）分别为 9. 5%、6. 5%、7. 8% 和 6. 3%。

准确度：对同一生物体样品进行 8 次加标回收率测定，四种形态砷 As（Ⅲ）、As（Ⅴ）、DMA、MMA 加标量分别为 2. 4 μg/g、9. 6 μg/g、4. 8 μg/g 和 4. 8 μg/g，回收率分别在 88% ~121%、87% ~100%、95% ~117% 和 101% ~114% 之间。准确度以相对误差（绝对误差与测定平均值之比）体现，为 <25%。

B. 1. 3. 9　注意事项

本方法使用时应遵守以下事项：

a）联用系统所用的连接管道和试剂瓶需使用无金属元素或可能无金属元素的材质，如含氟聚合物（聚全氟乙丙烯 FEP、聚四氟乙烯 PTFE）、聚乙烯、聚碳酸酯、聚丙烯等。

b）试剂需有标签，标明试剂名称、浓度、配制日期和配制者。

c）玻璃器皿用超纯水冲洗后，置于盛有 1 mol/L 优级纯盐酸的低密度聚乙烯容器中浸泡 48 h，再用超纯水冲洗 3 次，用双层自封袋密封待用。

d）样品采集、贮存与运输应符合 GB 17378. 3－2007 的要求。

e）若方法空白过高，应对试剂及分析过程中可能的污染进行检查，选用纯度更高的试剂或对试剂进行提纯处理，采取措施避免样品分析过程中的沾污。

f）样品提取时，可根据样品量适当增减磷酸和抗坏血酸提取剂的用量（B. 1. 3. 5）。

g）如果样品浓度较大，可扩大工作曲线范围，或对提取液（B. 1. 3. 5）进行一定的稀释后进行测定，确保样品浓度在所绘制的工作曲线范围之内。

h）可选取生物标准参考物质一同分析，以利于质量控制。对于不同类别的生物样分析，应尽量采用基底相似的生物标准参考物质。

i）测定系统的检查和标准工作曲线斜率的校正：

取标准工作曲线系列溶液（B. 1. 3. 6. 2）的中间浓度溶液（例如选择标准使用液用量 0. 500 mL 的溶液）作为校正样，测定四种形态砷的浓度，并根据 B. 1. 3. 6. 1 所得的标准工作曲线计算校正样的各形态砷浓度。如果校正样测定值与原标准工作曲线对应值（标准使用液用量 0. 500 mL 的溶液中各形态砷的测定值）的相对误差绝对值在 25% 之内，说明测定系统在可控范围内，则取校正样响应值与原标准工作曲线对应值的平均值，取代原标准工作曲线对应值，重新绘制标准工作曲线，之后测定的样品依照新的标准工作曲线计算浓度。如果相对误差绝对值超过 25%，说明测定系统失控，则应检查仪器、溶液是否正常，确定无疑后重新配制、测定、绘制标准工作曲线，上一个合格检查值之后测定的样品需重新测定，并依照新的标准工作曲线计算浓度。每隔 10 个样品需配制和测定一个校正样，以此检查质量是否失控。

j）质量控制要求：

质量控制要求见表 B. 1. 3. 2。每批样品（约 20 个）带做 2 个全程方法空白试样、1 组基底加标平行样品、1 组平行样；有条件的加带一个标准参考物质样品。全程方法空白试样的处理和测定：在离心管中不添加任何生物样品，其余步骤同生物样（B. 1. 3. 5、B. 1. 3. 6）。

表 B. 1. 3. 2　质量控制要求

项目	要求	单位	频率
方法空白	各形态砷不得检出		每批样必带做，需进行全程分析
仪器空白	各形态砷不得检出		每次测定标准工作曲线溶液时测定
标准工作曲线线性，拟合系数 R^2	>0. 99		每次绘制标准工作曲线时确定
基底加标回收率	70 ~ 130	%	每批样必带做，需进行全程分析
平行样相对百分偏差*	绝对值≤30	%	每批样必带做，需进行全程分析
校正样测得值的相对误差	绝对值≤25	%	每隔 10 个样带做 1 次，仅进行仪器分析

*平行样相对百分偏差以公式（B. 1. 3. 3）计算：

$$\text{平行样相对百分偏差} = 2\frac{|C_1 - C_2|}{C_1 + C_2} \times 100\% \quad \text{（B. 1. 3. 3）}$$

式中：

C_1、C_2——平行样测得结果。

附录 C
（规范性附录）
有机锡的测定——气相色谱法

警告——本实验操作过程中需接触大量有机溶剂，且标准物质或溶液均具有高毒性，因此实验应在通风橱内进行。

C.1.3.1 适用范围

本方法适用于海洋生物样品中一丁基锡（MBT）、二丁基锡（DBT）及三丁基锡（TBT）等有机锡化合物的测定。

C.1.3.2 方法原理

环庚三烯酚酮与生物样品中的有机锡反应生成有机锡络合物，用正己烷萃取有机锡络合物，再用过量的格氏试剂将有机锡络合物转化为低沸点的四烷基锡，破坏掉过量的格氏试剂后再次用正己烷萃取，经净化浓缩后用气相色谱 - 火焰光度检测器（GC - FPD）测定。

C.1.3.3 试剂及其配制

C.1.3.3.1 除非另有说明，所有试剂均为色谱纯，有机溶剂浓缩 300 倍后不得检出有机锡。水为正己烷充分洗涤过的蒸馏水或超纯水或相当纯度的水。

C.1.3.3.2 正己烷（C_6H_{14}）。

C.1.3.3.3 异辛烷（C_8H_{18}）。

C.1.3.3.4 甲醇（CH_4O）。

C.1.3.3.5 盐酸（HCl）：$\rho = 1.19$ g/mL，优级纯。

C.1.3.3.6 无水乙醚（$C_4H_{10}O$）：分析纯。

C.1.3.3.7 重蒸无水乙醚（$C_4H_{10}O$）；无水乙醚（C.1.3.3.6）中加入少量的金属钠丝，氮气保护下 40℃水浴氮气保护下回流 3 h 后收集馏分。

C.1.3.3.8 溴代正戊烷（$C_5H_{11}Br$）：分析纯。

C.1.3.3.9 盐酸溶液：移取 0.5 mL 的盐酸（C.1.3.3.5），用水稀释至 1 L。

C.1.3.3.10 镁粉：依次用盐酸溶液（C.1.3.3.9）、水、无水乙醚（C.1.3.3.6）淋洗后室温下减压抽干。

C.1.3.3.11 无水硫酸钠（Na_2SO_4）：分析纯，550℃烘 8 h，冷却后装瓶，干燥器中密封保存。

C.1.3.3.12 弗罗里硅土：100 目 ~200 目（149 μm ~74 μm）400℃加热 4 h，于封口玻璃瓶中冷却至室温，每 100 g 加入 3 mL 水，振荡混匀，干燥器内保存（平衡 2 h 以上方可使用）。

C.1.3.3.13 硫酸溶液（1 +17）：搅拌下将 100 mL 浓硫酸（H_2SO_4，$\rho = 1.84$ g/mL）加入到 1 700 mL 水中。

C.1.3.3.14 盐酸/甲醇混合溶液（1 +1）：将等体积盐酸（C.1.3.3.5）与甲醇（C.1.3.3.4）混合均匀。

C.1.3.3.15 环庚三烯酚酮溶液：称取 0.5 g 环庚三烯酚酮（$C_7H_6O_2$）溶于 100 mL 正己烷（C.1.3.3.2）中。

C.1.3.3.16 有机锡标准溶液（2 000 mg/L）：一丁基锡、二丁基锡和三丁基锡等的浓度均为 2 000 mg/L。MBT、DBT 和 TBT 等浓度为 2 000 mg/L 的有机锡标准溶液。

C.1.3.3.17 三丙基锡（TPrT）标准溶液：TPrT 浓度为 2 000 mg/L 的标准溶液。

C.1.3.3.18 有机锡标准贮备液（100.0 mg/L）：准确移取 500 μL 有机锡标准溶液（C.1.3.3.16）至 10.0 mL 容量瓶中，用异辛烷（C.1.3.3.3）定容。4℃避光保存，有效期 6 个月。

C.1.3.3.19 有机锡标准使用溶液（10.00 mg/L）：准确移取 1.00 mL 有机锡标准贮备溶液（C.1.3.3.18）至 10.0 mL 容量瓶中，用异辛烷（C.1.3.3.3）定容。4℃避光保存，有效期 4 个月。

C.1.3.3.20 替代标准贮备溶液（100 mg/L）：准确移取 500 μL 三丙基锡（TPrT）标准溶液

(C.1.3.3.17) 至10.0 mL容量瓶中，用异辛烷（C.1.3.3.3）定容。4℃避光保存，有效期6个月。

C.1.3.3.21 替代标准使用溶液（10.0 mg/L）：准确移取1.00 mL替代标准贮备溶液（C.1.3.3.20）至10.0 mL容量瓶中，用异辛烷（C.1.3.3.3）定容。4℃避光保存，有效期4个月。

C.1.3.3.22 格氏试剂：正戊基溴化镁的乙醚溶液（2 mol/L）。三口瓶中依次加入8.0 g镁粉（C.1.3.3.10）、50 mL重蒸无水乙醚（C.1.3.3.7）；等压滴液漏斗中加入40 mL的溴代正戊烷（C.1.3.3.8）和20 mL重蒸无水乙醚（C.1.3.3.7），混匀；三口瓶的一个斜口接等压滴液漏斗，另一斜口密封，直口接冷凝器，氮气流从冷凝器上端口横向吹过，10℃左右循环水冷凝。氮气保护下，从等压滴液漏斗缓慢滴加约1 mL溴代正戊烷的无水乙醚溶液，此反应剧烈，注意防止飞溅。如果反应过于剧烈，则可将三口瓶置入冰水浴中。待反应平缓后，开动电磁搅拌并继续滴加剩余的溴代正戊烷的无水乙醚溶液，控制滴加速度在8 mL/min左右以维持反应溶液微沸。滴加完毕后可用水浴40℃回流4 h，以保持乙醚微沸直至镁粉反应完全。将制好的格氏试剂转入密封瓶中隔绝空气密封保存，存于干燥器中备用。

C.1.3.4 仪器与设备

C.1.3.4.1 气相色谱仪（GC）：带火焰光度检测器（GC-FPD），配610 nm滤光片。

C.1.3.4.2 毛细管色谱柱：DB-5（5%苯基+95%聚二甲基硅氧烷）或等效色谱柱，长30 m，内径0.25 mm，固定相液膜厚度0.25 μm。

C.1.3.4.3 旋转蒸发装置。

C.1.3.4.4 恒温烘箱。

C.1.3.4.5 干燥器。

C.1.3.4.6 氮吹仪。

C.1.3.4.7 低温循环冷凝水泵。

C.1.3.4.8 分液漏斗：1 L。

C.1.3.4.9 等压滴液漏斗：250 mL。

C.1.3.4.10 蛇形冷凝器。

C.1.3.4.11 电热恒温水浴锅。

C.1.3.4.12 三口瓶：250 mL。

C.1.3.4.13 衍生瓶。

C.1.3.4.14 玻璃层析柱：长300 mm，内径10 mm。

C.1.3.4.15 实验室常用仪器与设备。

C.1.3.5 分析步骤

样品预处理后，按以下步骤进行仪器分析。

C.1.3.5.1 样品萃取

样品按下述步骤萃取：

a）准确称取3.000 g~5.000 g生物干样，加入10 μL替代标准使用溶液（C.1.3.3.21），加入15 mL盐酸/甲醇混合溶液（C.1.3.3.14），浸泡过夜，振摇1 min后静置分层，萃取液转移至旋转蒸发瓶，再用10 mL盐酸/甲醇（C.1.3.3.14）混合溶液萃取一次，合并萃取液。

b）合并的萃取液（C.1.3.5.1，a）分别用10 mL环庚三烯酚酮溶液（C.1.3.3.15）和20 mL正己烷（C.1.3.3.2）再萃取，静置分层，合并有机相。

c）合并的有机相（C.1.3.5.1，b）中加入10 g无水硫酸钠（C.1.3.3.11），振摇1 min，旋转蒸发浓缩至约2 mL。

d）浓缩液（C.1.3.5.1，c）中加入1.5 mL格氏试剂（C.1.3.3.22），振摇3 min后置于40℃的电热恒温水浴锅中反应40 min。

e）将反应好的有机相（C.1.3.5.1，d）置于冰水浴中，缓慢滴加1 mL~2 mL水，再加入10 mL硫酸溶液（C. 1. 3. 3. 13），最后加入 40 mL 水，剧烈振摇后静置分层。

f）转移有机相，水相继续用 20 mL 正己烷（C. 1. 3. 3. 2）均分两次萃取，萃取液合并至有机相。用无水硫酸钠（C. 1. 3. 3. 11）干燥，旋转蒸发浓缩至约 2 mL，待净化。

C. 1. 3. 5. 2 样品净化

样品按下述步骤净化：

a）取 3 g 弗罗里硅土（C. 1. 3. 3. 12）于小烧杯中，加入 20 mL 正己烷（C. 1. 3. 3. 2）充分搅拌后倒入预先装有适量正己烷（C. 1. 3. 3. 2）的层析柱中，上端填 2 cm ~ 3 cm 无水硫酸钠（C. 1. 3. 3. 11），将液面调整至与无水硫酸钠顶端持平；用 10 mL 正己烷（C. 1. 3. 3. 2）淋洗层析柱，弃去淋洗液。

b）待无水硫酸钠恰要露出液面时，转移浓缩液 C. 1. 3. 5. 1f）到柱上，用少量正己烷（C. 1. 3. 3. 2）辅助完全转移浓缩液；用 20 mL 正己烷（C. 1. 3. 3. 2）淋洗层析柱，收集淋洗液于旋转蒸发瓶中。

c）将淋洗液旋转蒸发浓缩至约 1 mL ~ 2 mL，旋转蒸发浓缩淋洗液并氮吹近干，正己烷（C. 1. 3. 3. 2）定容至 0. 5 mL，转入样品瓶中，待测。

C. 1. 3. 5. 3 标准系列溶液的衍生

在 5 个衍生瓶中，分别加入 1 μL、2 μL、5 μL、10 μL、20 μL 有机锡标准使用溶液（C. 1. 3. 3. 19），在上述衍生瓶中分别加入 10 μL 替代标准使用溶液（C. 1. 3. 3. 21），按照 C. 1. 3. 5. 1，d ~ C. 1. 3. 5. 1，f 的步骤进行前处理，旋转蒸发浓缩，氮吹近干，以正己烷（C. 1. 3. 3. 2）转入样品瓶中并定容至 0. 5 mL，待测。

C. 1. 3. 5. 4 样品测定

宜参照下述仪器分析条件测定：

——升温程序：初温 80℃，保持 1 min；以 5℃/min 的速度升温至 190℃，再以 10℃/min 的速度升温至 280℃，保持 5 min；

——进样量：2. 0 μL；

——进样方式：无分流进样；

——进样口温度：250℃；

——检测器温度：250℃；

——载气：氮气（99. 999%）；

——载气流速：2. 0 mL/min；

——氢气流速：120. 0 mL/min；

——空气流速：100. 0 mL/min。

C. 1. 3. 5. 5 样品空白和加标回收率的测定

C. 1. 3. 5. 5. 1 空白实验：用 1. 0 L 水作为空白样品，进行空白实验。步骤同 C. 1. 3. 5. 1、C. 1. 3. 5. 2、C. 1. 3. 5. 4。

C. 1. 3. 5. 5. 2 加标回收率的测定：在 1. 0 L 水中加入一定量有机锡标准使用溶液（C. 1. 3. 3. 19），进行加标回收实验。步骤同 C. 1. 3. 5. 1、C. 1. 3. 5. 2、C. 1. 3. 5. 4。

C. 1. 3. 6 记录与计算

C. 1. 3. 6. 1 定性分析

通过比较样品与标准溶液的色谱峰的保留时间（RT）进行目标化合物的定性，还可采用气相色谱－质谱仪辅助确证。以标准样品的保留时间与实际样品的保留时间相比较来定性。

C. 1. 3. 6. 2 定量分析

内标法定量，样品测试液中目标化合物的浓度可由计算机按内标法自动计算。根据公式（C. 1. 3. 1）

计算样品中目标化合物的含量，结果分别记入表 D. 1. 3. 13 中。

$$W_i = \frac{X_i V_t}{M} \qquad \text{(C. 1. 3. 1)}$$

式中：

W_i——生物样品中目标化合物的含量，单位为纳克每克（ng/g）；

X_i——样品测试液中目标化合物的浓度，单位为微克每升（μg/L）；

V_t——样品测试液的定容体积，单位为毫升（mL）；

M——生物样品取样量，单位为克（g）。

C. 1. 3. 7 精密度与准确度

5 家实验室测定同一生物样品，重复性相对标准偏差、再现性相对标准偏差及回收率参见表 C. 1. 3. 1。

表 C. 1. 3. 1 GC－FPD 测定有机锡化合物的重复性、再现性及回收率

化合物名称	重复性相对偏差 %	再现性相对偏差 %	回收率 %
一丁基锡	3. 48	8. 64	76 ~ 98
二丁基锡	3. 62	7. 85	70 ~ 92
三丁基锡	2. 53	8. 79	80 ~ 104

C. 1. 3. 8 注意事项

本方法使用时应注意以下事项：

a）应使用全玻璃仪器，不得使用塑料制器皿；

b）所有玻璃器皿在临用前应洗净，可用洗涤剂、水、甲醇顺序洗涤；

c）萃取过程中乳化现象严重时可加入氯化钠或采用离心法破乳；

d）格氏试剂接触水会迅速分解并放热，保存时注意隔绝空气并在干燥器中保存；

e）衍生化反应时，由于格氏试剂与水反应剧烈，故反应前萃取液（C. 1. 3. 5. 1，c）的除水非常重要，应避免水分消耗格氏试剂，导致有机锡反应效率降低。

附录 D
（资料性附录）
记录表格式

表 D.1.3.1 生物样品________分析记录表
（分光光度法）

海区__________ 调查船______ 采样日期：______年____ 月______日　　　　第____页
仪器型号______ 分析日期：______年____ 月______日　　　共____页

序号	站 号	名称	取样部位	取样（干、湿）g	吸光值 A_s			$\overline{A_s}-\overline{A_b}$	样品含量比 W（$\times 10^{-6}$，干、湿）
					1	2	平均		
1									
2									
3									
4									
5									
6									
7									
8									
9									
10									
11									
12									
13									
14									
15									
16									
17									
18									
备注	空白 A_b							定容体积：　　mL	
								检出限	

分析者______________ 校对者______________ 审核者____________

表 D.1.3.2　生物体样品（　　　）标准曲线数据记录
（火焰原子吸收分光光度法）

仪器名称______________仪器编号____________________分析日期________年________月________日

序号	加标准使用液 mL	标准加入量 μg	浓度 μg/mL	吸光值 A_w			$\overline{A_w}-\overline{A_0}$	残差 dA_w
				1	2	平均		
1								
2								
3								
4								
5								
6								
7								
8								
9								
10								
备注	标准使用液浓度：　μg/mL 定容体积：　mL 进样体积：　μL			线性回归拟合标准（工作）曲线方程： $A=a+bx$ （$a=$　　　$b=$　　　$r=$　　　）				
	附标准曲线			残差 dA_w $dA_w=A-(\overline{A_w}-\overline{A_0})$ A 由标准（工作）曲线方程算出				

分析者__________ 校对者____________审核者____________

表 D.1.3.3　生物体样品（　　　　）分析记录

（火焰原子吸收分光光度法）

采样记录编号＿＿＿＿＿＿＿＿　　　　　　　　　　　　　　　　　　第＿＿页，共＿＿页

采样日期＿＿＿年＿＿月＿＿日　　　　　　　　　　　　　　　　　分析日期＿＿＿年＿＿月＿＿日

仪器名称＿＿＿＿＿＿＿＿＿＿　　　　　　　　　　　　　　　　　仪器编号＿＿＿＿＿＿＿＿＿＿

序号	站 号	样品名称	取样量	吸光值 A_w			$\overline{A_w}-\overline{A_b}$	样品含量（$\times 10^{-6}$）	
			g	1	2	平均		干重	湿重
1									
2									
3									
4									
5									
6									
7									
8									
9									
10									
11									
12									
13									
14									
15									
16									
17									
18									
19									
20									
备注	A_b							定容体积：　　mL	
				进样体积：　　μL				检出限：	

分析者＿＿＿＿＿＿　校对者＿＿＿＿＿＿　审核者＿＿＿＿＿＿

表 D. 1. 3. 4 生物体样品（　　　）标准曲线数据记录

（无火焰原子吸收分光光度法）

仪器名称__________ 仪器编号________ 分析日期_____年_____月_____日

<table>
<tr><th rowspan="2">序号</th><th rowspan="2">加标准使用液
mL</th><th rowspan="2">标准加入量
μg</th><th rowspan="2">浓度
μg/mL</th><th colspan="3">吸光值 A_w</th><th rowspan="2">$\overline{A_w}-\overline{A_0}$</th><th rowspan="2">残差
dA_w</th></tr>
<tr><th>1</th><th>2</th><th>平均</th></tr>
<tr><td>1</td><td></td><td></td><td></td><td></td><td></td><td></td><td></td><td></td></tr>
<tr><td>2</td><td></td><td></td><td></td><td></td><td></td><td></td><td></td><td></td></tr>
<tr><td>3</td><td></td><td></td><td></td><td></td><td></td><td></td><td></td><td></td></tr>
<tr><td>4</td><td></td><td></td><td></td><td></td><td></td><td></td><td></td><td></td></tr>
<tr><td>5</td><td></td><td></td><td></td><td></td><td></td><td></td><td></td><td></td></tr>
<tr><td>6</td><td></td><td></td><td></td><td></td><td></td><td></td><td></td><td></td></tr>
<tr><td>7</td><td></td><td></td><td></td><td></td><td></td><td></td><td></td><td></td></tr>
<tr><td>8</td><td></td><td></td><td></td><td></td><td></td><td></td><td></td><td></td></tr>
<tr><td>9</td><td></td><td></td><td></td><td></td><td></td><td></td><td></td><td></td></tr>
<tr><td>10</td><td></td><td></td><td></td><td></td><td></td><td></td><td></td><td></td></tr>
<tr><td rowspan="2">备注</td><td colspan="3">标准使用液浓度：　μg/mL
定容体积：　mL
进样体积：　μL</td><td colspan="5">线性回归拟合标准（工作）曲线方程：
$A = a + bx$
（$a =$ 　　$b =$ 　　$r =$ 　　）</td></tr>
<tr><td colspan="3">附标准曲线</td><td colspan="5">残差 dA_w
$dA_w = A - (\overline{A_w} - \overline{A_0})$
A 由标准（工作）曲线方程算出</td></tr>
</table>

分析者__________ 校对者___________ 审核者___________

表 D.1.3.5　生物体样品（　　　）分析记录
（无火焰原子吸收分光光度法）

采样登记编号____________________　　　第________，共________

采样日期________年______月______日　　　分析日期____年____月____日

仪器名称________________________　　　仪器编号______________

序号	站 号	样品名称	取样量 g	吸光值 A_w			$\overline{A_w}-\overline{A_b}$	样品含量（$\times10^{-6}$）	
				1	2	平均		干重	湿重
1									
2									
3									
4									
5									
6									
7									
8									
9									
10									
11									
12									
13									
14									
15									
16									
17									
18									
19									
20									
备注	A_b							定容体积：　　mL	
				进样体积：　　μL				检出限：	

分析者______________ 校对者______________ 审核者______________

表 D.1.3.6 生物体样品（汞、砷）标准曲线数据记录

（原子荧光法）

仪器名称__________ 仪器编号__________ 分析日期______年______月______日

序号	加标准使用液 mL	标准加入量 ng	浓度 μg/mL	吸光值 F_i			$\overline{F_i}-\overline{F_0}$	残差 dF_i
				1	2	平均		
1								
2								
3								
4								
5								
6								
7								
8								
9								
10								
11								
12								
备注	标准使用液浓度： μg/mL 定容： mL			线性回归拟合标准（工作）曲线方程： $F = a + bx$ （$a =$ $b =$ $r =$ ） 残差 dF_i $dF_i = F - (\overline{F_i} - \overline{F_0})$ F 由标准（工作）曲线方程算出				

分析者__________ 校对者____________ 审核者____________

表 D.1.3.7 海洋生物体中汞、砷分析记录表
（原子荧光法）

海区________ 调查船________ 采样日期：______年____月____日 第____页

仪器型号__________________ 分析日期：______年____月____日 共____页

序号	站号	生物名称	荧光强度 F_i			$\overline{F_i}-\overline{F_0}$	样品含量（$\times10^{-6}$）
			1	2	平 均		
1							
2							
3							
4							
5							
6							
7							
8							
9							
10							
11							
12							
13							
14							
15							
16							
17							
18							
19							
20							
备注	F_0 定容体积（mL）：						

分析者__________计算者________ 校对者________

表 D.1.3.8　生物样品(　　　　　　　)标准曲线数据记录

(ICP－MS 连续测定法)

仪器名称________________　仪器编号____________________　分析日期______年____月____日

序号	标准加入量 g	浓度 μg/L	铜		铅		锌		镉		铬		砷	
			计数值(CPS)	A_i-A_0	计数值(CPS)	A_i-A_0	计数值(CPS)	A_i-A_0	计数值(CPS)	A_i-A_0	计数值(CPS)	A_i-A_0	计数值(CPS)	A_i-A_0
1														
2														
3														
4														
5														
6														
7														
备注			附标准曲线		附标准曲线		附标准曲线		附标准曲线		附标准曲线		附标准曲线	
			$A=a+bx$　$r=$ $a=$　$b=$		$A=a+bx$　$r=$ $a=$　$b=$		$A=a+bx$　$r=$ $a=$　$b=$		$A=a+bx$　$r=$ $a=$　$b=$		$A=a+bx$　$r=$ $a=$　$b=$		$A=a+bx$　$r=$ $a=$　$b=$	

分析者__________　校对者__________　审核者__________

表 D.1.3.9　生物体样品中____ 分析记录

（ICP－MS 法）

海区____ 调查船____ 采样日期：____年____月____日　　　　第____页

仪器型号________分析日期：______年____ 月____日　　　　共____页

序 号	站 号	生物种类	取样量 g	定容体积 L	仪器测定值 μg/L			样品含量 $\times 10^{-6}$
					1	2	平均	
1								
2								
3								
4								
5								
6								
7								
8								
9								
10								
11								
12								
13								
14								
15								
备注	线性回归拟合标准（工作）曲线方程：$A = a + bx$ （$a =$　　　$b =$　　　$r =$　　　）　　检出限：　　μg/L							

分析者_________计算者_______ 校对者_________

表 D.1.3.10 生物体样品汞分析记录

（测汞仪法）

海区________监测船________ 采样日期：______年____月____日

仪器型号__________________ 分析日期：______年____月____日　　　　　　共____页第____页

序号	站号	含水率 %	瓶号	取样量 mg	吸光值 A			样品含量 ng/mg
					1	2	平均	
1								
2								
3								
4								
5								
6								
7								
8								
9								
10								
11								
12								
13								
14								
备注	A_b							

分析者__________校对者________ 审核者__________

表 D. 1. 3. 11　生物样中甲基汞分析记录

海区________ 调查船________　　　　采样日期：____年____月____日
仪器型号________ 分析日期：____年____月____日　　　　共____页　第____页

序号	样品编号	生物样质量 g	消解液体积 mL	消解液峰面积	消解液甲基汞质量 ng	测定液体积 mL	沉积物中甲基汞含量 ng/g
1							
2							
3							
4							
5							
6							
7							
8							
9							
10							
11							
12							
备注	线性回归拟合标准工作曲线方程： 方法空白：　　ng/L；　吹扫空白：　　pg 检出限：　　ng/g						

分析者________校对者________审核者________

表 D. 1. 3. 12　生物样中不同形态砷分析记录

海区________________　　调查船__________________　　采样日期：______ 年______月______日

仪器型号______________　　分析日期：______年______月______日　　共______页　第______页

序 号	站号	瓶号	砷的形态	称重 g	提取液测定值 ng/mL			提取液体积 mL	生物样中含量 μg/g
					平行 1	平行 2	平均值		
1									
2									
3									
4									
5									
6									
7									
8									
9									
10									
11									
12									
备注	线性回归拟合标准（工作）曲线方程： 方法空白　　　ng/mL；　　仪器空白：　　　ng/mL 检出限：　　　ng/g								

分析者__________校对者________ 审核者__________

表 D. 1. 3. 13　生物样中有机锡分析记录

海区＿＿＿＿调查船＿＿＿采样日期：＿＿年＿＿月＿＿日

仪器型号＿＿＿＿分析日期：＿＿年＿＿月＿＿日　　共＿＿页　第＿＿页

序 号	样品编号	取样质量 g	定容体积 mL	仪器测定值			生物样中某有机锡浓度 ng/g
				保留时间 min	峰面积	峰高	
1							
2							
3							
4							
5							
6							
7							
8							
9							
10							
11							
12							
13							
14							
15							
备注	线性回归拟合标准（工作）曲线方程：$A = a + bx$ （a =　　b =　　r =　　）　　检出限：　　ng/g						

分析者＿＿＿＿计算者＿＿＿＿校对者＿＿＿＿

附录 E
（资料性附录）
调查资料封面格式

密级：

项目名称：
项目编号：

资料名称：（如：近海沉积物重金属调查现场记录表）   调查/分析测试单位： 调查航次： 调查船： 调查区域： 调查时间： 负责人：

图 E.1.3.1 原始资料封面格式

密级：
项目名称：
项目编号：
资料名称：
资料内容：
资料分布区域：
资料分布时间：
调查单位：
资料汇交单位：

图 E.1.3.2 光盘、软盘封面标识

密级：
项目名称：
项目编号：
资料名称：
资料内容：
共　　盘 第　　盘
调查区域：
调查时间：
调查单位：
资料汇交单位：
制作时间：

第二篇　近海重金属污染评价方法

第 1 部分　近海重金属污染评价方法

1　范围

本标准规定了近海海水、沉积物、生物体中重金属污染监测与评价内容、标准和方法。
本标准适用于中华人民共和国管辖的内海、领海以及近岸海域监测与评价工作。

2　规范性引用文件

下列标准所包含的条文，通过在本标准中引用而构成为本标准的条文。
GB 17378.4—2007　海洋监测规范　第 4 部分：海水分析
GB 17378.5—2007　海洋监测规范　第 5 部分：沉积物分析
GB 17378.6—2007　海洋监测规范　第 6 部分：生物体分析
GB 17378.2—2007　海洋监测规范　第 2 部分：数据处理与分析质量控制
GB 17378.3—2007　海洋监测规范　第 3 部分：样品采集、贮存与运输
GB 3097—1997　海水水质标准
GB 3838—2002　地面水环境质量标准
GB 5749—2005　生活饮用水卫生标准
GB 11607—1989　渔业水质标准
GB 18668—2002　海洋沉积物质量
GB/T 20260—2006　海底沉积物化学分析方法
HY/T 132—2010　海洋沉积物与海洋生物体中重金属分析前处理：微波消解法
GB 17378.1—2007　海洋监测规范 总则
GB 17378.7—2007　海洋监测规范 近海污染生态调查和生物监测
GB 18421—2001　海洋生物质量
GB 2762—2005　食品中污染物限量
GB 18406.4—2001　农产品安全质量无公害水产品安全要求
GB/T 5009.17—2003　食品中总汞及有机汞的测定
SN/T 2208—2008　水产品中钠镁铝钙铬铁镍铜锌砷锶钼镉铅汞硒的测定微波消解 - 电感耦合等离子体 - 质谱法
NY 5056—2005　中华人民共和国农业行业标准　无公害海藻
全国海岸带和海涂资源综合调查简明规程
近海重金属污染元素监测技术规程

3　术语和定义

下列术语和定义适用于本标准。

3.1

河口 river mouth，estuary
入海河流终端受潮汐和径流共同作用的水域。
[GB/T 19485—2104，定义 3.2]

3.2

近岸海域 near shore area

指距大陆海岸较近的海域。

注： 已公布领海基点的海域指领海外部界限至大陆海岸之间的海域，渤海和北部湾一般指水深 10 m 以浅海域。

[GB/T 19485—2004，术语和定义 3.3]

3.3

沿岸海域 coastal area

近岸海域之内靠近大陆海岸，受陆地气象条件、水文、物质来源影响的海域。一般指距大陆海岸 10 km 以内的海域。

[GB/T 19485—2004，术语和定义 3.4]

3.4

重点渔业海域 vital fishery sweater area

指中华人民共和国管辖海域中重要鱼、虾、蟹、贝类以及其他重要水生生物的产卵场、索饵场、越冬场、洄游通道和鱼、虾、蟹、贝、藻类及其他水生动植物的养殖场所。

3.5

海洋倾倒区 ocean dumping area

为各类海岸、海洋工程等建设项目所产生的废弃物倾倒而设立的日常性海上倾倒区域。

3.6

陆源入海排污口 land - based sewage outfall to the sea

由陆地直接向海域排放污水的具有专门管网的排放口。

3.7

陆源入海排污口邻近海域 sea area adjacent to land - based sewage outfall

受陆源入海排污口影响海域外缘向排污口一侧的海域。

3.8

环境风险 environmental risk

环境风险是指突发性事故对环境的危害程度，用风险值表征，为事故发生概率与事故造成的环境后果的乘积。

3.9

敏感海域 sensitive sea area

海洋生态环境功能目标很高，且遭受损害后很难或难于恢复其功能的海域，包括海洋自然保护区，海洋特别保护区，珍稀濒危海洋生物保护区，滨海湿地，重要渔业水域，典型海洋生态系（如珊瑚礁、红树林、重要的海湾、河口等），海滨风景旅游区，人体直接接触海水的海上运动或娱乐区，与人类食用直接有关的工业用水区等。

3.10

重金属毒性系数 heavy metal toxicity coefficient

反映重金属的毒性水平和生物对重金属的敏感程度。

3.11

潜在生态危害指数 potential ecological risk index

单个重金属污染潜在生态危害指数。

3.12

潜在生态危害综合指数 the comprehensive index of potential ecological risk

多个重金属污染潜在生态危害综合指数。

4 监测方案设计

4.1 监测站位布设

监测站位布设应考虑到所监测对象的海洋功能、生态敏感性和环境保护的目标。根据监测计划确定的监测内容，结合海域类型、水文气象、自然环境特征及其污染源分析，在研究和论证的基础上综合诸多环境因素提出优化监测站位布设方案。主要遵循以下原则。

a）根据水文特征、海域功能、水体自净能力等因素考虑监测站位布设。

b）站位布设遵循近岸较密、远岸较疏，重点海域（如河口、排污口、渔场或养殖场等）较密，对照较疏的原则。

c）入海河口的断面站位布设应与径流扩散方向垂直布设。

d）养殖海域的断面站位布设可与依据养殖区面积和污染源影响范围布设。

e）港湾的断面站位布设依地形、潮汐、航道和监测对象等情况布设。在潮汐复杂区域，断面站位可与岸线垂直布设。

f）海岸外开阔海区的断面站位布设呈纵横断面网络状布设（近岸：0.5°×0.5°；近海：1.0°×1.0°）。

g）依据掌握海域环境质量实际需求，考虑监控污染物的时空分布规律，力求用较少断面和站点，取得代表性最好采样站点，获得最好监测效果。

4.2 监测频率与时间

可以按以下要求确定监测频率和采样时间：

a）水文气象、生物、化学等综合性的生态环境监测，常以春、夏、秋、冬季节开展监测，反映海洋生态环境要素季节变化特征。

b）河口港湾的生态环境监测，常以丰水期、平水期、枯水期开展监测，反映陆源输入对河口港湾的生态环境影响。

c）污染物入海对生态环境影响监测，常以大潮、小潮，高平潮、低平潮开展监测，大潮和高平潮反映的是污染物对生态环境影响最小时，小潮和低平潮反映的是污染物对生态环境影响最大时；因此，污染物入海对生态环境影响监测，常选择小潮和低平潮开展生态环境监测。

d）污染物入海对生态环境影响连续监测，设置定点站位以每隔2~3小时观测一次，连续进行周日24小时观测。

e）专题研究，开展监测所获取的环境要素信息能够满足专题研究所需。

4.3 样品采集

重金属采样的技术要求：

a）样品容器可以是聚四氟乙烯瓶，塑料材质的（聚乙烯和聚丙烯等）样品瓶，聚对苯二甲酸乙二醇酯材质的（PET）样品瓶。

b）近岸表层采水样，可以在伸缩的长杆上包着塑料的瓶夹，采样瓶固定在塑料瓶夹上，采集海水样品。

c）用非金属材质构成的闭—开—闭式采水器也适合痕量金属的海水样品采集。

d）泵吸系统采水器，要求泵吸系统采水器的采水管道必须是聚四氟乙烯材质的，才适合痕量金属的海水样品采集。

e）用聚四氟乙烯勺采集表层沉积物样品。

f）用陶瓷刀和聚四氟乙烯容器（平板、瓶）采集与处理生物样品。

4.4 评价项目

4.4.1 海水监测项目

4.4.1.1 海水重金属监测项目

海水重金属监测项目包括：铜、铅、锌、镉、总铬、总汞、砷等。

4.4.1.2 海水重金属分析方法

海水重金属分析方法见表2.1.1。

表2.1.1 近海海水重金属分析方法

序号	项目	分析方法	引用标准
1	铜	（1）无火焰原子吸收分光光度法 （2）电感耦合等离子体质谱法	近海重金属污染元素监测技术规程　第1部分：海水重金属监测 GB 17378.4—2007 EPA 6020A 7440－50－8
2	铅	（1）无火焰原子吸收分光光度法 （2）电感耦合等离子体质谱法	近海重金属污染元素监测技术规程　第1部分：海水重金属监测 GB 17378.4—2007 EPA 6020A 7439－92－1
3	锌	（1）火焰原子吸收分光光度法 （2）电感耦合等离子体质谱法	近海重金属污染元素监测技术规程　第1部分：海水重金属监测 GB 17378.4—2007 EPA 6020A 7440－66－6
4	镉	（1）无火焰原子吸收分光光度法 （2）电感耦合等离子体质谱法	近海重金属污染元素监测技术规程　第1部分：海水重金属监测 GB 17378.4—2007 EPA 6020A 7440－43－9
5	总铬	（1）无火焰原子吸收分光光度法 （2）电感耦合等离子体质谱法	近海重金属污染元素监测技术规程　第1部分：海水重金属监测 GB 17378.4—2007 EPA 6020A 7440－47－3
6	总汞	原子荧光法	近海重金属污染元素监测技术规程　第1部分：海水重金属监测 GB 17378.4—2007
7	砷	（1）原子荧光法 （2）电感耦合等离子体质谱法	近海重金属污染元素监测技术规程　第1部分：海水重金属监测 GB 17378.4—2007 EPA 6020A 7440－38－2

4.4.2 沉积物监测项目

4.4.2.1 沉积物重金属监测项目

近海沉积物中重金属监测项目包括：铜、铅、锌、镉、总铬、总汞、总砷、甲基汞等。

4.4.2.2 沉积物重金属分析方法

沉积物中重金属分析方法见表2.1.2。

沉积物样品的采集、预处理、制备及保存按GB 17378.3—2007的有关规定执行。

表2.1.2 海洋沉积物中重金属分析方法

序号	项目	分析方法	引用标准
1	总汞	（1）原子荧光法 （2）冷原子吸收光度法	近海重金属污染元素监测技术规程　第2部分：沉积物重金属监测 GB 17378.5—2007

表 2.1.2（续）

序号	项目	分析方法	引用标准
2	镉	（1）无火焰原子吸收分光光度法 （2）火焰原子吸收分光光度法 （3）电感耦合等离子体质谱法	近海重金属污染元素监测技术规程　第2部分：沉积物重金属监测 GB 17378.5—2007 GB/T 20260—2006
3	砷	（1）原子荧光法 （2）电感耦合等离子体质谱法 （3）氢化物－原子吸收分光光度法	近海重金属污染元素监测技术规程　第2部分：沉积物重金属监测 GB 17378.5—2007
4	铅	（1）无火焰原子吸收分光光度法 （2）火焰原子吸收分光光度法 （3）电感耦合等离子体质谱法	近海重金属污染元素监测技术规程　第2部分：沉积物重金属监测 GB 17378.5—2007 GB/T 20260—2006
5	铜	（1）无火焰原子吸收分光光度法 （2）火焰原子吸收分光光度法 （3）电感耦合等离子体质谱法	近海重金属污染元素监测技术规程　第2部分：沉积物重金属监测 GB 17378.5—2007 GB/T 20260—2006
6	铬	（1）无火焰原子吸收分光光度法 （2）电感耦合等离子体质谱法 （3）二苯碳酰二肼分光光度法	近海重金属污染元素监测技术规程　第2部分：沉积物重金属监测 GB 17378.5—2007 GB/T 20260—2006
7	锌	（1）火焰原子吸收分光光度法 （2）电感耦合等离子体质谱法	近海重金属污染元素监测技术规程　第2部分：沉积物重金属监测 GB 17378.5—2007 GB/T 20260—2006

4.4.2　生物体监测项目

4.4.2.1　生物体中重金属监测项目

生物体中重金属监测项目包括：铜、铅、锌、镉、总铬、总汞、砷等。

4.4.2.2　生物体中重金属分析方法

海洋生物重金属样品分析检测采用 GB 17378.6－2007 中的方法，GB/T 5009.17—2010 食品中总汞的测定方法或者 SN/T 2208－2008 水产品中重金属的测定微波消解－电感耦合等离子体－质谱法，生物体中重金属分析方法见表 2.1.3。

表 2.1.3　海洋生物中重金属分析方法

序号	项目	分析方法	引用标准
1	总汞	（1）原子荧光分光分度方法 （2）冷原子吸收光度法 （3）电感耦合等离子体质谱法	近海重金属污染元素监测技术规程　第3部分：生物体中重金属监测 GB 17378.6—2007 SN/T 2208—2008
2	镉	（1）无火焰原子吸收分光光度法 （2）阳极溶出伏安法 （3）火焰原子吸收分光光度法 （4）电感耦合等离子体质谱法	近海重金属污染元素监测技术规程　第3部分：生物体中重金属监测 GB 17378.6—2007 SN/T 2208—2008
3	砷	（1）原子荧光法 （2）电感耦合等离子体质谱法 （3）氢化物原子吸收分光光度法 （4）砷钼酸－结晶紫分光光度法 （5）催化极谱法	近海重金属污染元素监测技术规程　第3部分：生物体中重金属监测 GB17378.6—2007 SN/T2208—2008

表 2.1.3（续）

序号	项目	分析方法	引用标准
4	铅	（1）火焰原子吸收分光光度法 （2）电感耦合等离子体质谱法 （3）阳极溶出伏安法 （4）无火焰原子吸收分光光度法	近海重金属污染元素监测技术规程　第3部分：生物体中重金属监测 GB 17378.6—2007 SN/T 2208—2008
5	铜	（1）火焰原子吸收分光光度法 （2）电感耦合等离子体质谱法 （3）无火焰原子吸收分光光度法 （4）阳极溶出伏安法	近海重金属污染元素监测技术规程　第3部分：生物体中重金属监测 GB 17378.6—2007 SN/T 2208—2008
6	铬	（1）无火焰原子吸收分光光度法 （2）电感耦合等离子体质谱法 （3）二苯碳酰二肼分光光度法	近海重金属污染元素监测技术规程　第3部分：生物体中重金属监测 GB 17378.6—2007 SN/T 2208—2008
7	锌	（1）火焰原子吸收分光光度法 （2）电感耦合等离子体质谱法 （3）阳极溶出伏安法	近海重金属污染元素监测技术规程　第3部分：生物体中重金属监测 GB 17378.6—2007 SN/T 2208—2008

5　质量控制与保证

样品采集、保存、运输与分析质量控制要求如下：

a）自控样控制：每批样品测定时，同时做1～2个添加标准回收实验，若平均回收率在85%～115%范围内，即视该批样品测定合格；反之，应重测。

b）平行样控制：每批测试样品应取10%～15%样品做平行样测定，若其结果处于样品含量允许的偏差范围内，则为合格；若个别平行样测定不符合要求，应检查其原因，根据其结果，判定测定失败或合格。

6　海洋环境中重金属污染评价

6.1　海水中重金属污染的评价标准与方法

6.1.1　评价指标

本标准确定的近海海水重金属污染评价指标为铜、铅、锌、镉、总铬、总汞、砷，共计7项。

6.1.2　评价标准

近海海水重金属评价标准参照GB 3097—1997海水水质标准共分为四类，第一类表明该海域中所评价指标的含量满足海洋渔业、海上自然保护区和珍稀濒危海洋生物保护区对评价指标的要求；第二类表明该海域所评价指标的含量满足水产养殖区、海水浴场、人体直接接触海水的海上运动或娱乐区、与人类食用直接相关的工业用水区对评价指标的要求；第三类表明该海域所评价指标的含量满足一般工业用水区、滨海风景旅游区对评价指标的要求；第四类表明该海域所评价指标的含量满足海洋港口区域、海洋开发作业区对评价指标的要求。

近海海水重金属其余评价指标的评价标准值列于表2.1.4。

表 2.1.4　近海海水重金属污染评价标准值　　单位：mg/L

序号	项目	第一类	第二类	第三类	第四类
1	铜≤	0.005	0.010	0.010	0.050
2	铅≤	0.001	0.005	0.010	0.020
3	锌≤	0.020	0.050	0.100	0.500
4	镉≤	0.001	0.005	0.010	0.010
5	总铬≤	0.020	0.050	0.100	0.200
6	总汞≤	0.000 05	0.000 20	0.000 20	0.000 50
7	砷≤	0.020	0.030	0.050	0.050

6.1.3　评价方法与计算

6.1.3.1　单项指标评价法

近海海水重金属的实测值与各类别的近海海水重金属污染评价标准值相比较，低于标准值的表明海水重金属符合该类评价等级。

6.1.3.2　权重修正内梅罗污染指数综合评价法（杨琳，2006；于福荣等，2008）

6.1.3.2.1　污染因子权重值 W_{ij} 的确定

将各污染因子的第 j 类标准值 S_j 按照从小到大的顺序进行排列，并将其最大值 $S_{j\max}$ 与 S_{ij} 的比值作为 i 种污染因子在该评价体系中的相关性比值以公式（2.1.1）计算，即

$$W_{ij} = \frac{S_{j\max}/S_{ij}}{\sum_{i=1}^{n} S_{j\max}/S_{ij}} \quad (2.1.1)$$

式中：

W_{ij}——第 i 种污染因子的权重值；

$S_{j\max}$——所有评价因子第 j 类标准值的最大值；

S_{ij}——第 i 种污染因子第 j 类的标准值。

6.1.3.2.2　权重修正内梅罗污染指数

权重修正内梅罗污染指数以污染指数公式（2.1.2）、评价标准值公式（2.1.3）和污染综合指数公式（2.1.4）计算：

$$P_{ij} = C_{ij}/S_{ij} \quad (2.1.2)$$

$$P_{ij加权平均} = \frac{\sum_{i=1}^{n}(P_{ij} \times W_{ij})}{n} \quad (2.1.3)$$

$$P' = \sqrt{\frac{P_{ij\max}^2 + P_{ij加权平均}^2}{2}} \quad (2.1.4)$$

式中：

P_{ij}——第 i 种污染因子第 j 类的污染指数；

C_{ij}——第 i 种污染因子的监测值；

S_{ij}——第 i 种污染因子第 j 类的评价标准值；

$P_{ij加权平均}$——监测点各污染指数的加权平均值；

$P_{ij\max}$——监测点污染指数的最大值；

P'——权重修正内梅罗污染综合指数。

6.1.3.2.3 评价结果

根据 P'值，对应表 2.1.5 中的水质类别，确定评价等级。

表 2.1.5 权重修正内梅罗污染综合指数与水质类别的对应关系

水质类别	一类	二类	三类	四类
权重修正内梅罗污染综合指数 P'	<0.714	$0.714 \leq P' < 1.63$	$1.63 \leq P' < 2.28$	$2.28 \leq P' < 3.68$

6.2 海洋沉积物中重金属污染的评价标准与方法

6.2.1 评价指标

本标准确定的近海海洋沉积物中重金属污染评价指标为铜、铅、锌、镉、总铬、总汞、砷，共计 7 项。

6.2.2 评价标准

近海沉积物重金属评价标准参照按 GB 18668—2002《海洋沉积物质量》，以海域使用功能和环境保护目标共分为三类，第一类适用于海洋渔业水域，海洋自然保护区，珍稀与濒危生物自然保护区，海水养殖区，海水浴场，人体直接接触沉积物的海上运动或娱乐区，与人类食用直接有关的工业用水区；第二类适用于一般工业用水区、滨海风景旅游区；第三类适用于海洋港口水域，特殊用途的海洋开发作业区。近海沉积物重金属评价标准见表 2.1.6。近海沉积物中甲基汞评价标准仅为单一值，即 0.13×10^{-6}。

近海海洋沉积物重金属污染潜在生态危害评价标准（Hakänson L，1980），按 GB 18668—2002《海洋沉积物质量》一类沉积物质量指标作为沉积物中重金属的参比值列于表 2.1.7；沉积物中重金属毒性系数列于表 2.1.8；近海沉积物重金属污染潜在生态危害划分标准列于表 2.1.9。

表 2.1.6 近海沉积物重金属评价标准 单位：$\times 10^{-6}$

序号	项目	第一类	第二类	第三类
1	铜≤	35.0	100.0	200.0
2	铅≤	60.0	130.0	250.0
3	锌≤	150.0	350.0	600.0
4	镉≤	0.50	1.50	5.00
5	铬≤	80.0	150.0	270.0
6	总汞≤	0.20	0.50	1.00
7	砷≤	20.0	65.0	93.0

表 2.1.7 近海沉积物重金属参比值 单位：$\times 10^{-6}$

元素	总汞	镉	砷	铅	铜	铬	锌
参比值	0.20	0.50	20.0	60.0	35.0	80.0	150.0

表 2.1.8 沉积物中重金属毒性系数

元素	总汞	镉	砷	铅	铜	铬	锌
毒性系数	40	30	10	5	5	2	1

表 2.1.9 近海沉积物重金属污染潜在生态危害的划分标准

潜在生态危害	低	中等	重	严重
E_r^i	<40	$40 \leq E_r^i < 80$	$80 \leq E_r^i < 160$	≥ 160
RI	<140	$140 \leq RI < 280$	$280 \leq RI < 560$	≥ 560

6.2.3 评价方法与计算

6.2.3.1 单项指标评价法

近海沉积物重金属的实测值与各类别的近海沉积物中重金属质量标准相比较，低于标准值的表明沉积物重金属符合该类评价等级。

6.2.3.2 近海沉积物重金属污染潜在生态危害评价法

使用沉积物重金属分析数据进行重金属污染潜在生态危害评价时，需注明沉积物消解方法及测定方法。

a）单因子指数法：

单个重金属污染潜在生态危害指数 E_r^i 按公式（2.1.5）计算。

$$E_r^i = T_r^i \cdot \frac{C^i}{C_n^i} \quad \cdots\cdots (2.1.5)$$

式中：

E_r^i——重金属元素 i 的潜在生态危害指数；

T_r^i——重金属元素 i 的毒性系数；

C^i——沉积物中重金属元素 i 的实测含量（$\times 10^{-6}$）；

C_n^i——重金属元素 i 的评价参比值（$\times 10^{-6}$）。

b）多因子指数法：

多个重金属污染潜在生态危害指数 RI 等于所有重金属潜在危害指数之和，按公式（2.1.6）计算。

$$RI = \sum_{i=1}^{n} T_r^i \cdot \frac{C^i}{C_n^i} \quad \cdots\cdots (2.1.6)$$

式中：

RI——多个重金属污染潜在生态危害综合指数；

T_r^i——重金属元素 i 的毒性系数；

C^i——沉积物中重金属元素 i 的实测含量（$\times 10^{-6}$）；

C_n^i——重金属元素 i 的评价参比值（$\times 10^{-6}$）。

6.3 海洋生物体中重金属污染的评价标准与方法

6.3.1 评价指标

本标准确定的近海海洋生物体中重金属污染评价指标为铜、铅、锌、镉、总铬、总汞、砷，共计7项。

6.3.2 评价标准

近海重金属污染生物质量评价标准参照 GB 18421—2001《海洋生物质量》，软体动物中的双壳贝类中总汞、铜、铅、锌、镉、铬、砷重金属要素的生物质量标准分为三类。按照海域的使用功能和环境保护的目标划分为三类，第一类适用于海洋渔业水域、海水养殖区、海洋自然保护区、与人类食用直接有关的工业用水区，第二类适用于一般工业用水区、滨海风景旅游区，第三类适用于港口水域和海洋开发作业区。

双壳贝类体内的甲基汞和双壳贝类以外的软体动物、甲壳类动物、鱼类和海藻体内的重金属以《全国海岸和海涂资源综合监测简明规程》（《全国海岸带和海涂资源综合调查简明规程》编写组，1986）和国内外相关食品中污染物限量规定中重金属要素的生物质量标准值（GB 2762—2005；GB 18406.4—2001；NY 5056—2005；中华人民共和国广东出入境检验检疫局，2009；澳大利亚食品管理局，1995；USEPA，2001；Commission Regulation，2005）作为参比值，其评价标准为单一值。

海洋生物重金属质量分类具体标准值列于表 2.1.10 和表 2.1.11 中。

表 2.1.10　海洋双壳贝类重金属质量标准值（GB 18421—2001，鲜重）　单位：mg/kg

项目	第一类	第二类	第三类
铜≤	10	25	50（牡蛎 100）
铅≤	0.1	2.0	6.0
锌≤	20	50	100（牡蛎 500）
镉≤	0.2	2.0	5.0
铬≤	0.5	2.0	6.0
总汞≤	0.05	0.10	0.30
砷≤	1.0	5.0	8.0

表 2.1.11　海洋生物重金属质量标准值（鲜重）　单位：mg/kg

生物类别	总汞	铜	铅	镉	锌	砷	铬
软体（双壳贝类除外）≤	0.30	100	10.0	5.5	250	10	5.5
甲壳≤	0.20	100	2.0	2.0	150	8.0	1.5
鱼类≤	0.30	20	2.0	0.6	40	5.0	1.5
海藻≤	1.0	50	0.5	1.0		1.0	2.0

注 1：软体动物以去壳（外壳或内壳）部分的鲜重计；
注 2：甲壳类以去除外甲和内脏等的肌肉鲜重计；
注 3：鱼类以去除鱼皮、骨骼和内脏等的肌肉鲜重计。

6.3.3　评价方法与计算

6.3.3.1　单因子污染指数评价法

海洋生物质量评价方法采用单因子污染指数评价法，按照公式（2.1.7）进行计算：

$$P_i = C_i / S_{ij} \qquad (2.1.7)$$

式中：

P_i——i 测项的污染指数；

C_i——i 测项的浓度值；

S_{ij}——i 测项的 j 类生物质量标准值（选取表 2.1.10 或表 2.1.11 中的标准值）。

海洋生物质量评价以单因子污染指数 1.0 作为该因子是否对生物产生污染的基本分界线，小于 1.0 为生物未受该因子污染，大于 1.0 表明生物已受到该因子污染。

6.3.3.2　综合指数评价法

某一海域生物体中重金属的综合质量指数反映的是这一海区海洋生物重金属污染的整体综合质量，参考内梅罗指数法（兰文辉等，2002），具体见公式（2.1.8）：

$$P_{ij} = \sqrt{\frac{(\max P_i)^2 + (\mathrm{ave} P_i)^2}{2}} \qquad (2.1.8)$$

式中：

P_{ij}——综合质量指数；

$\max P_i$——生物体单项质量指数最大值；

$\mathrm{ave} P_i$——生物体各单项质量指数的平均值。依据综合指数分级标准（表 2.1.12），确定污染程度。

表 2.1.12 海洋生物重金属综合质量指数评价分级标准

分级	综合质量指数（P_{ij}）	污染程度
Ⅰ级	$P_{ij}>3$	重度污染
Ⅱ级	$2<P_{ij}\leqslant 3$	中度污染
Ⅲ级	$1<P_{ij}\leqslant 2$	轻污染
Ⅳ级	$P_{ij}\leqslant 1$	无污染

6.4 海洋甲基汞和三丁基锡的评价标准与方法

6.4.1 评价指标

本标准确定的重金属污染评价指标为近海海水、沉积物、生物体中甲基汞和三丁基锡。

6.4.2 评价标准

近海海水、沉积物、生物体中甲基汞和三丁基锡生态分析评价阈值标准参照欧盟议会标准（EC）、奥斯陆－巴黎公约（OSPAR）、加拿大英属哥伦比亚环保机构、加拿大环保部、美国内政部下属渔业和野生动物局、美国环境保护协会（USEPA）等。

近海海水、沉积物、生物体中甲基汞和三丁基锡生态分析评价阈值为含量限量，因此其污染评价标准值仅为单一值，具体阈值见表 2.1.13。

表 2.1.13 近海海洋中甲基汞和三丁基锡生态风险阈值

序号	项目	介质	阈值	备注
1	甲基汞	海水 μg/L	0.000 1	—
2		沉积物 $\times 10^{-6}$	0.13	干重
3		生物 mg/kg	0.03	鲜重
4	三丁基锡	海水 μg/L	0.007	—
5		沉积物 $\times 10^{-6}$	0.000 02	干重
6		生物（贝类） mg/kg	0.01	鲜重

6.4.3 评价方法与计算

近海海洋中甲基汞和三丁基锡生态风险评价方法采用单因子污染指数评价法，按照公式（2.1.9）进行计算：

$$P_i = C_i/S_{ij} \quad (2.1.9)$$

式中：

P_i——i 测项的污染指数；

C_i——i 测项的浓度值；

S_{ij}——i 测项的 j 类生物质量标准值（选取表 2.1.13 中的标准值）。

近海海水、沉积物和生物体中甲基汞和三丁基锡生态风险评价以单因子污染指数 1.0 作为该因子是否对生态环境产生危害的基本分界线，污染指数小于等于 1.0 表明为生态环境未受该因子污染，大于 1.0 表明海洋生态系统受到该因子污染，可能存在潜在危害。

7 监测资料处理和汇编

7.1 监测资料处理

7.1.1 数据资料的整理

数据资料的整理要求如下：

a）以电子介质记录的检测资料原件存档，另用复制件进行整理；

b）现场人工采样记录表、要素分析记录表、值班日志等原始记录，采用 A4 纸介质载体，记录和分析必须经第二人校核。

7.1.2 报表填写和图件绘制

报表填写和图件绘制要求如下：

a）调查要素的报表，应采用本规程附录规定的标准格式；

b）成果图件采用 GIS 软件绘制，A4 纸张打印；

c）在图件和报表规定的位置上，有关人员应签名。

7.2 质量控制

将原始测试分析报表或电子数据按照资料内容分类整理，并按照统一资料记录格式整编成电子文件，资料整编质量控制要求如下：

a）应严格执行专项技术规程总则中有关质量控制的规定条款；

b）计量仪器应经计量检定部门检定，并应在有效期内使用；

c）标准物质应采用国家标准物质，自配的标准溶液应经国家标准物质校准；

d）原始资料为纸质报表的，经录入后，必须不同人员进行三遍以上的人工校对；

e）形成电子文件后，进行质量控制；

f）整编后的资料必须注明资料处理人员、资料审核人员等；

g）对应的资料必须附资料质量评价报告；

h）资料整编时，建立资料整编记录。

8 近海重金属监测报告内容与格式

8.1 文本规格

近海重金属监测报告文本外形尺寸为 A4（210 mm×297 mm）。

8.2 封面格式

海水化学调查报告封面格式如下：

——第一行书写：×××海区（一号宋体，加黑，居中）；

——第二行书写：近海重金属监测报告（一号宋体，加黑，居中）；

——落款书写：编制单位全称（如有多个单位可逐一列入，三号宋体，加黑，居中）；

——第四行书写：××××年××月（小三号宋体，加黑，居中）；

——第五行书写：中国，空一格，××（地名，小三号宋体，加黑，居中）。

以上各行间距应适宜，保持封面美观。

8.3 封里内容

封里中应分行写明：监测项目实施单位全称（加盖公章）；项目负责人、技术总负责人、分项目负责人和主要参加人员姓名；报告书编制单位全称（加盖公章）；编制人、审核人姓名；编制单位地址；通信地址、邮政编码；联系人姓名，联系电话，E-mail 地址等内容。

8.4 近海重金属监测与评价报告章节内容

近海重金属监测与评价报告应包括以下全部或部分内容。依据调查目的、内容和具体要求，可对下列章节及内容适当增减：

a）前言：主要包括近海重金属监测工作任务来源、任务实施单位、监测时间与航次、调查船只与合作单位等的简要说明。

b）自然环境概述。

c）国内外近海重金属监测研究现状。

d）监测方法和质量保证，主要包括：

- 监测海区的区域与范围；
- 监测站位布设；
- 监测站位图；
- 监测站位类型与说明；
- 监测时间与频率；
- 监测内容与检测分析方法；
- 仪器设备的性能和运转条件；
- 全程的质量控制。

e）调查结果与讨论：

- 近海重金属要素的环境行为分析；
- 近海重金属监测的数理统计分析；
- 近海重金属要素的时空变化特征分析（平面、断面、垂直分布特征）。

f）近海重金属污染影响评价

- 海水重金属评价；
- 沉积物重金属评价；
- 生物体重金属评价。

g）小结。

h）参考文献。

i）附件，主要包括：

- 海水化学要素调查数据报表等；
- 其他的附图、附表、附件（含参考文献）等。

9 资料和成果归档

9.1 归档资料的主要内容

归档资料的主要内容包括：

a）任务书、合同、实施方案（计划）；

b）海上观测及采样记录，实验室分析记录，工作曲线及验收结论；

c）站位实测表、值班日志和航次报告；

d）监测资料成果表、整编资料成果表；

e）成果报告、图集最终稿及印刷件；

f）成果报告鉴定书和验收结论（鉴定或验收后存入）。

9.2 归档要求

按照国家档案法和本单位档案管理规定，将档案材料系统整理编目，经项目负责人审查后签字，由档案管理部门验收后保存。归档要求如下：

a）未完成归档的成果报告，不能鉴定或验收；

b）按资料保密规定，划分密级妥善保管；

c）电子介质载体的归档资料，必须按照载体保存期限及时转录，并在防磁、防潮条件下保管。

参 考 文 献

[1] US EPA Method 200. 86020A. Determination of Trace Elements in Water and Wastes by Inductively Coupled Plasma – Mass Spectrometry. , 2007, EMMC VRevision 1ersion.

[2] GB 17378. 2—2007 海洋监测规范.

[3] GB 3097—1997 海水水质标准.

[4] GB 3838—2002 地面水环境质量标准.

[5] GB 5749—2005 生活饮用水卫生标准.

[6] GB 11607—1989 渔业水质标准.

[7] 于福荣，卢文喜，卞玉梅，等. 改进的尼梅罗污染指数法在黄龙工业园水质评价中的应用. 世界地质，2008，27(1)：59 – 62.

[8] 杨琳. 应用权重修正内梅罗污染指数法对陆源入海排污口邻近海域水环境质量综合评价. 福建水产，2006，2：50 – 54.

[9] 中华人民共和国广东出入境检验检疫局. 世界各国食品中化学污染物限量规定. 北京：中国标准出版社，2009.

[10] 澳大利亚食品管理局. 澳大利亚食品标准法规汇编. 北京：中国轻工业出版社，1995：77 – 81.

[11] USEPA, 2001. Environmental Protection Agency, Water Quality Criterion for the Protection of Human Health：Methylmercury. EPA – 823 – R – 01 – 001.

[12] Commission Regulation (EC), 2005. Commission Regulation (EC) No. 78/2005 of 19January 2005 amending Regulation (EC) No. 466/2001 as regards heavy metals. Official Journal of the European Union.

[13] 兰文辉，安海燕. 环境水质评价方法的分析与探讨. 干旱环境监测，2002，16 (3)：167 – 169.

[14] Hakänson L. An Ecological risk index for aquatic pollution control：a sedimentological approach. Water Research, 1980, 14 (8)：975 – 1001.

第2部分　近海重金属污染生态风险评价方法

1　范围

本规程规定了近海重金属污染生态风险评价的内容、过程、方法和要求。

本规程适用于中华人民共和国内海、领海以及中华人民共和国管辖的近岸海域水体的重金属生态风险评价。

2　规范性引用文件

下列文件中的条款通过本规程的引用而成为本规程的条款。凡是注日期的引用文件，其随后所有的修改单（不包括勘误的内容）或修订版均不适用于本规程，然而，鼓励根据本规程达成协议的各方研究是否可使用这些文件的最新版本。凡是不注日期的引用文件，其最新版本适用于本规程。

EPA/630/R—95—002F/－1998　生态风险评价指南

SL/Z 467—2009　生态风险评价导则

EUR 20418 EN/2　风险评价技术指南

GB 12763—2007　海洋调查规范

GB 17378—2007　海洋监测规范

GB 3097—1997　海水水质标准

GB 11607—1989　渔业水质标准

3　术语

下列术语和定义适用于本标准。

3.1

生态系统风险 ecosystem risk

生态系统及其组分所承受的风险，指在一定区域内，特定生态系统中所发生的非期望事件（不确定的事故或者灾害）可能产生损害生态系统的自然属性、结构和功能的概率和后果。

3.2

生态系统风险评价 ecosystem risk assessment

评估一种或多种外界因素导致损害生态系统的自然属性、结构和功能的概率及后果。

3.3

重金属 heavy metal

密度大于4.5 g/cm^3 的金属，包括砷（As）、镉（Cd）、铬（Cr）、铜（Cu）、汞（Hg）、铅（Pb）、锌（Zn）等。

3.4

半致死浓度　median lethal concentration（LC_{50}）

引起暴露生物一半死亡的重金属浓度。

3.5

半最大效应浓度 median effect concentration（EC_{50}）

引起50%最大效应的浓度。

3.6

物种敏感性分布法 species sensitivity distribution（SSD）

基于不同物种对于污染物敏感性的差异，以毒理数据为基础，构建统计分布模型，进行生态风险评价。

3.7

潜在影响比例 potential affected fractions（PAF）

不同暴露浓度对海洋生物的潜在影响比例。

4 生态风险评价项目

本标准确定的近海海水重金属污染生态风险评价项目共计 7 项：铜、铅、锌、镉、总铬、总汞、总砷

5 生态风险评价流程

近海海水重金属污染生态风险评价以暴露表征和效应表征为基础，包括问题提出、风险分析与风险表征三个阶段，重金属污染生态风险评价过程见图 2.2.1。

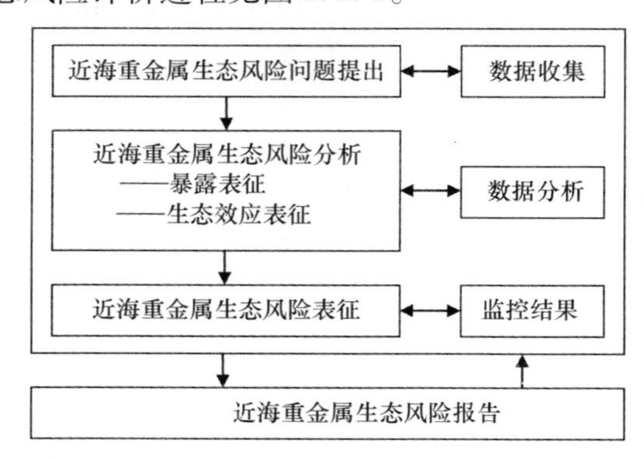

图 2.2.1 近海重金属污染生态风险评价过程图

5.1 问题提出

问题提出阶段是近海重金属生态风险评价第一阶段，是整个评价的基础，主要是明确存在的问题、风险评价目标、评价范围、制定数据分析和风险表征的方案。

5.2 风险分析

风险分析阶段是近海重金属风险评价第二阶段，主要是完成暴露表征和生态效应表征，前者主要分析重金属暴露途径和暴露强度；后者主要是对暴露状况进行分析后，估计预测可能产生的生态效应。

5.3 风险表征

风险表征是近海重金属风险评价的第三阶段，通过对暴露表征和生态效应表征结果综合分析进行风险估计，描述风险大小。具体包括以下内容。

5.3.1 风险估计

风险评估的方式主要是根据单站位单种重金属生态风险评价标准和单站位多种重金属生态风险评价标准进行定量对照，再依据近海重金属生态风险判定结果进行定性分类与描述。

5.3.2 风险解释

风险解释应包括对风险评价结果的置信度的讨论、对评价终点的可能变化的描述、估计及其危害性判断、对风险源的分析及对各胁迫因子（即各种重金属）、不同空间、不同时间的结果进行对比等。

5.4 形成报告

形成较为完整的生态风险报告是近海重金属风险评价的第四阶段，是形成风险评价与风险管理相结合的重要依据的阶段。报告需包括近海重金属生态风险的整个评价过程、相关数据、案例讨论、结果描述及防治建议等。具体参考如下。

5.4.1 近海重金属污染防治的措施与建议

应根据近海重金属生态风险评价结果，提出近海海水环境的保护措施和建议，主要应包括：

——明确重金属污染对近海海水环境保护目标和环境敏感目标影响的防治措施；

——从改变生产阶段和排污方式上提出最佳的排污方式和时段建议；

——明确近海重金属污染来源（包括工业、农业、生活排污等）的控制和处理措施；

——在满足环境质量和功能区划要求前提下，提出合理划定混合排污区的建议；

——提出在港池、航道疏浚或吹填造陆等过程中重金属污染的防治措施和建议；

——有环境事故风险时，应明确应急措施和方案；

——从管理角度提出必要的环保措施、方案，包括法制措施、公众舆论宣传、经济效益分析等。

5.4.2 风险报告

根据近海重金属生态风险评估情况及近海海水环境保护措施、建议，撰写风险报告，主要应包括：

——主要数据来源和质量分析方法描述；

——风险评价标准和结果判定方法（或依据）的描述；

——描述评价终点的相关风险，包括风险评估和危害研究；

——风险防治措施、建议及管理决策描述。

报告应确认主要数据的缺陷，指出增加数据收集是否会提高评估结果的置信度；应讨论用于弥补信息不足而采用的科学判断或缺省假设以及这些假设的科学基础。

生态风险评价报告应清楚、明晰、合理、一致。

6 生态风险评价方法

SSD 法是剂量—效应评价的方法之一。SSD 的基本假设包括两个方面：某生物对某一化学物质的敏感性可用毒性数据代表；该（组）生物对这一化学物质的敏感性（LC_{50}或 EC_{50}等毒理数据）为随机数据且符合某一分布，即能够被某一分布描述，如正态分布和逻辑斯蒂分布等。这样，可用的生态毒理学数据可以被看作是生态系统敏感性分布的一个样本，可以用来估算该分布的参数。因此将不同生物的毒理数据的浓度值（μg/L）对这组数据以大小排列的分位数作图，并选用一个分布对这些点进行参数拟合，就得到 SSD 曲线。从一种生物的毒性数据外推到其他生物具有很大的不确定性和误差，而多物种毒性数据的 SSD 法则可以降低这一不确定性，并表现化合物的影响在物种间的变化状况（Maltby et al.，2009）。

SSD 有正向（Forward use）和反向（Inverse use）两种用法。正向用法一般用于风险评价，即由污染物环境浓度出发，通过 SSD 曲线得到可能受影响的物种的比例（PAF），用以表征生态系统或者不同类别生物的生态风险；反向用法一般用于环境质量标准的制定，即用来确定一个可以保护生态系统中大部分物种的污染物浓度，一般使用 HC5（对研究物种的 5% 产生危害的污染物浓度值）表示。

SSD 的构建和应用主要有以下几个步骤：

- 毒理数据的获取；
- 物种分布和数据处理；
- SSD 曲线拟合；
- HC5 和 PAF 计算；
- 多种污染物联合生态风险 msPAF 计算。

选择近海典型的重金属污染要素进行风险评估，包括汞（Hg）、铜（Cu）、镉（Cd）、铅（Pb）、砷（As）、铬（Cr）和锌（Zn），共 7 个。SSD 的构建可以使用 LC_{50}（或 EC_{50}）或 NOEC 值等急性或慢性数据。利用美国环保署 EPA ECOTOX 数据库（http：//www. epa. gov/ecotox/）搜集重金属对海洋生物的毒理数据，数据筛选条件见表 2. 2. 1。

表 2. 2. 1 重金属数据筛选条件

数据类别	暴露终点	暴露时间	浓度单位	浓度类型	介质	实验地点	数据来源
急性	LC_{50}（所有物种）及 EC_{50}（藻类和水蚤）	≤10 d	μg/L	总浓度或溶解态	海水	实验室环境	ECOTOX 数据库

从原理上来讲，急性数据和慢性数据均可用来构建 SSD 曲线。慢性毒理数据更接近环境中的实际情况，因为大部分污染物在环境中是以低浓度、长时间暴露为主的，因此使用慢性数据的生态意义更为明确。但是，对大部分污染物和物种来说，慢性毒理数据往往无法满足构建 SSD 数据量的要求。因此，利用较易获得的急性数据。

6. 1 物种分组和数据处理

为了分析比较不同营养层次生物受到污染物危害风险的大小，将数据分成 3 种情况考虑：全部物种不进行细分，整体分析不同重金属对所有海洋生物的影响；把全部物种细分为脊椎动物和无脊椎动物；全部物种细分为藻类、鱼类、甲壳类、软体动物、蠕虫和其他无脊椎动物等几组，分别进行处理。对于同一个物种拥有多个毒理数据的情况，采用浓度的几何均值作为该物种的数据点。

构建 SSD 曲线所要求物种的最小数量是 5 个，对于计算软件 BurrlizO（版本 1. 0. 14），最小的运行数据量也是 5 个。一般认为控制数据量在 10 ~ 15 个随机选取量较能符合统计分析的要求。物种的选取宜涵盖不同的类别和营养级，能够使 SSD 曲线更好地代表生态系统的实际情况，一般物种选取涉及 3 门 8 科为宜。数据量太少容易产生较大偏差，故一般数据量少于 5 的物种类别不参与分析。目前所宜采用的数据见表 2. 2. 2。

表 2. 2. 2 7 种重金属的数据（LC_{50}或 EC_{50}） 单位：μg/L

类别	As	Cd	Cr	Cu	Hg	Pb	Zn
藻类	8	9	27	63	43	10	34
鱼类	–	120	26	72	38	4	24
甲壳类	5	95	15	109	39	22	33
软体动物	1	6	2	49	9	7	22
蠕虫	–	2	–	19	1	–	12
其他无脊椎动物	–	5	3	13	1	1	50
物种总数量	11	53	23	83	35	24	44
数据数量	14	237	73	325	131	44	175

6. 2 SSD 曲线拟合

将毒理数据浓度值进行对数交换，并对这些数据点进行参数拟合就可以得到 SSD 曲线。拟合形式主要有 Log – Normal、Log – triangular、Log – Logistic、ReWeibull 以及 BurrⅢ等。BurrⅢ型分布是一种灵活的分布函数，对物种敏感性数据拟合特性较好，推荐使用该分布。

BurrⅢ型函数的参数方程［公式（2. 2. 1）］为：

$$F(x) = \frac{1}{[1 + (b/x)^{c}]^{k}} \qquad (2.2.1)$$

式中：

x——环境重金属浓度，单位为微克每升（μg/L）；

b——函数的参数；

c——函数的参数；

k——函数的参数。

当 k 趋于无穷大时，BurrⅢ分布可变化为 ReWeibull 分布［公式（2.2.2）］：

$$F(x) = \exp\left(-\frac{a}{x^b}\right) \quad \cdots\cdots (2.2.2)$$

澳大利亚联邦科学和工业研究组织 CSIRO 提供了该方法的说明以及相关的计算软件 BurrlizO（版本 1.0.14）（CSIRO，2008）。

注： 根据上文 BurrⅢ型函数的参数方程（2.2.1），式中，b、c、k 为函数的 3 个参数；c 趋于无穷大时，可变化为 RePareto 分布．为使本研究的结论更加合理，出现 RePareto 分布的数据也不参与分析。根据表 2.2.2 数据所拟合的 SSD 曲线参数见表 2.2.3。

表 2.2.3　利用 BurrlizO 计算 SSD 参数的结果

海洋生物	As				Cd			
	拟合曲线	b	c	k	拟合曲线	b	c	k
全部物种	ReWeibull	2.339（α）	0.362（β）		BurrⅢ	11 975.761	1.104	0.291
海洋生物	Cr				Cu			
	拟合曲线	b	c	k	拟合曲线	b	c	k
全部物种	BurrⅢ	17 263.997	1.006	0.457	BurrⅢ	222.892	1.026	0.699
海洋生物	Hg				Pb			
	拟合曲线	b	c	k	拟合曲线	b	c	k
全部物种	BurrⅢ	42.764	0.702	1.466	BurrⅢ	2 511.253	1.344	0.927
海洋生物	Zn							
	拟合曲线	b	c	k				
全部物种	BurrⅢ	7 715.310	1.515	0.346				

6.3 HC5 计算

在 SSD 拟合曲线上对应 5% 累积概率的污染物浓度为 HC5。应用 BurrIII 分布［公式（2.2.3）］计算 HC（q）的公式为：

$$\mathrm{HC}(q) = \frac{b}{\left[\left(\frac{1}{q}\right)^{\frac{1}{k}} - 1\right]^{\frac{1}{c}}} \quad \cdots\cdots (2.2.3)$$

式中：

q——环境重金属浓度，单位为微克每升（μg/L）；

b——函数的参数；

c——函数的参数；

k——函数的参数。

根据表 2.2.3 所计算的 HC5 见表 2.2.4。

表 2.2.4　7 种重金属对不同物种的 HC5 值

海洋生物	As	Cd	Cr	Cu	Hg	Pb	Zn
全部物种	0.50	1.07	25.43	3.46	2.84	234.06	25.54

6.4 PAF 计算

采用不同暴露浓度对海洋生物的潜在影响比例（PAF）表示。

Burr Ⅲ分布计算 PAF 的公式（2.2.4）为：

$$PAF(x) = \frac{1}{[1+(b/x)^c]^k} \quad (2.2.4)$$

式中：

x——环境重金属浓度，单位为微克每升（μg/L）；

b——函数的参数；

c——函数的参数；

k——函数的参数。

根据表 2.2.3 数据所拟合的 SSD 曲线参数见图 2.2.2。

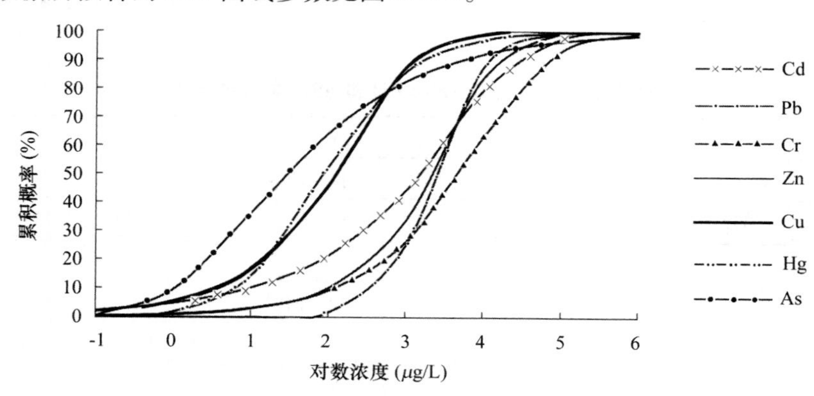

图 2.2.2　各类重金属对所有生物的 SSD 曲线

6.5　联合生态风险

对于拥有相同毒理作用方式的污染物，采用浓度加和的方法计算 msPAF；而对于不同毒理作用方式的污染物，则采用效应相加的方式进行计算。

6.5.1　浓度加和方式计算 msPAF

首先计算无量纲的 HU 值，HU 被定义为超过 50% 的物种毒理数据浓度的环境浓度值，等于毒理数据的几何均值。计算公式（2.2.5）如下：

$$HU_x = x/\bar{x} \quad (2.2.5)$$

HU_x 即毒理数据 x 对应的 HU 值。$\bar{x}$ 为毒理数据的几何均值，这里称为 HU 转换基数。根据上面的式子，将不同污染物的浓度值转换为 HU 值。将 HU 值加和并取对数，代入联合风险正态分布中求 msPAF 的值。联合风险正态分布的均值 $\mu=0$，方差等于各污染物毒理数据方差的均值。则 msPAF 在 Excel 中的计算公式（2.2.6）为：

$$msPAF = Normdist(Log(\sum HU), 0, Average(\sigma), TRUE) \quad (2.2.6)$$

6.5.2　效应相加方式计算 msPAF

若 PAF_1、PAF_2、PAF_n 为 n 种污染物各自产生的潜在影响比例，各污染物的毒理作用方式 TMoA 不同，则复合潜在影响比例 msPAF 计算公式（2.2.7）为：

$$msPAF = 1-(1-PAF_1)(1-PAF_2)\cdots(1-PAF_n) \quad (2.2.7)$$

7　评价标准

近海海水重金属污染生态风险评价等级划分为低风险、中等风险、高风险和极高风险四个等级；各等级的状态表征如下：

a）低风险（一级）：近海生态系统自然属性发生改变概率极低，生态系统遭受损害的可能性极小，生态系统结构基本稳定，生态系统主要服务功能正常发挥。风险可以被广泛接受，现有的行政程序能够管理。与 GB 3097—1997 中的“一类海水：评价指标的含量满足海洋渔业水域、海上自然保护区及珍稀濒危海洋生物保护区对评价指标的要求”相适应。

b）中等风险（二级）：近海生态系统自然属性发生改变概率较低，生态系统有一定的遭受损害的可能性，生态系统结构发生一定程度的改变，生态系统主要服务功能尚能正常发挥。只要采取措施减少风险，就能够减少风险到可接受的适度程度。与 GB 3097—1997 中的“二类海水：评价指标的含量满足水产养殖区、海水浴场、人体直接接触海水的海上运动或娱乐区及与人类食用直接有关的工业用水区对评价指标的要求”相适应。

c）高风险（三级）：近海生态系统自然属性发生改变概率较高，生态系统遭受损害的可能性较高，生态系统结构发生改变，生态系统主要服务功能不能正常发挥。管理部门需要立即采取措施，降低风险到可接受程度。与 GB 3097—1997 中的“三类海水：评价指标的含量满足一般工业用水区及滨海风景旅游区对评价指标的要求”相适应。

d）极高风险（四级）：近海生态系统自然属性明显改变发生概率极高，生态系统遭受损害的可能性极高，生态系统结构发生较大程度的改变，生态系统主要服务功能严重的退化或丧失。管理部门需要采取强有力措施，执行应急预案，尽快降低风险到可接受程度。与 GB 3097—1997 中的“四类海水：评价指标的含量满足海洋港口水域及海洋开发作业区对评价指标的要求”相适应。

7.1 单个站位单种重金属生态风险

采用 SSD 定量表达海域中单个重金属的生态风险，判定标准见表 2.2.5。

表 2.2.5 单站位单种重金属生态风险评价标准

指标	低风险Ⅰ	中等风险Ⅱ	高风险Ⅲ	极高风险Ⅳ
潜在影响比例 *PAF*（%）	≤12%	12%～17%	17%～35%	≥35%
赋值	12	17	35	100

7.2 单个站位多种重金属生态风险

采用联合生态风险表达海域中多个重金属的生态风险，判定标准见表 2.2.6。

表 2.2.6 单站位多种重金属生态风险评价标准

指标	低风险Ⅰ	中等风险Ⅱ	高风险Ⅲ	极高风险Ⅳ
潜在影响比例 ms*PAF*（%）	≤26%	26%～36%	36%～54%	≥54%
赋值	26	36	54	100

7.3 多个站位多种重金属生态风险

多站位多种重金属生态风险判断结果见表 2.2.7。

表 2.2.7 近海重金属生态风险判定结果

区域重金属生态风险	低风险	中等风险	高风险	极高风险
标准	≤5%的站位风险为高和极高，且≥50%的站位风险为低	5%～15%的站位风险为高和极高且≤5%的站位风险为极高；或＜50%的站位风险为低	＞15%以上的站位风险为高和极高，且≤5%的站位风险为极高	＞5%以上的站位风险为极高
赋值	26	36	54	100

参 考 文 献

[1] GB 3097—1997 海水水质标准.

[2] Maltby L, Brok T C M, Vanden Brink P J. Fungicide risk assessment for aquatic ecosystems: Importance of inter specific variation, toxic mode of action, and exposure regime. Environmental Science & Toxicology, 2009, 43 (19): 7556 -7564.